현대 기술·미디어 철학의 갈래들

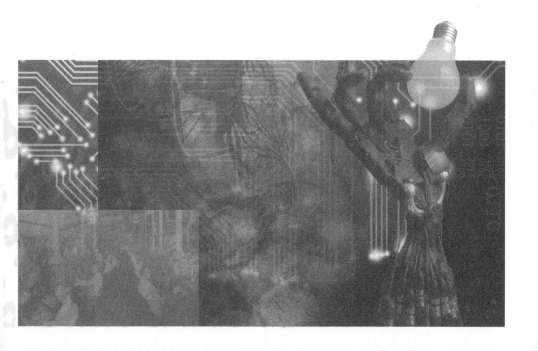

현대 기술·미디어 철학의 갈래들

발행일 초판1쇄 2016년 6월 30일 | 초판2쇄 2019년 9월 25일

지은이 이광석·김재희·심혜련·김성재·백욱인·이재현·홍성욱·이지언·오경미

펴낸이 유재건 | **펴낸곳** (주)그린비출판사 | **주소** 서울시 마포구 와우산로 180, 4층

전화 02-702-2717 | **팩스** 02-703-0272 | **이메일** editor@greenbee.co.kr | **등록번호** 제2017-000094호

ISBN 978-89-7682-796-8 03500

이 도서의 국립중앙도서관 출판예정도서목록(CIP)은 서지정보유통지원시스템 홈페이지(http://seoji.nl.go.kr)와 국가
자료공동목록시스템(http://www.nl.go.kr/kolisnet)에서 이용하실 수 있습니다.(CIP제어번호: CIP2016014629)

철학이 있는 삶 **그린비출판사** www.greenbee.co.kr

이 저서는 2014년 정부(교육부)의 재원으로 한국연구재단의 지원을 받아 연구되었음(NRF-2014S1A3A2044645).

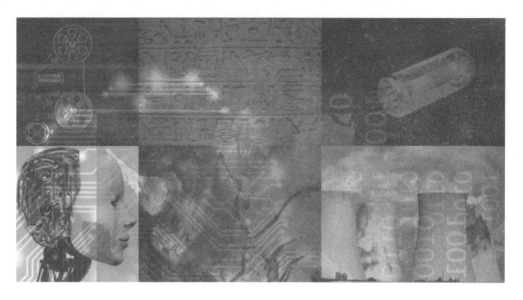

현대 기술·미디어 철학의 갈래들

이광석·김재희·심혜련·김성재·백욱인·이재현·홍성욱·이지언·오경미 지음

그린비

오딘의 방법

북유럽 최고의 신 오딘Óðinn은 세상의 지혜를 너무도 갈망했던 나머지 자신의 눈을 후벼 파 현인의 제물로 바쳤다. 아니 이도 모자라 자신의 몸을 던져 저승을 넘나들 정도로 실천적이었다. 그에게 세상의 지혜란 몸뚱이를 바쳐서라도 얻어야 할 정도로 중요한 무엇이었다. 마법까지 터득한 그는 불사의 경지에 이른다. 그것도 모자라 오딘은 두루 세상사를 접하고 남들보다 이를 깊게 받아들이기 위해 '후긴'과 '무닌'이란 까마귀를 부리고 세상 삼라만상을 앉은 자리에서 모두 다 보여 주는 마법의 의자 '흐리드스칼프'라는, 요샛말로 테크노-바이오 인지 장치까지 구비했다. 오딘에 대한 위키백과의 내용을 여기에 다시 옮겨 본다.

현세의 모든 지혜를 손에 넣기 위해서 현인 미미르의 우물에 자신의 눈알 한 개를 제물로 바쳤다. 다음에는 위그드라실에 목을 매고 스스로 자기 몸을 창으로 찔렀다. 단지 자신의 마력만으로 생사의 갈림길에서 아흐레 동안 오로지 명상에 집중하다가 그의 의식이 저승에 도달했다. 죽은 자들의 세계를 여행하고 돌아온 오딘은 그로부터 저승의 지혜까지 얻게 되었다. 그리고 자연스럽게 신비의 룬 문자를 깨우치게 되면서 18개의 강력한 마법들을 터득한 그는 결국 죽음마저 극복한 세상에서 가장 위대한 마법사가 되었다. 또한 오딘은 가만히 앉아 있어도 세상의 모든 일을 자세히 알 수 있었다. 이는 후긴과 무닌이라는 까마귀들이 매일 아침마다 날아와 세상에서 일어난 각종 사건들을 정기적으로 알려 주기도 하고, 앉으면 세상의 이곳저곳(아홉 세상)을 다 볼 수 있는 흐리드스칼프라는 마법의 의자 덕분이었다.

오딘은 오늘을 사는 우리에게 몇 가지 분명한 가르침을 준다. 물론 우리 대다수가 오딘과 같이 지독한 신이 될 배짱이나 재주는 그리 없어 보인다. 조금 지나친 감은 있어도 현자가 되기 위해 그가 행했던 실천들, 한쪽 눈을 뽑아 지식을 얻고 저승의 지혜를 얻기 위해 목숨을 내놓을 정도의 현실 기술과 공생하려는 적극성과 담대한 마음가짐이 필요한 것은 사실이다. 인간 문명의 소산인 기술의 영향력이 점점 커져 인간의 학습 속도를 넘어섰고 그것의 태생과 변화의 종착지 또한 알 길 없는 것이 오늘날 기술에 주눅든 인간의 모습이다. 오늘날 인간은 오직 소비만을 강요받고 길들여져, 무언가를 쓸 줄은 알면서도 그것의 원리와 맥락을 모르고 알려고 하지도 않는다. 설계와 디자인은 일상을 영위하는 우리에게 영원히 금기이자 '암흑 상자'일 뿐이다. 암흑 상자의 뚜껑을 열어 만천하에 그것의 속내를 드러내는 결단과 용기가 필요함에도 불구하고, 도대체 어떤 열쇠로 어떻게 열어야 할 것인가에 이르면 여전히 난감하다.

또 하나의 진실. 오딘은 위대한 마법사의 권좌에 오르고서도, 아홉 세상의 새로운 흐름을 읽기 위해 자신만의 오감 '확장' 기술 장치들(까마귀와 마법 의자)을 동원했다. 그 어디에도 갈 필요 없이 세상을 간파할 수 있는 힘은 기술들에 대한 주체적 수용 행위에서 비롯했다. 지혜를 얻기 위한 무모할 정도의 용기는 물론이고, 실제 세상을 읽어 내기 위해 자신만의 독특한 기술 수용의 적극성을 보이는 오딘의 방법은 마치 장인이나 해커의 스타일을 연상케 한다. 오딘은 지혜의 기술에 생을 거는 용기를 낼 때만이 곧 세상에서 벌어지는 이치를 터득할 수 있다는 점을 우리에게 뼈아프게 각인시켜 준다.

동시대인들은 기술의 암흑 상자를 열려는 용기와 방법을 잃은 지 오래다. 상업주의적 자장과 엘리트 관료의 구상에서 작동하는 기술적 대상들은 오랫동안 대다수 우리를 기술에 대한 노예의 지위로 타락시켰다. 그럴수록 오딘의 방법을 통해 타자화된 기술 현실을 혁파하는 지혜가 필요하다. 이 책은 21세기 기술을 매개로 그리고 바로 그 기술과 함께 살아갈 현대인의 생존술에 관한 통찰을 주고자 한다. 오딘의 방법론까지는 아니더라도, 이 책은 동시대 기술의 암흑 상자를 열기 위한 몇 가지 유사 열쇠들을 제공할 것이다. 우리가 이런저런 연유로 크게 신경 쓰지 못하고 간과했던 20세기 중요한 기술철학 이론가들을 이제사 재조명하는 까닭이다.

기술 포획의 '암흑 상자': 기술철학이라는 열쇠

인간의 이성이 확고해지면서 숫자와 과학은 현실의 중립을 지키는 만고불변의 표상처럼 군림하고 있다. 그럼에도 불구하고 인간의 직관과 감성이 우세하거나 그와 동등한 지위를 지녔던 시절도 있었다. 그간 불행히도 기계의 내면을 파악하거나 아니 기계와 함께 하려는 현대 인간의 뱃심은 서서히 무너졌다. 오늘날 '(빅)데이터'와 알고리즘, 이를 자동화하는 인공지능의 위세는 인간 직관을 대신하려 하고 사물의 질서를 재획정하려 하고 있다. 상황이 이쯤 되면 인간의 삶, 철학, 인식론, 방법, 태도 등을 기술이 대신하는 포획의 시대가 열리고 있다고 해도 과언이 아니다. 현대인들은 연결도 부족해 '초연결' 사회에 열광하는 부족민이 되어 간다. 일부 학자들은 이제 질적 연구를 걷어치우고 하루에도 인류의 문명사만큼 생산되는 빅데이터 더미에서 삶의 진리를 찾으라고 부르짖는다.

사회적 반성과 성찰이 없는 기술의 향연은 결국 오늘만도 못한 미래를 만들어 낼 공산이 크다. 2016년 3월, 초국적 '의식 기업' 구글의 인공지능 '알파고'와 이세돌이 바둑으로 격돌했다. 다섯 번의 대국에서 이세돌은 단 한 번 이겼지만, 이는 참으로 값진 승리였다. 많은 이들은 이세돌의 1승을 인공지능의 미세한 버그를 수정하는 '픽서' 역할로 바라봤다. 기계의 입장에서 말이다. 그렇게 최첨단 기술의 기능과 효율의 관점에서 인간의 한 수는 비예측과 우발성의 인간 행위나 버그 정도로 취급된다. 구상, 직관, 통찰의 능력은 갈수록 과학 기술에 자리를 내주고 비루해진다. 하지만 거꾸로 보면 이세돌의 단 한 차례 승리였지만 이는 아직 기술의 미래가 인간의 정서와 직관 안에 일부 거하고 있음을 증거하고 있기도 하다. 완벽에 달한 것처럼 보이는 기계조차 언제나 인간의 조력을 기다리는 한계와 틈을 지닌 인공체임을 알리는 신호다. 아울러 기계가 인간의 우발적 직관까지도 대신하려 하지만, 영원히 대체하지 못하는 인간만의 영역이 남아 있음을 말하고 있다. 이는 곧 인류가 기계와 공존하는 한, 인간만의 고유 영역이 잔존하고 첨단 기계들과 공진하면서 최종의 순간에 여전히 기술의 틈을 메꾸는 인간의 '지휘자'적 역할이 남아 있음을 시사한다.

　기술주의와 기술 예찬은 인간이 기술을 암흑 상자로 남겨 두고 기술을 완벽으로 나아가는 대상으로 볼 때 극대화한다. 성찰 없이 기술의 숭고함을 기리는 행위는 궁극에는 인간에게 부메랑처럼 날아와 기술 폭력과 재난으로 화한다. 이 책은 기술의 폭력과 포획으로 말미암아 삶을 지탱하는 근거들을 모조리 뿌리 뽑아 버리는 은색의 차가운 미래를 경계한다. 그럼에도 불구하고, 오딘이 그렇게 갈망했던 지혜의 방법론을 동원해 동시대 과학 기술을 한껏 포용하려 한다. 이 책의 기획은 현 사회의 구조화된 체제가 된 기술 자체에 대한 비판적 이해와 통찰을 요구하면서 이루어졌다. 오딘의 지혜에 대한 헌신과 용기처럼, 이 책에서 소개하는 중요한 기술철학자들의 사유를 통해 기술적 대상들과 이들의 총체에 대한 접근, 이들이 장차 인간 현실계와 주고받을 관계의 변증법과 공생 방식에 대한 비판적 해독을 배울 것이다. 즉 우리는 이 책에서 기술을 대하는 태도, 인간-기술의 상호 공존 방식, 기술을 매개한 통치 권력의 생성, 기술의 사회문화적 구성 원리, 체제화된 기술의 대안적 프로그래밍 등을 고민할 것이다.

이러저러하게 흩어져 인간을 놀라게 하고 방향 감각을 잃게 만들고 인간들 각자의 두려움을 증가시켜 왔던 과학 기술의 암흑 상자를 열 수 있는 지혜는 무엇일까? 과연 그 시대적 통찰력을 어디서 얻을 것인가? 이 책은 미디어·기술 철학자들의 사유를 통해 오늘날 무섭게 변화해 가는 기술 혁신의 파고를 꿰뚫는 지혜를 얻고자 한다. 결핍의 보충 정도는 동시대 철학가와 이론가에게서도 얻을 수 있지만, 현실의 통찰은 과거 '응답'의 시대로 돌아가 따져 볼 필요도 있다. 무조건적으로 과거를 참고하는 방식이 아닌 의미 있는 비판적 통찰을 제시했던 기술철학자들의 사상을 통해 오늘의 기술 사회를 제고할 수 있는 가능성을 주목한다.

기술의 사유 층위들

기술 연구의 이론적 자원의 지형학을 거칠게 그려 보자. 우선 기술을 둘러싼 안팎으로 구분해 파악해 볼 수 있다. 먼저 주로 기술 밖에서 기술의 사회문화적 형성을 보려고 하는 기술철학자들이 존재한다. 이 책에서는 2부에 소개된 대부분의 기술철학자들이 이에 해당한다고 볼 수 있다. 이들은 기존의 이론적 접근과 자원에 기대어 기술 디자인을 둘러싼 맥락의 중층적 배치를 드러내는 여러 이론적 태도와 방법을 적극 수용하는 것이 특징이다. 물론 사회문화적 맥락들이 어떻게 기술 설계와 연계돼 있는지를 설명하면서도, 이들 맥락의 상대적 가중치들, 맥락의 미·거시적 차원 등의 해석 문제는 상호 다르게 드러난다.

두번째로는 기술 그 자체의 유물론적 진화 과정이나 내적 동학을 드러내는 기술 연구 작업이다. 이제까지 이 영역은 기술(지상)주의와 혼동되면서 연구 지형에서 거의 소외되어 온 경향이었다. 특별히 이 책에서는 질베르 시몽동Gilbert Simondon, 마셜 매클루언Marshall McLuhan, 그리고 최근의 브뤼노 라투르Bruno Latour 등을 이에 해당하는 기술철학자들로 주목한다. 이들에 대한 천착은, 다른 무엇보다 기술과 미디어가 인간과 연계하면서도 다른 한편으로 기술의 자기 생성적 동력을 갖는다는 것을 밝히는 기술 유물론적이고 '기술 계보학'적 탐구이며 현재까지 줄곧 공백지였던 영역에 대한 관찰을 보장해 줄 것이다.

세번째로는 기술과 연동하는 정보·미디어계와 예술계 자장들과의 횡단이나 교접으로 인해 상호 영향 관계가 존재하는 여러 계들이다. 이 책에서는 발터 벤야민Walter Benjamin과 빌렘 플루서Vilém Flusser의 논의가 기술철학의 접경에 머무르는 예술계에 다양한 시사점을 줄 수 있다고 본다. 사실상 근대 학문 시장 형성과 더불어 개별 분과 학문들로의 기능화에 크게 영향을 받으면서 점점 이들 계들 사이의 통합적 사고가 방해받고 있다. 기술계와 관계 맺는 계들 간의 접경을 탐구하는 행위는 기술의 관계적 양상을 온전하게 드러내고 기술의 제대로 된 미래상을 기획하고 디자인하는 데 보다 거시적 프레임을 제공해 줄 수 있을 것이다.

마지막으로, '비판적' 인문 연구의 전통에 입각해 인간 주체화 과정에 개입하는 테크노-권력 작동의 문제를 살피는 연구 영역이다. 기술이 여성, 소수자, 노동자 등에 대해 권력-주체화하는 과정을 살피는 것은 '비판적'이고 맥락적 해석의 치밀함을 넘어서서 개입과 실천의 이론과 저항 실험을 모색하려는 몸부림이기도 하며, 통치의 연장체적 성격을 부여받은 기술 권력을 재맥락화하거나 성찰적인 방식으로 설계하려는 태도와도 연결된다. 이 책에서는 베르나르 스티글레르Bernard Stiegler,

도나 해러웨이Donna Haraway, 주디 와이즈먼Judy Wajcman에 이어 앤드루 핀버그Andrew Feenberg의 기술철학적 논의가 기술의 계급적 성격과 그 대안의 구성과 관련해 몇 가지 의미 있는 통찰을 제공하리라 본다.

오늘날 스마트 기술, 사물 인터넷Internet of Things, 클라우딩, 빅데이터 등 신종 첨단 기술들의 위세는 압도적이다. 그러나 한국 사회에서 디지털 정보와 미디어 상황은 점점 악화일로에 있다. 이는 무오류와 완전체의 기술이란 애초부터 존재할 수 없고, 기술은 인간 사회와 관계 맺으며 진화하는 속성을 갖는다는 사실을 보여 준다. 첨단화한 기술적 조건에 대한 열광에 비해서 오늘 한국 사회와 문화에 틈입해 구성되는 기술과 미디어에 관한 비판적 연구는 아주 드물게 진행되고 있다. 이 책은 이와 같은 비판적 문제의식에서, 각자의 학문 영역을 대표하는 국내 기술·미디어 철학자와 사회·문화 이론가들이 함께 모여 오늘날 정보 사회의 국면 분석을 위한 유효한 기술·매체 이론과 철학을 알기 쉽게 소개하는 장을 마련하려는 취지로, 기술 시대를 살아가기 위해 중요한 지침을 줄 수 있는 이론가들의 기술철학적 사유를 담았다. 이 책에 소개되는 9명의 기술 비판적 철학과 이론들, 그리고 함께 한 기술 연구자들의 학문적 재해석으로부터 독자들은 새로운 기술 시대를 살아가는 데 필요한 사유와 행위 양식에 대한 몇 가지 실마리를 찾을 수 있을 것이다.

책의 구성

이 책은 전체 9개의 장으로 이루어졌다. 시몽동, 벤야민, 플루서, 매클루언, 스티글레르, 라투르, 해러웨이, 와이즈먼, 핀버그 총 아홉 명의 기술철학자들을 내용에서 다루고 있다. 이들은 몇몇을 빼곤 거의 대부분 기술 연구에서 종종 언급은 되었지만 크게 주목을 받지 못했던 사상가들이다. 이들의 논의가 비록 동시대 기술 현상과 사례를 직접적으로 다루진 않더라도 오늘의 현실에 오히려 더 유효한 접근과 방법적 통찰을 줄 수 있을 것이다.

먼저 1부에서는 기술의 존재론적 지위에 천착한 이론가들을 소개하는 글들을 실었다. 이들 중 대부분은 한때 기술주의자로 크게 오해를 받기도 했다. 하지만 이들의 복권이 이루어진 근거는 오히려 오늘날 기술-인간 공생의 강조, 기술 및 미디어를 통한 인간 분산 감각의 확장이나 감각의 연장, 디지털 텔레마틱 사회의 신新혁명 등 논의가 동시대를 비판적으로 해석하는 데 더 의미 있게 다가오기 때문일 것이다.

구체적으로, 1장은 김재희의 질베르 시몽동에 대한 해석으로 시작한다. 국내에 시몽동의 기술철학을 제대로 해독하는 이가 거의 없는 상황에서 가뭄에 단비와도 같은 글이다. 그가 정리한 시몽동의 '휴머니즘'은 한마디로 기술과의 관계 단절로부터 소외된 인간 실재를 회복하려는 노력이다. 그는 시몽동이 기술(적 대상)을 인간에게서 적대화하고 단절시키고 주종 관계로 전락시키는 인문학적 편견과 폄하를 거부했다고 본다. 시몽동은 이를 극복하기 위해 기계와 공존하며 공진하고 상호 협력하는 관계적 '인간-기계 앙상블'을 주장하고 있음을 강조한다. 김재희는 시몽동에게서 고유의 내적 발생과 진화의 계기를 지닌 기술적 대상과 인간 사이의 끊어진 단절의 고리를 메꾸고 상생하는 일이, 곧 기술을 소유의 대상이 아닌 호혜적 존재로 존중하며, 사회 변혁을 위하여 인간 개체를 초월해 집단화된 기술의 발명을 이루어 내며, 인간-기계 간에 상호 정보 공유의 네트워크 역량을 최대한 회복하는 데 있다고 본다. 오늘날 현대인의 기술에 대한 주인-노예 접근법이나 만연한 기술만능주의를 무력화하는 데 장차 시몽동의 매력이 커질 것이라 본다.

2장은 심혜련의 발터 벤야민에 관한 글이다. 그는 벤야민 전문가답게 그의 기술론을 예술과의 관계성 안에서 독특하게 풀어 쓴다. 그는 벤야민이 기술을 또 다른 차원의 자연, 즉 '제2자연'이라 불렀고, 이에 적응하기 위해서는 학습 과정이 중요하며, 그 학습의 중요한 방식으로 예술의 역할론을 제기한다고 설명한다. 더 나아가 벤야민 스스로 기술을 '제1기술'과 '제2기술'로 나눠 보고, 전자를 억압적·도구적 기술로 후자를 자연과 인간의 조화를 유지하는 공생의 해방적 기술로 바라봤다고 말한다. 그 둘의 현격한 차이는 제1기술이 기술에 주인 행세를 하는 인간의 도구적 기술이라면 제2기술은 인간이 이와 함께 놀고 어울리는 해방의 기술이라는 데 있다. 특히 이 놀이의 기술은 위계의 기술과 달리 자연, 인간, 예술이 상호 평등하게 공존하도록 매개한다. 벤야민에 따르면 기술 복제로 탄생한 영화는 바로 이 제2기술에 해당하며, 이는 아우라의 몰락을 가져오는 한편 기술적 이미지들의 반복과 한곳에 집중하지 못하는 분산적 지각을 발달시키며 '놀이적 요소'를 증진한다. 심혜련은 벤야민의 당시 진단을 통해서, 아우라의 몰락으로 인한 예술 형식의 급진적 변화와 실험 정신의 출현, 그리고 분산된 지각 구조에 의한 대중의 사물에 대한 '거리 두기'가 새로운 현대적 수용 주체들이 탄생하는 계기가 됐다고 판단한다. 이는 오늘날 현대인들의 '포스트휴먼'적 신체 조건과 관련해서 보자면 벤야민 시대에 이어서 새로운 주체들의 신체 감각에 대한 논의와 공방을 일으키기에 충분한 사안이다.

3장은 빌렘 플루서 연구에 집중한 김성재의 글이다. 그는 오늘날 인터넷을 내다 본 플루서의 '텔레마틱 사회' 비전이 낙관론적이고 미디어 유토피아론에 근거한다고 정리한다. 물론 그가 붙인 단서가 중요하다. 플루서의 낙관론은 오직 새로운 디지털 사회를 위한 '조용한 신(新)혁명가들'의 민주적 커뮤니케이션 구축을 위한 역할론이 가능할 때 작동한다. 이제까지 텔레비전 등 대중 매체를 통제하는 미디어 작동자 · 프로그래머에 의한 전체주의적 일방성이 문제였다면, 텔레마틱 사회에서는 이들 신혁명가들에 의해 평면 코드(그림)의 무수한 씨줄과 날줄로 이루어진 민주적 '망(社)형 대화'가 수시로 자유롭게 이루어진다. 플루서의 논리로 보자면, 텔레마틱 사회는 기술적 형상을 이용해 자유롭게 유희하는 대화가 중심에 서면서 (컴퓨터)예술의 가능성을 확장한다. 그래서 '(컴퓨터)예술'과 예술가는 텔레마틱 사회에서 이와 같은 전통적 대중 매체의 '기구-전체주의'를 깰 수 있는 신혁명가들이다. 김성재가 플루서를 통해 미래 기술 사회의 민주적 설계에 주목하는 방식은, 앞서 벤야민에 관한 논의에 이어서 우리에게 현대 기술-예술 통섭을 통한 사회 대안적 가능성이 무엇일까를 다시 한 번 고민케 한다는 점에서 특별하다.

4장은 마셜 매클루언에 대한 백욱인의 글이다. 그는 흥미롭게도 매클루언이 여타 학자들의 개념적 접근과 달리 감각 인지를 통해 미디어를 이해하는 접근 방식을 취했다고 주장한다. 또 매클루언이 그 시대 인간 감각에 가장 중요한 영향을 미치는 미디어 기술에 의거해 인간 역사의 시대 구분법을 제시했다고 본다. 미디어와 문화, 그리고 인간의 감각 변화를 중심으로 인쇄 이전 시대, 인쇄 시대(기계 시대), 전기 시대, 그리고, 마지막으로 직접적 언급은 하지 않았으나 인터넷이 중심이 된 디지털 시대의 구분법이 그것이다. 백욱인은 매클루언이 기본적으로 "미디어가 일상 삶의 환경이 되고 이것이 인간 감각과 상호 작용하면서 인간이 세계를 인식하는 기반 조건"이 되는 현실을 강조하고 있다고 보며, 이는 닐 포스트먼Neil Postman 등 후대 학자들에 의해 '미디어 생태학' 연구를 태동시키는 계기가 됐다고 설명한다. 그는 매클루언이 미디어를 인간의 감각 능력의 확장과 연동해서 봤기에 근본적으로 기술에 대한 낙관주의 혹은 결정주의로 이어진다고 판단한다. 그는 이 점에서 매클루언을 정치적으로 보수적 혐의가 농후하지만, 그럼에도 불구하고 여전히 그의 "기술적 입장은 변화를 인정하고 새로운 변화를 자극한다는 점에서 진보적"이라 평가한다. 그래서 매클루언은 "앞을 내다보는 보수주의"로 묘사된다. 더불어 백욱인은 오늘날 가속화된 정보 국면에서 인간이 콘텐츠가 되고 그 자신이 미디어가 되는 초현실적 변화를 보자면, 매클루언의 빛바랜 듯 보이는 미디어 감각과 관련한 예언들이 오히려 오늘에 더욱 적중하고 있는 것이 아닐까하고 되묻는다.

2부는 보다 기술의 사회적 구성과 형성 과정에 충실하다. 비록 기술 지형과 맥락을 바라보는 시각에 편차가 존재하지만 기술의 구성주의적 측면을 강조한다는 점에서 2부의 글들은 가족적으로 유사하다. 앞서 1부에 논의했던 기술철학자들이 이미 이 세상에 현존하지 않는 인물들이라면, 2부의 기술철학자들 대부분은 아직도 왕성히 활동하는 학계의 중진이거나 원로급이라는 점도 다르다. 2부의 기술철학자들은 현실의 계급·계층, 정치경제, 소수자, 여성, 실천의 문제를 다룬다는 점에서 좀더 오늘의 정서에 근접해 있다.

우선 5장은 이재현의 베르나르 스티글레르에 관한 글이다. 스티글레르의 명성에 비해 국내에 저서 번역 하나 변변히 되어 있지 않은 상황에서 그의 논의는 값지다. 그는 먼저 칸트Immanuel Kant, 후설Edmund Husserl, 하이데거Martin Heidegger, 르루아-그루앙André Leroi-Gourhan, 시몽동, 프랑크푸르트 학파 등에 이르는 학문적 계보가 스티글레르에게 끼친 다층적 영향을 따진다. 그렇지만 자크 데리다Jacques Derrida가 강조한 '그라마톨로지'(기록의 학)에 영향을 받아 기술을 '기억 기술'로 본다는 점에서 스티글레르는 다른 누구보다 데리다의 제자임이 분명해 보인다. 이재현은 스티글레르의 논의를 따라가면서, 기억 기술이 사멸하는 인간 '내재 기억'의 영속성을 보장하는 방법으로 생성되며 '제3기억'이기도 한 '외재 기억'은 바로 이것의 현실태라 설명한다. 하지만 이 외화된 기억을 담는 '기억 기술'이란 것이 기록 혹은 쓰기의 가변적이고 우발적인 속성으로 말미암아 항상 불안정하다고 본다. 즉 스티글레르는 이로 인해 이 불안정성이 인간의 내재 기억들에 영향을 미치면서 자본주의 국면에서 산업적 '도식화', 즉 인간 의식과 상상력이 '문화 산업의 기술'로 대체되는 지경에 이르렀다고 판단한다. 자본주의의 산업화된 기억 기술의 지배적 경향이 인간 정신을 빈곤하게 만들고 삶의 방향 감각을 잃게 한다고 보는 것이다. 결국 이에 대한 스티글레르의 처방은 외재화된 기술에 대한 '비판적 해독 능력' 혹은 '새로운 쓰기 감각'일 수밖에 없다. 즉 기억 기술의 비판적 독해를 통해 세대 간 내재 기억을 다시금 회복하는 일이 필요하다는 것이 스티글레르의 주장이다. 적어도 그의 기억 기술은 오늘날 모든 것이 기록되고 알고리즘으로 분석되는 빅데이터 자본주의의 세계에서 인간의 기억과 감각, 그리고 상상력을 찾는 방법과 관련해

확실히 실천적 영감을 불러일으키리라 본다.

6장에서 홍성욱은 브뤼노 라투르의 논의를 이끌고 있다. 그는 우선 라투르가 과학기술학STS을 독자적인 분과 학문으로 키우는 데 기여한 공이 크다고 평가한다. 라투르는 무엇보다 기술을 포함해 인간이 아닌 세균, CO_2같은 화합물 등을 '비인간 행위자'라 보고, 이들을 인간의 지위와 대칭의 자리에 놓았다. 더불어 그는 다른 그 어떤 비인간 행위자보다 기술이 과학적 사실과 점점 더 혼종화되어 그 경계가 불분명해지는 상황을 지칭해 '테크노사이언스'라 언명한다. 문제는 이 비인간 행위자인 기술이 배치되는 양상에 따라, 때로는 인간-비인간의 네트워크가 크게 불안정해진다는 점에 있다. 즉 기술에는 항상 사회적인 것이 배양되면서 테크노사이언스는 인간-비인간 네트워크에 다양한 혼종의 문제들(온실가스, 유전자 변형 식품, 핵폐기물 처리장 등)을 양산한다. 홍성욱은 라투르가 이와 같은 사회적으로 우려할 만한 문제들을 풀기 위한 현실적 대안으로 '사물의 의회'를 제안하고 있다는 점을 거론한다. 즉 이는 "테크노사이언스의 혼종들이 만들어지는 양상을 조절하는 기제"이자, 정치적 숙의의 장에 과학 기술의 혼종적 문제들을 안건화하고 다수의 시민을 포함한 이해 당사자들이 모여 합의를 만들어 가는 대안적 정치 기제라 볼 수 있다. 라투르에 기댄 그의 지적처럼, 시민 대중이 참여하는 사물의 의회 기획은 실천적 의미가 커 보인다. 라투르의 '사물의 의회'의 방법론적 실효성이 아직 우리 사회에서는 불분명해 보이지만, 오늘을 사는 우리에게 그의 논의는 더욱더 체제 위기와 결합하는 테크노사이언스의 지위를 정치적 토론과 숙의의 장으로 직접 끌어들일 수 있는 중요한 사회적 명분을 확보한다고 볼 수 있다.

7장은 도나 해러웨이에 관한 이지언의 글이다. 그는 해러웨이의 사이보그 논의를 '테크노젠더'란 개념으로 접근한다. 애초 해러웨이의 사이보그 논의가 인간 신체와 관련해 포스트모던 논쟁을 거치며 형성되었으나, 오늘날 '포스트휴먼' 논쟁과 관련해서도 해러웨이의 사이보그 논의는 여전히 유의미하다고 본다. 이지언은 1985년 「사이보그 선언문」에서 보여 줬던 해러웨이의 사이보그관이, 이제까지 근대적 편견과 이념으로 굳게 닫힌 인간 종에 대해서 새로운 주체의 출현과 정체성의 정치를 사유하게 하고 인종-젠더-자본-기술의 혼종 관계를 설명하는 접근법이라 본다. 특히 그는 해러웨이가 이후 저작에서 내세웠던 '여성인간©'이나 '앙코마우스™' 등의 새로운 생명공학적 주체들을 기계적 사이보그관을 넘어서서 '기술생명권력'의 세계에서 구성되는 또 다른 사이보그 혹은 '포스트휴먼' 주체로 다루고 있다고 평가한다. 비록 이것이 생명체를 상품화하는 질서로의 포획도 보여 주고 있지만, 결국 이들 생명공학적 돌연변이 주체의 모습은 기존 생명의 모더니티적 질서 속에서 흔히 관찰되는 자궁 내 인간 생명체 기원과 존재 방식과는 전혀 다른 새로운 생명정치적 사안이 된다고 본다. 다시 말해 해러웨이의 이 신종 '포스트휴먼'적 사이보그들은, "초국가적 과학 연구, 다인종적이고 다문화적인 페미니즘 구조 속에서 인간과 자연 사이의 거대한 경계선의 균열"을 보여 주고, 구성주의적 신체 구성의 새로운 신체 정치적 미래를 우리에게 묻고 있다고 강조한다.

8장은 오경미에 의해 독해된 주디 와이즈먼이다. 기술, 여성과 계급적 시각을 결합시킨 와이즈먼의 '테크노페미니즘'적 시각은 아직 국내에 잘 알려지지 않았고, 특히 페미니즘 진영 내에서조차 그리 조명을 받지 못했다. 오경미는 먼저 기존의 전통적 페미니즘 진영에서 젠더 기술관을 표명하던 그룹들과 와이즈먼의 접근에 어떤 변별성이 있는지를 논구한다. 예를 들어, '에코페미니즘'이 과학 기술을 남성주의적이고 폭력적 파괴의 질서를 상징한다고 봤다면, '사이버페미니즘'의 흐름은 그 역의 극단적 흐름으로 과학 기술이 여성성의 근본이며 이를 통해 여성을 해방시킬 것이라고 가정한다. 하지만 와이즈먼의 평가에 따르면, 에코페미니즘은 여성을 기술과 대척점에 놓고 이를 '나쁜' 기술로 봤다는 점에서 순진하고, 사이버페미니즘은 젠더 관계 속 기술의 혼종에 대한 상상력이 뛰어나나 기술을 물신화하는 위험을 지니고 있다. 이 가운데서 와이즈먼은 '테크노페미니즘'을 통해 자신의 관점을 확대하기 위해, 특히 임노동 기술, 가사 노동 기술, 재생산 기술과 관련해 여성-기술의 젠더 권력적 측면과 사회 계급적 측면을 동시에 보려 했다. 오경미는 특히 와이즈먼이 주목하는 남성 임노동 계급적 기술 분석의 맹점, 가사 노동과 '가사 기술'의 결합을 통한 여성의 가정 내 종속, 재생산 기술을 통해 관리되는 여성의 '몸'을 비판적으로 정리한다. 비교컨대, 오늘날 첨단 휴대 장비와 스마트한 주방을 지닌 여성은 이전과는 전혀 다른 존재 조건에 놓여 있다. 여성의 적극적 사회 진출, 그리고 노동 시장 내 여성의 지위와 역할이 점차 달라지고 있다. 이 새로운 조건들은 우리가 와이즈먼을 오늘날 어떻게 새롭게 재해석해야 할지에 대한 궁금증을 유발한다.

마지막으로, 9장에서 이광석은 앤드루 핀버그를 경유해 기술 비판과 실천 이론을 구성하려 한다. 그는 핀버그가 주장한 기술의 '양가성' 개념에 주목한다. 이는 기술 코드가 지닌 지배와 해방의 양가적 계기를 포착하고, 후자의 계기를 통해 기술의 '성찰적 설계'나 기술 민주주의적 가능성을 확보하려는 시도이기도 하다. 무엇보다 먼저 그는 핀버그가 기술이 현실 체제 속에서 지배의 권위로 착근되는 현상을 기술 레짐에 의한 '도구적 합리성', '편향', '기술 코드' 등의 개념들을 동원해 분석하고 있다고 본다. 그로부터 더 나아가 핀버그가 유럽 신좌파 이론들과 비판적 문화연구의 흡수를 통해 헤게모니 기술을 재전유하는 방식을 주목할 것을 권하고 있다고 말한다. 특히 이광석은 핀버그의 '심층 민주주의'의 기획이 중요하다고 본다. 핀버그는 일반적 정치 민주주의로는 기술 레짐을 바꾸는 것이 어렵다는 점을 파악했고, 이 일반 민주주의적 전략과 함께 이로 해결되지 않는 또 다른 계열의 전문화된 기술 민주화 운동을 제시한다. 결국 핀버그는 강단 학자들의 기술의 해석학적 고증에 머무르는 한계를 넘어서서 체제 기술에 대한 '해킹'을 고무한다는 점에 의의가 있다고 볼 수 있다. 적어도 핀버그의 기술 실천 논의는 어떻게 대중이 아래로부터 기술을 새롭게 해석해 저항하고 대안적 설계를 세울 수 있는지에 대한 구상과 관련해 중요한 질문거리를 던진다는 점에서 새롭다.

기술과 미디어의 철학이 가야 할 길

기술과 미디어 철학에 관심 있는 독자들이 평이하게 해독할 수 있는 준학술서를 지향했으나, 우리의 애초 생각만큼 논의를 잘 풀어 쓰는 데 소기의 성과를 이뤘는지는 의문이다. 다만 이 책이 오늘날 동시대 미디어와 기술에 관한 논의를 활성화하는 데 작은 누룩이 됐으면 싶은 마음뿐이다. 사실상 이 책에 이어서 바로 연결된 후속 작업을 함께 진행하려고 하고 있다. 새롭게 부상하는 기술 문화에 대한 동시대적 해석의 '중범위' 디지털 이론들을 검토해 보는 작업이다. 이는 보다 동시대의 젊은 학자들이 피력하는 현장 기술 연구가 될 것이다.

오늘날 데이터 사회에 대한 이론적 사유의 필요성이 부상하고 있음에도, 우리 사회에는 요란하게 기술과 혁신을 부르짖는 소리만이 넘쳐난다. 이 필요성에 응답하기 위해, 이제 학문과 학제별로 흩어져 있는 다양한 배경의 학자들이 모여 반성적이고 성찰적인 기술 논의를 시작해야 한다. 이는 국내외 대형 학회나 과제 연구 수준의 논의에서 이루어질 수도 있지만 보다 탄력적인 유형의 독립적이고 자율적인 공부 모임들에서 그 기운을 끌어내야 할 것이다. 다양한 형태의 기술 연구의 학문 공동체들이 코뮌처럼 여기저기 무성해지고 상호 성과가 공유되는 그날을 상상해 본다.

이 책은 2014년 가을, 필자가 몸담고 있는 서울과학기술대학교 IT정책대학원 디지털문화정책학과에서 기획했던 '기술철학' 콜로키움을 통해 발표된 초고 내용을 기반으로 해 완성된 글들이다. 그때 이후로 집필자들의 수정 작업을 통해 햇수로 2년여 만에 빛을 보는 셈인데, 나를 포함해 공동 집필 작업에 흔쾌히 참여하신 아홉 명의 선생님들의 노고 없이는 이루어질 수 없는 프로젝트였다. 출간까지 지난했던 시간을 견디고 집필에 참여한 분들의 노고에 다시 한번 감사의 말씀을 드린다. 그리고 처음부터 차분히 필자들의 글 작업을 지켜봐 주고 힘을 쏟아 준 그린비 출판사의 김효진 님과 김재훈 님, 그리고 어려운 출판 시장 상황에서도 묵묵히 좋은 책을 펴내려는 출판사에 전체 필자들을 대신해 감사의 마음을 전한다.

　파국의 시대다. 정치는 추락하고 사회는 돌봄의 가치를 잊은 지 오래다. 이 가운데 자본주의 기술은 또 다른 성장을 위해 몸 바칠 노예의 긴 행렬에 줄 서 있다. 아니 그 노예가 괴물이 될 위험 또한 잠재한다. 이제부터라도 야만으로 치달아 가는 기술에 대한 민주적 복권이, 삶의 일부로 지속 가능한 기술 디자인을 위한 질긴 싸움이 필요한 시점이다.

2016년 5월 31일

필자들을 대신하여

이광석

차 례

들어가는 글

— 기술철학의 동시대적 맥락화 이광석 ⋯ 5

I부 ⋯⋯ 미디어·기계 – 인간의 앙상블

I장 인간과 기술의 공생이 우리의 미래를 개방한다

— 질베르 시몽동의 새로운 휴머니즘 김재희 ⋯ 28

2장 기술복제의 시대와 그 이후

— 발터 벤야민의 예술과 아우라에 대한 사유 심혜련 ⋯ 65

3장 테크노코드와 커뮤니케이션 혁명

— 빌렘 플루서의 기술적 형상과 코무니콜로기 김성재 ⋯ 93

4장 SNS 시대의 미디어철학

— 마셜 매클루언과 인터넷 미디어의 미래 백욱인 ⋯ I23

2부 ······ 기술의 사회적 구성과 실천

5장 시간, 기억, 기술

— 베르나르 스티글레르의 기술철학 이재현 ··· 150

6장 테크노사이언스에서 '사물의 의회'까지

— 브뤼노 라투르의 기술철학 홍성욱 ··· 186

7장 테크노젠더와 몸의 미학

— 도나 해러웨이의 사이보그 이지언 ··· 216

8장 여성과 과학 기술 화해시키기

— 주디 와이즈먼의 테크노페미니즘 오경미 ··· 248

9장 기술의 민주적 합리화

— 앤드루 핀버그의 기술 비판과 대안적 실천 이광석 ··· 278

지은이 소개 ··· 306

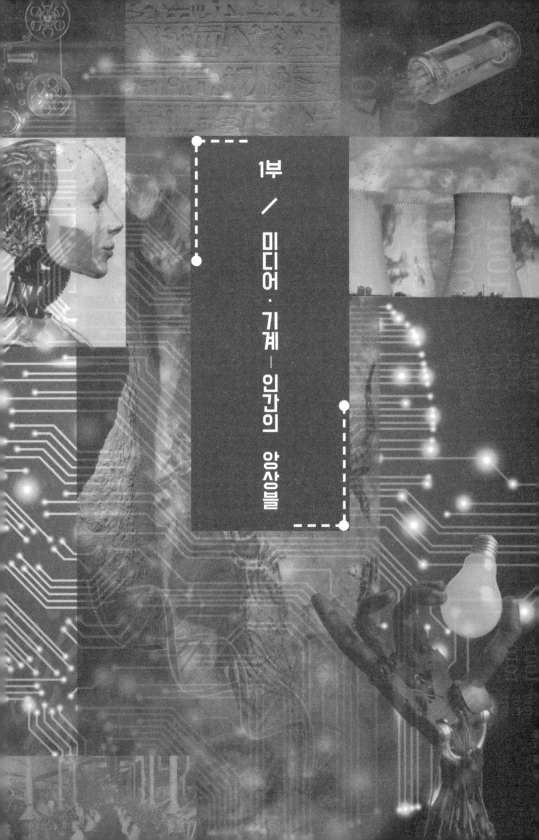

1부 / 미디어·기계─인간의 앙상블

1장 I 인간과 기술의 공생이 우리의 미래를 개방한다

질베르 시몽동의 새로운 휴머니즘

김재희

정보 기술 시대에 혜성같이 나타난 시몽동

질베르 시몽동Gilbert Simondon, 1924~1989은 구조주의와 탈구조주의의 지배적인 영향력으로 인해 생전에는 크게 주목받지 못하다가 21세기 정보 기술 시대의 본격화와 더불어 급부상하고 있는 프랑스 철학자다. 그의 철학은 학제적 구분을 넘어서 심리학, 사회학, 물리학, 생물학, 기술공학 등 실재에 관한 인간의 전 학문적 연구들을 통합적으로 사유하려는 백과사전적인 특성을 지닌다. 특히 과학과 기술에 대한 그의 관심은 철학적 탐구 대상의 수준에 머무르지 않는 전문 지식과 실천적 능력에 의해 뒷받침된다. 파리 ENSEcole Normale Supérieure를 졸업하고 1948년 철학 교수 자격 시험agrégation에 합격한 이후, 투르Tours의 데카르트 고등학교에서 처음 교육 활동을 시작할 때부터 그는 철학만이 아니라 물리학도 가르쳤고, 학교 지하실에 기술공학 실험실을 만들어 텔레비전 수상기 설치 작업을 직접 하기도 했다. 1958년 철학 박사학위를 취득한 이후에는,

푸아티에Poitiers 문과대학 교수를 거쳐 소르본Sorbonne 파리4대학 철학 교수로서 교육과 학술 활동에 전념했고 거기서도 '일반심리학과 기술공학 실험실'을 설립하여 이끌어 나갔다. 인문학과 과학 기술의 창조적 융합을 지향하는 현대 학문의 초학제적 경향과 더불어, 그리고 무엇보다 정보 통신 기술 시대에 상응하는 '인간과 기술의 관계에 대한 새로운 철학'의 필요성이 시몽동에 대한 오늘날의 관심으로 이어지고 있다.

시몽동이 생전에 출간한 저서이자 가장 중요한 저서는 놀랍게도 단 두 권이다. 바로 그의 박사학위 주논문인『형태와 정보 개념에 비추어 본 개체화』L'Individuation à la lumière des notions de forme et d'information와 부논문인『기술적 대상들의 존재 양식에 대하여』Du Mode d'existence des objets techniques가 그것이다. 이 두 저서는 그의 사유를 특징짓는 '개체화론'과 '기술철학'을 대표한다.

『형태와 정보 개념에 비추어 본 개체화』(이하 Individuation)는 물리학, 생물학, 심리학, 사회학 등에서 탐구 대상으로 전제하고 있는 실체로서의 개체(결정체, 생명체, 사회체 등)가 실제로 어떤 과정과 관계망 속에서 발생하게 되는지, 즉 실재의 다층적인 여러 영역들에서 상이한 방식으로 일어나는 개체화(개체의 발생) 작용이 무엇인지를 해명한다. 그의 개체화론은 개별과학의 영역들을 깊이 관통하면서 실재 전체의 역동적인 개체발생 작용을 통합적으로 사유하는 복잡성과 난해함을 지닌 탓에 출간 당시에도 접근하기가 쉽지 않았다. 이 때문인지, 사실 그의 주논문은 그 생전에『개체와 그 물리-생물학적 발생』(1964)과『심리적 집단적 개체화』(1989)로 나뉘어 출판되었다가, 그의 사후인 2005년에서야 통합된 원본의 모습으로 재출간되었다. 당시에는 들뢰즈Gilles

Deleuze가 유독 깊은 관심을 보이며 『개체와 그 물리-생물학적 발생』에 관한 서평(「질베르 시몽동에 대하여」, 1966)을 썼을 뿐이다. 들뢰즈의 주요 저서들(『차이와 반복』(1968), 『의미의 논리』(1969), 『안티 오이디푸스』(1972), 『천 개의 고원』(1980) 등)에서 시몽동에 관한 참조와 시몽동의 영향에 대한 언급들을 볼 수 있다.

『기술적 대상들의 존재 양식에 대하여』(이하 『기술』)는 이러한 개체화론을 존재론적 배경으로 삼고, 기술의 영역에서 기술적 대상들의 개체화와 진화 과정, 그리고 기술적 대상들과 인간의 관계 등을 집중적으로 다룬다. 그의 기술철학은 개체화론에 비해 상대적으로 더 많은 관심을 불러일으켰다. 주논문보다 먼저 출간되었고(1958년 초판), 그 이후에도 계속해서 재출간되면서(1969, 1989, 2001, 2012년), 시몽동을 기술철학자로 알려지게 할 정도였다. 1968년 캐나다 텔레비전에서 장 르 무안 Jean Le Moyne이 시몽동을 인터뷰한 동영상(「기계학에 대한 인터뷰」)은 현재 유튜브에서도 볼 수 있다. 마르쿠제Herbert Marcuse는 『일차원적 인간』(1964)에서 비판적 능력을 상실한 일차원적 인간을 양산하는 산업 기술 사회의 테크노크라시즘을 비판하는 데 시몽동의 기술철학을 적극 참조했다. 보드리야르Jean Baudrillard는 『사물의 체계』(1968)에서 기술적 대상의 본질에 대한 시몽동의 존재론적 논의를 참조해 문화기호학적 분석을 전개했다.

오늘날 시몽동의 철학은 특히 마수미Brian Massumi, 비르노Paolo Virno, 네그리Antonio Negri, 하트Michael Hardt와 같은 현대 정치철학자들, 스티글레르Bernard Stiegler, 라투르Bruno Latour와 같은 현대 기술철학자들, 그리고 뉴미디어 커뮤니케이션 이론가들과 미디어아트 예술가들에게 새로운 사유의 개념적 도구들과 영감을 제공하는 중요한 원천으로 참조되고 있다. 최근에는 그의 강연이나 강의록 등을 중심으로 한 새로운 저서들——『동물과 인간에 대한 두 강좌』(2004), 『기술에서의 발명』(2005), 『지각에 대한 강의』(2006), 『상상력과 발명』(2008), 『커뮤니케이션과 정보』(2010), 『기술에 대하여』(2014), 『심리학에 대하여』(2015) 등——이 봇물처럼 터져나오고 있다.

인터넷도 등장하기 이전인 1960년대의 기술철학자 시몽동이 왜 지금 주목받고 있는 것일까? 그것은 시몽동이 특히 현대 정보 기술 시대에 상응하는 기술철학과 이에 근거한 새로운 휴머니즘의 전망을 선구적으로 보여 주고 있기 때문이다. 인터넷과 아이폰의 놀라운 등장 이후, 사물 인터넷과 클라우드 컴퓨팅으로 확장되며 가속화되고 있는 정보 통신 기술의 현란한 발전은 우리의 사유 수준을 훌쩍 뛰어넘어서 그 진화의 속도를 따라잡기가 벅찰 정도에 이르고 있다. 인간의 삶은 이제 디지털 정보 네트워크의 환경에서 벗어날 수 없게 되었다. 스마트폰을 손에서 놓지 못하고 끊임없이 소통하는 우리의 일상이 보여 주듯이, 인간과 기계가 한 쌍을 이루고 있는 '인간-기계 앙상블'은 이미 기본적인 삶의 형태로 자리 잡았다. 기술에 대한 논의가 인간의 미래에 관한 유토피아적 낙관이나 디스토피아적 우려를 제시하는 데 그치는 것은 더 이상 도움이 되지 않는다. 기술과 자연의 대립이나 기술과 인간의 대립이라는 구도 속에서 기술을 부정하며 휴머니즘을 구제하려는 것은 이미 낡은 사유 패러다임이다. 정보 기술의 등장과 더불어 자연, 기술, 인간의 상호 관계에 대한 균형 잡힌 이해가 필요하고, 기술을 토대로 실현되는 새로운 휴머니즘 모델이 절실한 국면이다. 바로 이때 시몽동의 기술철학이 재조명되고 발굴되기 시작한 것이다.

시몽동은 기계들과 공존하는 인간의 삶을 긍정하며 기술적 대상들의 존재 가치에 대한 의식화를 촉구했다. 그는 기술적 대상들의 존재방식에 대한 잘못된 인식을 바로잡고, 기술적 활동을 폄하해 온 인문학적 편견을 제거하여, 인간과 기계 사이에 주인과 노예의 관계가 아닌 상호 협력적이고 공진화하는 관계를 정립하고자 노력했다. 특히 기술적 활동의 본성을 은폐하는 노동 개념에 대한 비판, 개체화론에 의거한 비-사이버네틱스적인 정보와 소통 개념, 기술적 대상들을 매개로 한 개체 초월적인 집단 등 기술과 관련된 시몽동의 독특한 사유는 문화의 혁신과 사회적 진화에 대해 중요한 통찰을 제공한다.

개체화, 정보, 변환

인간과 기술의 적합한 관계 방식을 보여 주고자 한 시몽동의 기술철학은 '관계의 존재론'이라 할 수 있는 그의 '개체화론'을 배후에 놓고 있다. 우리는 보통 항들이 먼저 주어져 있고, 그 다음에 그 항들 사이의 '관계'를 물을 수 있다고 생각해왔다. 그러나 시몽동은 그 관계항들 자체가 이미 어떤 관계의 효과이자 산물이라는 점에 주목한다. "관계는 존재의 양상이다. 관계는 그 관계가 존재를 보장하는 항들과 동시적이다"(*Individuation*: 32). 그는 어떤 존재자의 고정불변한 '동일성'보다 그 존재자가 그러한 형태로 존재하게 된 '발생과 진화 과정'에 관심을 갖는다. 그에 따르면, 현재 존재하는 이 '개체'는 처음부터 불변의 형태로 주어진 실체가 아니라 여러 요인들과의 관계 속에서 서서히 그런 형태로

'개체-화'된 것이다. 자기 동일성과 통일성을 갖춘 것으로 보이는 개체는 사실 독립적인 실재라기보다 주위 환경과 분리될 수 없는 '관계적 실재'인 것이다. 따라서 어떤 개체가 발생해서 존재한다는 것은, 그것이 물리적인 것이든 생명적인 것이든 사회적인 것이든 기술적인 것이든 간에, 주어진 장場 안에서 양립 불가능하고 불일치한 것들 사이에 공존과 소통을 실현하는 새로운 '관계'가 그 개체의 형태로 구현되었다는 것을 의미한다. 시몽동은 실체적인 정적 구조보다는 발생과 변환의 역동적 작용에 초점을 맞추고, 개체의 존재를 전체 환경과의 위상학적이고 역사적인 관계망 안에서 이해할 것을 주장한다.

따라서 시몽동은 서구 사상의 지배적인 사유 패러다임이었던 '질료형상 도식'을 비판한다. 그것은 '노동으로 환원된 매우 불완전한 기술적 활동에 대한 인식'으로부터 유래한 것으로서 '형상'(능동적으로 지배하는 것, 주인, 인간)과 '질료'(수동적으로 지배받는 것, 노예, 자연)의 대립 구도를 존재론적 인식론적으로 정당화하고 주인과 노예의 사회적 지배 관계를 그대로 투사하고 있기 때문이다. "질료형상 도식은 (…) 노동으로 환원된 기술적 조작을 철학적 사유 안으로 전환한 것이고, 존재자들의 발생에 대한 보편적 패러다임으로 취급된다. 그 패러다임의 기저에 있는 것은 분명 기술적 경험이지만, 매우 불완전한 기술적 경험이다. 철학에서 질료형상 도식의 일반화된 활용은 그 도식의 기술적 토대의 불충분성에서 기인하는 불투명성을 도입한다"(『기술』: 347~348). 그 도식은 구체적인 기술적 작업 과정을 잘 모르고 작업장 밖에서 단지 지시만 내리는 '귀족 주인'의 관점에나 부합하는 것으로서, 실제로 질료와 형상의 상호 작용으로 진행하는 개체화 과정 자체에 대해서는 아예 고려조차 하지 않는다.

가령 벽돌 제작의 경우, '벽돌'이라는 개체는 아무런 힘도 없는 질료에 주형틀이 형상을 부여함으로써 만들어지는 것이 아니다. 사실 점토 덩어리는 이미 벽돌이 될 수 있는 어떤 성질, 뭉침이나 기포 없이 잘 반죽될 수 있는 특성을 지닌 질료이고, 거푸집 역시 균열 없이 점토를 잘 한정할 수 있는 어떤 질료로 짜여진 틀이다. 이렇게 '형상적인 질료'와 '질료적인 형상'이 '벽돌'이라는 개체를 산출하기 위해 서로 조절되어야 하는 '힘들로서' 만난다. 점토인 질료는 노동자(기술자)의 손을 통해 전달된 퍼텐셜 에너지를 거푸집 안으로 운반하면서 점토 덩어리에서 벽돌로 점차 개체의 모습을 갖추어 간다. 거푸집인 형상은 질료의 힘에 반작용하며 퍼텐셜 에너지를 한계 짓는 소극적 기능에 그친다. 개체화는 이렇게 서로 다른 두 힘들 사이의 조절된 관계가 구조화하는 것이다. "개체화는 퍼텐셜 에너지를 현실화하면서 일어나는 질료와 형상 사이의 공동의 에너지 교환 작용이다"(*Individuation*: 48).

시몽동은 질료형상 도식 대신에, 물리학적이고 기술공학적인 아이디어를 가져와 개체화를 새롭게 설명한다. 그에 따르면, 개체화는 '준안정적인 시스템의 상전이相轉移; déphasage 현상'과 유사하다. 여기서 질료는 아무런 힘도 없는 수동적인 것이 아니라, '퍼텐셜 에너지로 가득 찬 준안정적인 전前 개체적 실재'로 대체된다. '전 개체적인 것'préindividuel은 개체화되기 이전의 실재로서, 개체화된 형상이나 구조를 발생시킬 수 있는 잠재적 역량의 환경이자 바탕에 해당한다. 그것은 양립 불가능하고 불일치하는 것들로 과포화되어 있는 시스템과 같아서, 상전이를 촉발할 어떤 씨앗이 출현하기만 하면 상들phases(=개체들)을 발생시키면서 내적 갈등을 해소할 준비가 되어 있는 실재다.

그리고 형상은 일방적으로 부여되는 주형들이 아니라, 불일치하는 것들 사이에서 의미 있는 관계를 산출하는 '정보'information로 대체된다. 통상 거론되는 사이버네틱스 정보 개념은 탈물질화된 수학적·논리적 패턴이다. 이때 정보는 송신자에 의해 미리 정해진 의미(메시지-형상)를 노이즈의 방해를 뚫고 수신자에게로 정확하게 전달하는 데서 성립한다. 섀넌Claoude Shannon의 고전적인 정보 모델에 따르면, 정보는 0과 1로 이루어진 하나의 신호signal로 정의되며, 정보 소통 과정은 S-C-R(송신자Source-부호화encoding-채널Channel-해석decoding-수신자Receiver)모델로 표준화된다. 그러나 독특하게도 시몽동의 정보 개념은 논리적 패턴이나 추상적 기호가 아니라, 시스템의 상전이를 촉발할 수 있는 어떤 '사건'이나 '충격'으로서 구체적인 질을 갖는다. 정보의 소통은 수신자를 송신자에 일방적으로 동기화시키는 것이 아니라 양자의 상호 관계 속에서 시스템 전체의 새로운 구조화를 야기하는 작용이다. 따라서 정보의 의미는 미리 정해져 있는 것이 아니라, 불일치와 양립 불가능성의 내적 갈등을 개체발생을 통해 해결하는 개체화를 촉발하면서 비로소 성립한다. "정보는 불일치한 두 실재들 사이의 긴장이다. 그것은 개체화 작용이, 불일치한 두 실재들이 시스템을 생성할 수 있는 차원을 발견하게 될 때, 솟아나게 될 의미 작용이다. (…) 정보는 해결되지 않은 시스템의 양립 불가능성이 바로 그 정보에 의해서 해결되면서 조직적인 차원이 되게 하는 것이다"(*Individuation*: 31).

따라서 개체화는 어떤 정보를 의미 있게 수용하여 개체화할 수 있는 '준안정적 시스템'이 있고, 이 수용자의 역량에 따라 정해져 있는 문턱을 넘어서 시스템을 변환시킬 수 있는, 즉 개체화를 촉발할 수 있는 '정보'가 수용될 때 일어날 수 있다. 다시 말해, 개체화는 전前개체적인 실재에 개체화를 촉발하는 사건으로서의 정보 씨앗이 들어오면서 시스템 전체가 상전이하는 것, 즉 이전에 없던 상들이 개체들로 발생하는 것이다. "퍼텐셜로 풍부하고 단일성 그 이상이며 내적 양립 불가능성을 감춘 채 원초적으로 과포화되어 있는 실재에서 양립가능성이 발견되고 구조의 출현으로 인한 해解를 얻어 하나의 시스템이 생성될 때, 바로 그때 발생이 존재한다"(『기술』: 221).

시몽동은 과포화 용액의 결정화crystallization 현상에서 개체화 작용(발생과 변환)의 범례를 발견한다. 과포화 용액은 일정 온도 및 압력에서 지닐 수 있는 한계 이상의 많은 용질을 포함하고 있는 용액이라서, 용질의 결정 조각을 넣어 주면 곧 바로 과잉되어 있던 용질이 결정結晶으로 석출되면서 액체상에서 고체상으로 상전이한다. 이때 '결정체(물리적 개체)'의 발생은 '과포화 용액'(퍼텐셜 에너지로 가득 찬 준안정적 상태의 거시적 환경)과 '결정 씨앗'(상전이를 촉발하는 우연한 사건으로서의 미시적 정보)이라는 크기의 등급이 서로 불일치한 두 실재가 '관계' 맺을 때 일어난다. 이는 마치 불일치하는 두 망막 이미지가 제3의 차원에서 종합된 이미지를 산출하는 것과도 같으며, 마찬가지로 '식물의 싹'(생명적 개체)도 크기의 등급이 불일치하여 서로 소통할 수 없던 태양계의 빛에너지(거시물리적 수준)와 화학적 원소들(미시물리적 수준) 사이에서 양자의 소통 가능한 관계를 중간 수준에서 구조화한 것이라 할 수 있다.

그런데 개체화는 단지 개체의 발생에 그치는 것이 아니라, 이미 만들어진 결정체가 다시 결정화를 촉발하며 상전이를 점차 확산시키듯이, 발생한 개체들을 통해 새로운 개체화를 다른 차원으로 증폭시켜나가는 '변환 작용'opération transductive이기도 하다. "우리는 변환transduction이라는 말을 물리적이고, 생물학적이고, 정신적이고, 사회적인 하나의 작용으로 이해한다. 이 작용으로 인해서 어떤 활동이 차츰차츰 어떤 영역의 내부에 퍼져 나가게 되며, 이 퍼져 나감은 그 영역의 여기저기에서 실행된 구조화에 근거하여 이루어진다. 구성된 구조의 각 지역은 다음 지역에 구성의 원리로서 쓰인다. 그래서 이 구조화하는 작용과 동시에 점진적으로 변화가 확장된다. 매우 작은 씨앗에서 출발하여 모액의 모든 방향들로 확장되며 커져 가는 결정체는 변환 작용의 가장 단순한 이미지를 제공한다. 이미 구성된 각각의 분자층은 형성 도중에 있는 층을 구조화하는 토대로 쓰인다. 그 결과는 증폭하는 망상網狀 구조다. 변환 작용은 발전해 나가는 개체화다"(*Individuation*: 32~33).

물리적 개체화, 생명적 개체화, 심리-집단적 개체화, 기술적 개체화 등 실재의 각 영역에서 일어나는 개체화의 상이한 양상들은 이전 개체화의 결과물들을 연합 환경으로 삼아 이전 개체화에서 해결하지 못한 '문제'를 새로운 수준에서 '변환적으로 해결'하는 방식으로 전 개체적 실재 안에서 분화되어 나온 것이다. 이 때 전 개체적 실재의 퍼텐셜 에너지는 각각의 개체화로 인해 완전히 소진되지 않는다. 각 영역에서 발생된 개체들은 여전히 전 개체적 실재에 연합되어 있으며 전 개체적 실재로부터 받는 어떤 하중荷重을 실어나른다. 개체들이 운반하는 전 개체적 에너지는 새로운 개체화를 출현시킬 수 있는 미래의 준안정적 상태들의 원천이다. 존재 전체는 이렇게 전 개체적인 것과 개체화된 것이 관계 맺고 있는 앙상블로 존재하며, 개체화를 통해서 분화하고 다층적으로 복잡화하면서 불연속적인 도약과 연속적인 자기 보존의 준안정성을 유지한다.

시몽동의 기술철학은 이와 같은 개체화론에 의거해서 기술적 실재의 영역에서 전개되는 기술적 대상들과 기술성 자체의 발생과 변환 과정을 분석하고 이를 통해 기술적 실재와 인간적 실재 사이의 관계가 어떤 것인지 해명한다.

기술적 대상들의 고유한 존재 방식

인간이 기술적 대상들보다 열등하거나 우월하지 않아야 한다.

—『기술』: 129

인간의 진정한 본성은 연장들의 운반자, 그래서 기계의 경쟁자가 아니라, 기술적 대상들의 발명가이며 앙상블 안에 있는 기계들 사이의 양립가능성의 문제를 해결할 수 있는 생명체. 기계들의 수준에서, 기계들 사이에서, 인간은 그 기계들을 조정하고 그것들의 상호 관계를 조직화한다. 인간은 기계들을 다스리기보다는 양립 가능하게 만들며, 정보를 수용할 수 있는 열린 기계의 작동이 내포되어 있는 비결정성의 여지에 개입하여 기계로부터 기계로 정보를 번역해 주고 전달해 주는 자다. 인간은 기계들 사이의 정보 교환이 갖는 의미 작용을 구축한다. 인간이 기술적 대상에 대해 갖는 적합한 관계 맺음은 생명체와 비생명체 사이의 접속으로 파악되어야만 한다.

—『기술』: 385

시몽동은 기술적 대상들의 해방을 촉구했다. 기계들은 단순 도구
로서 노예를 대신하는 것이 아니라는 것이다. 그에 따르면, 기술 발달이
야기한다고 간주되는 인간 소외의 여러 문제들은 사실 기술적 대상들
의 본성에 대한 잘못된 이해와 이에 근거한 기술적 대상들과의 부적합
한 관계 방식에서 비롯한다. 언젠가는 인간의 능력을 뛰어넘는 탁월한
기계들이 인간을 지배할지 모른다는 두려움과 SF적 상상력도 거기서
나온다. 시몽동은 인간중심적 유용성과 경제적·정치적 이해관계를 걷
어내고 기술 그 자체의 관점에서 기술적 대상들 고유의 존재방식을 들
여다보고, 이를 통해 인간과 기계의 관계를 '주인과 노예'가 아닌 '평등
한 상호 협력'으로 바로잡아야 인간과 기술의 대립이라는 거짓 문제가
해소될 수 있다고 보았다.

기술적 대상은 인공물도 아니고 자연물도 아니다. 기술적 대상은
조립된 그대로 완성되는 인공적 실체가 아니라, 자신의 '기능적 작동'을
점점 더 잘 구현할 수 있도록 '구체화'하면서 자연물의 완전성을 닮아
가려고 한다. 기술적 대상은 '마치 생명체처럼' 그 나름의 발생과 진화
과정을 겪는다. 기계와 생명체를 자동화된 시스템으로 동일시하는 사
이버네틱스와 달리, 시몽동에게 기계(구체화하는 것)와 생명체(구체적
인 것)는 동일시될 수 없으며, 다만 환경과의 관계 속에 열려 있는 비결
정성과 형태 변형의 가능성을 지닌다는 점에서 양자의 유사성이 있을
뿐이다. 따라서 자동 로봇은 기술적 대상의 전형이 아니다. 자동 로봇은

인간을 필요로 하지 않는 닫힌 시스템이며, 자동성은 기술적 완전성에서 아주 낮은 정도에 해당한다. 진정한 기계는 생명체와 마찬가지로 비결정성과 외부 정보에 대한 감수성을 지닌 열린 시스템이다.

시몽동은 물리적 개체화나 생명적 개체화와 마찬가지로 개체발생의 원리에 따라 기술적 대상들의 발생과 진화, 즉 구조의 발명과 변환적 발전을 바라본다. 기술적 대상들은 인간의 필요나 유용성 때문이라기보다 시스템 내부에 제기된 양립 불가능성과 과포화된 불일치의 문제들을 새로운 구조화와 형태 변형으로 해결하려는 내적 필연성에 따라서 발생과 진화를 겪는다. 예를 들어, 수력발전기의 일종인 갱발Guimbal 터빈은 기술적 환경(발전기의 조건)과 자연적 환경(바닷물 이용)의 불일치를 해결하는 새로운 기술-지리적 환경과 동시에 그러한 환경 속에서만 작동할 수 있는 새로운 구조를 발명함으로써 발생하게 된다. 이 터빈은 수압관 안에 잠겨 있고, 압축 기름 통 속에 넣은 작은 발전기와 연결되어 있다. 여기서 물은 터빈과 발전기를 돌리는 에너지도 가져오고 발전기의 열을 식히는 냉각 기능도 한다. 압축된 기름은 발전기를 부드럽게 돌아가게 하면서 절연 기능과 방수 기능도 한다. 방수와 전기 절연의 문제를 해결하면서 물과 기름의 이중 매개로 냉각효율을 높인 것이 또한 수압관 속에 들어갈 정도로 발전기의 크기를 축소시킬 수 있게 했다. 물과 기름이 양립 불가능성을 극복하고 상호 협력적이고 다기능적으로 작동할 수 있는 구조의 발명과 더불어 수압관 속에 들어가 작동할 수 있는 발전기의 조건이 동시에 발명되면서 갱발 터빈은 기술적 개체로서 존재할 수 있게 된 것이다(〈그림 1〉 참조).

시몽동은 기술적 대상들이 내적 환경(기술적 환경)과 외적 환경(자

그림 1 갱발 터빈의 도면

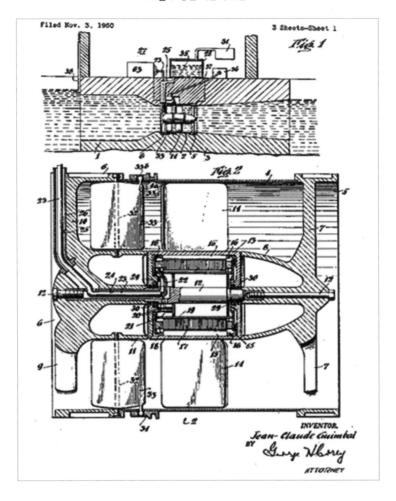

연적 환경)과의 관계 속에서, '추상적인 양태(구성 요소들의 부정합적인 조합과 분리된 기능들의 복잡한 작동)'에서 '구체적인 양태(구성 요소들의 상호 협력적이고 다기능적인 융합과 단순화된 작동)'로 진화하면서 개체화하는 과정을 '구체화'concrétisation라고 정의한다. 예를 들어 '진공관'

은 단번에 완성된 기술적 대상이 아니다. 3극관의 작동을 방해하는 내적 장애(발진 현상)를 해결하기 위해 스크린 그리드를 넣은 것이 4극관이고, 다시 4극관의 내적 결함(2차 전자 방출 현상)을 억제하기 위해 억제 그리드를 넣은 것이 5극관이다. 5극관은 구성 요소들 간의 상호 작용에서 비결정의 여지를 줄이고 양립 불가능할 정도로 분기된 여러 기능들의 과포화 상태(제어 그리드, 스크린 그리드, 억제 그리드가 다 들어 있음)를 중층결정적이고 다기능적으로 수렴하여 단순화된 구조로 구체화하는 기술적 과정의 산물이다. 구체화는 인간적 의도, 사회·경제적 요인, 상업적 이유 등과는 독립적으로 기술적 요인에 따라 진행된다. 물론 시몽동이 기술 발달 과정에 개입하는 수많은 기술 외적 요인들, 즉 정치적·경제적·군사적·상업적 요인들의 간섭이 없다거나 중요하지 않다고 보는 것은 아니다. 기술적 대상들의 본질적인 측면(기능적·구조적 정합성의 구축)보다 비본질적인 측면(기호로서 소비되는 사회적·심리적 요인)에 좌우되는 자동차 관련 기술이 특히 그런 것처럼, 소비자의 취향과 같은 상업적 요인과 부딪쳤을 때 구체화의 기술적 필연성이 실현되지 않을 수 있다는 점을 시몽동도 인정한다. 시몽동의 작업은 정작 그런 요인들 때문에 지금껏 잘못 인식되고 은폐되어 온 기술적 대상들의 실재적 본성을 드러내는 데 강조점이 있다.

거시적인 차원에서 생명체의 진화와 차별화되는 기술적 대상들의 진화는 '이완relaxation 법칙'을 따라 전개된다. 생명체가 '기관-개체-집단'의 수준들을 갖듯이, 기술적 대상들도 '요소-개체-앙상블'의 세 수준에서 고려될 수 있다. '요소'가 개체를 구성하는 부품들, 연장이나 도구들에 해당한다면, '개체'는 자신의 '연합 환경'과 순환적 인과 관계를 통해 독자적인 기능적 작동과 단일성을 갖게 된 기계들이라고 할 수 있으며, '앙상블'은 이 기술적 개체들이 집단적 연결망을 이루고 있는 공장이나 실험실이라고 볼 수 있다. 생명체의 경우에는 요소적 기관들이 개체로부터 분리될 수 없지만, 기술적 대상들의 경우에는 요소들이 자유롭게 분리되어 새로운 개체를 구성할 수 있다는 특징이 있다. 즉 공장에서 생산된 부품들은 정해진 용법에 따르지 않고 새로운 발명의 계기가 될 수 있다. 기술적 '앙상블'에서 기술성을 실어 나르는 '요소'들이 산출되면, 이 요소들 간의 관계 맺음을 통해 새로운 '개체'가 발명되고, 이 개체들 간의 관계 맺음을 통해 다시 새로운 기술적 '앙상블'이 구현된다. 예를 들면, 18세기의 수공업적 공장(앙상블)에서 만들어진 스티븐슨 George Stephenson의 연동 장치와 연관식 보일러(요소)는 19세기 초 기관차 (개체)라는 새롭게 발명된 구조로 구성되고, 다시 이 열역학적 개체들이 철도에 의해 연결된 산업 집중화를 통해 새로운 앙상블을 산출한다. 기술성은 '앙상블 → 요소 → 개체 → 다시 앙상블… '의 방식으로 세 수준들 사이에서 '변환적으로' 전달되며 직선이 아닌 톱니 모양으로 발전해 나간다. 기술적 대상의 진화에는 '불연속적이고 주요한 개선'(기능적 작동의 효과를 증가시키기 위한 구조적 변형)과 '연속적이고 부수적인 개선'(구조 변경 없는 땜질 처방)의 두 방식이 교차한다. 전자가 진정한 진화의 계기다. 기술적 대상들의 진화는 요소적 수준(과거)과 앙상블적 수준(미래) 사이에 돌연변이와 같은 새로운 개체의 발명을 통해서 불연속적 도약을 창출하며 전개된다.

그렇다면, 시몽동은 기술적 대상들의 절대적 자율성을 주장하는 것일까? 시몽동의 '구체화하는 기계'는 인간의 의도대로 만들어지고 통제되는 것이 아니라, 기계들 고유의 내적 필연성에 따라 구조 변화와 진화를 하기 때문이다. 그러나 시몽동적 기계의 자율성은 결코 타자(인간)를 배제하지 않는다. 기술적 존재가 본성상 '구체화'를 겪을 수밖에 없다는 사실은 이미 인간의 개입을 전제한다. 구체화는 물질적 인과성만으로는 산출될 수 없는 것이며 내적 비결정성의 여지를 조절할 정보의 소통과 이에 따른 구조 변화를 동반하기 때문이다. 기술적 실재의 경우에 '구체화'로 나타나는 시몽동의 개체화 작용은 본질적으로 이미 '정보'를 전제한다. 시몽동에게 정보는 단순한 메시지의 전달이라기보다 이질적인 것들 사이에서 새로운 구조와 형태를 발명하는 작용이다. 이런 점에서 시몽동적 기계들은 인간과의 관계로부터 떼어내어 생각할 수 없다. 기계들은 인과 도식에 따라 결정되어 있는 작동을 하므로 주어진 정보를 처리하는 능력은 있지만, 문제를 제기하고 제기된 문제의 해결책을 찾기 위해 스스로 형태를 변화하는 자발적 역량은 없기 때문이다. 따라서 생명체로서의 인간이 기술적 요소들이나 기계들 사이에 상호 정보를 소통시켜 주고 기술적 작동을 새롭게 구조화하는 '발명가'이자 '조정자'로서 기술적 대상들에게 필수적이다. 시몽동은 오케스트라와 지휘자의 관계처럼 상이한 기능을 갖지만 상호 협력적인 기계와 인간의 앙상블을 생각한다. 운전자의 기억만으로도 힘들고 네비게이터에만 의존해서도 힘든 최적의 길 찾기를 가장 잘 할 수 있는 것이 바로 '운전자-네비게이터 앙상블'인 것과 같은 이치다.

　시몽동의 '인간-기계 앙상블'은 인간과 기계의 본질적 차이에 근거하여 공통의 문제 해결을 위해 상호 협력적으로 연대하는 평등 관계의 민주적 모델을 보여 준다. 기술의 수준이 고도화될수록 점점 더 구체화하면서 상호 협력적 연결망을 구축하는 기술적 대상들의 앙상블은 인간과 자연의 관계 및 인간과 인간의 관계를 더욱 밀접하게 매개한다. 시몽동은 정보 기술이 마련한 기술적 앙상블 시대에는 모든 기계의 사용자가 곧 기계의 소유자면서 동시에 조정자이자 발명자일 수 있는 진정한 기술공학적 문화의 실현이 가능하리라고 생각했다.

노동으로부터 기술적 활동으로

기계와 관련된 인간의 소외는 단지 사회·경제적 의미만 갖는 것이 아니다. 그것은 또한 심리·생리학적인 의미도 갖는다.

—『기술』: 172

우리는 경제적 소외가 존재하지 않는다고 말하려는 것이 아니다. 우리가 말하려는 것은, 소외의 일차적인 원인이 본질적으로 노동 안에 있다는 것, 맑스가 기술한 소외는 단지 소외의 양상들 중 하나일 뿐이라는 것이다.

—『기술』: 357

첨단 기술이 노동의 위기를 초래한다고 한다. 기계와 로봇이 인간의 자리를 대신하고 인간은 자동화된 시스템 앞에서 오히려 단순 기계가 되어 버린다는 것이다. 시몽동의 '인간-기계 앙상블'은 기술과 관련된 이러한 인간 소외의 문제를 어떻게 해결할 수 있을까? 인간과 기계의 관계를 지배와 피지배의 대립이 아니라 상호 협력적 공존으로 바로

잡기 위해서 시몽동은 무엇보다 '노동'에서 '기술적 활동'으로 사유 패러다임의 전환이 필요하다고 보았다.

노동이라는 활동은 기본적으로 형상(인간적 의도 ─ 주인)과 질료(수동적 자연 ─ 노예)의 대립을 전제하며, 따라서 형상적 측면과 질료적 측면 둘 사이의 상호 조절과 변조 과정인 기술적 작용 자체에 대해서는 주목하지 않는다. 특히 노동은 기술적 대상들을 실용적이고 생산적인 도구로서만 보게 하고, 기술과 관련된 소외를 생산수단의 소유 문제로 축소시킬 위험이 있다. 시몽동은 기계와의 관계에서는 노동자만이 아니라 자본가조차도 소외되어 있다고 주장한다. 왜냐하면 소유 여부와 관련된 경제적 소외보다 기술적 대상들과의 관계 단절에서 비롯하는 소외가 더 근본적인 소외의 문제이기 때문이다. 맑스가 '생산력과 생산관계의 불일치'에 주목했다면, 시몽동은 '기술성과 인간-기계 관계의 불일치'에 주목하면서 기술성의 발달 정도에 부적합한 인간-기계 관계 방식에서 소외의 발단을 찾는다.

기술성의 발달이 연장이나 도구와 같은 요소 수준에 있는 수공업적 작업장에서는 기술적 대상과 인간의 관계가 '연장과 운반자'의 양상으로 나타난다. 그러나 기술성이 개체 수준으로 발달한 자동화된 공장에서는 기술적 개체들이 인간의 동력을 대신하면서 연장들의 운반자 역할을 맡게 된다. 기술성의 진화에 따른 이행 국면에서 인간이 겪는 소외감은 생산수단의 박탈에서만이 아니라, 기술적 대상과 인간 사이의 '심리-생리학적인 단절'에서도 발생한다. 장인이 자기 작업장에서 자신의 신체를 통해 연장들을 움직이고, 자기 몸짓의 정확성과 신속성을 느끼면서 동시에 자신의 신체적 힘 안에서 명령을 수행하는 연장들의 작동을 직접 느낄 수 있었을 때에는 소외가 없었다. 왜냐하면 기술적 대상들과 생산자이자 사용자인 장인이 심리-생리학적으로 직접 연결되어 있었기 때문이다. 그러나 기술적 대상들이 개체화된 기계들이 되면서 인간의 손을 떠나 독립적으로 작동할 수 있게 되자, 노동자들은 기계들과의 직접적인 연결을 상실하게 되고, 기계들은 생산자나 사용자가 누구든지 상관없이 작동할 수 있게 된다.

> 이 소외는, 생산수단들에 대한 노동자의 관계 맺음 속에 그 기원이 있다고 맑스주의는 파악했지만, 우리의 견해로는, 단지 노동자와 노동 도구들 사이의 소유나 비-소유의 관계 맺음으로부터만 야기되는 것이 아니다. 소유의 사법적이고 경제적인 그 관계 맺음 아래에는 여전히 더 근본적이고 더 본질적인 관계 맺음이, 즉 인간 개체와 기술적 개체 사이의 연속성의 관계 맺음, 또는 그 두 존재자들 사이의 불연속성의 관계 맺음이 존재한다.
>
> —『기술』: 171

시몽동은 사회-경제적 소외보다 더 근본적인 소외가 인간과 기계 사이의 심리-생리학적 단절에서 비롯한다고 보았다. 마치 아이가 자라서 부모로부터 독립하듯이, 요소 수준에서 한 단계 높은 수준으로 진화한 기술적 개체들은 인간(생산자와 사용자)으로부터 독립하여 다른 개체들(인간 또는 기계)과 새로운 관계망을 구성할 수 있게 된다. 따라서 맑스가 주목했던 기계적 대공장에서의 소외 문제는, 한편으로는 개체화된 기술적 대상에 내재하는 인간으로부터의 독립성에서, 다른 한편으로는 기술적 대상의 이러한 진화론적 본성을 제대로 파악하지 못하고 기술적 개체와 적합한 관계 방식을 새롭게 찾지 못한 인간의 습관적 태도에서 비롯한다. 기술성의 진화에 따른 인간과 기술적 대상 사이의 불연속성은 과거의 관계 방식에서 미래의 새로운 관계 방식으로 도약하는 창조적 계기로 작동한다. 생산자나 사용자로부터 탈착된 기술적 개체들은 새로운 기술적 앙상블을 구성할 수 있다. 기술적 개체들의 자유로운 연합과 조직화는 '생산적·상업적·산업적 연결망'을 만들어낼 수도 있고, '비생산적·비산업적·비경제적 연결망'을 만들어 낼 수도 있다. 여기서 어떤 기술적 앙상블을 만들어 내느냐, 기계들의 관계가 어떻게 조직화되느냐는 인간에게 달렸다. 인간은 기계들의 지배자가 아니라 기계들 사이의 관계를 발명하고 조절하며 책임지는 존재자로서 기계들 가운데서 기계들과 동등한 수준에서 살아가는 존재이기 때문이다. 인간과 자연 사이의 관계만이 아니라 인간과 인간 사이의 관계도 인간과 기계 사이의 관계에 의해 조절되며 발전해 간다. 기계들의 사회와 인간들의 사회는 상호 협력적으로 공-진화하는 것이다.

시몽동은 20세기 정보 기술 시대에는 더 이상 기계들 앞에서 무력하게 소모되며 노동 수단을 잃었다고 기계들을 부수는 '노동자로서의 인간'이 아니라, 기계들의 작동 방식을 이해하고 기계들의 관계를 조직화하며 기술적 앙상블을 구축할 줄 아는 능동적인 '기술자로서의 인간'이 출현할 수 있어야 한다고 주장한다. 기술성이 열역학적 시대의 개체 수준을 넘어서 정보 네트워크 수준으로 발전했음에도 불구하고 여전히 노동 패러다임에 묶여 있는 것이야말로 '기술로부터의 소외'라는 현대적인 소외의 양상이라는 것이다. 따라서 이제 노동은 기술적 활동으로 전환되어야 한다. 노동은 기술적 대상과 인간의 관계가 신체적 접속을 통해 연속성을 지니며 인간이 연장들의 운반자로서 기술적 개체의 역할을 대신하고 있을 때나 적합했던 개념이다. 기술적 활동은 이런 노동으로 축소될 수 없으며, 기술적 대상들의 단순한 사용만이 아니라, 발명, 수리, 조절, 유지, 기능과 작동에 대한 세심한 주의력 등을 모두 포함하는 노동보다 더 큰 범주이다. 기술적 활동은 기술적 대상에 대한 인간의 밀접한 관심 및 인간과 기술적 대상 사이의 상호 협력적 관계를 전제할 뿐만 아니라, 이 기술적 대상들을 통해 소통하는 인간과 인간 사이의 평등한 상호 협력적 관계 또한 상정한다. 생산자, 사용자, 관리자가 기술적 대상들을 통해 동등한 자격으로 만나 정보를 소통하고 공유하며 집단적 공동체를 구성할 수 있게 하는 것이 바로 기술적 활동이기 때문이다.

기술적 발명과 개체초월적 집단

인간이 인간을 만날 때 어떤 계급의 구성원으로서가 아니라 자신의 활동과 동질적인 기술적 대상 안에서 자신을 표현하는 존재자로서 만날 수 있는 그런 기술적 조직화의 수준이란, 바로 주어져 있는 사회적인 것과 개체상호적인 것을 초월하는 집단적인 것의 수준이다.

— 『기술』: 362

기술적 대상의 중개를 통해서 개체초월성의 모델인 인간 사이의 관계가 창조된다.

— 『기술』: 355

노동이 개체 수준(인간 개체와 기술적 개체의 관계)에서 고려된다면, 기술적 활동은 집단 수준(인간 사회와 기술적 앙상블의 관계)에서 고려되어야 한다. 시몽동이 대표적인 기술적 활동으로 꼽는 '발명'은 기술적 활동과 개체초월적 집단collectif transindividuel의 관계를 잘 설명해 준다. '발명'은 기술적 진화의 계기이면서 동시에 사회적 진화의 계기이기도 하다. 새로운 기술적 대상을 창조하는 발명은 양립 불가능하고 불일치하는 것들 사이에서 새로운 관계를 발견하여 이를 작동 가능한 구조로 변환하는 작업이다. 그런데 시몽동은 이 발명을 단순히 뛰어난 어떤 한 개인의 역량이라고 보지 않는다. 발명은 개체화된 존재로서의 인간 개체 안에 여전히 내재하고 있던 전 개체적인 역량이 표현되는 것이다. 발명가는 개체화된 존재의 개체성에 머무르는 하나의 '개체'로서가 아니라 개체화되기 이전의 존재론적인 어떤 역량, 즉 전 개체적인 자연의 무게를 실어 나르는 어떤 '주체'로서 행위한다. 발명된 기술적 대상은 이전 개체적 실재를 자신과 더불어 실어 나르며 다른 사용자들에게 전달한다. 각각의 분리된 개체들 안에 내재하고 있던 아주 미약한 '전 개체적 퍼텐셜'이 기술적 대상들을 매개로 서로 소통하고 연결되면서 기존의 사회적 관계와는 전혀 다른 새로운 집단적 관계가 조직화될 수 있다. 이것이 개체초월적인 집단이다. 인간이 생명체로서의 개체에 머무르지 않고 심리적-집단적 주체로 도약할 수 있는 것은 바로 이 개체초월적인 집단적 관계 안에서다.

개체초월적인 관계로 이루어진 집단은 상호개인적인interindividuel 관계로 이루어진 사회나 공동체와는 구분되는 것이다. 상호개인적 관계가 기성의 사회 체제와 규범 안에서 이미 분리된 개인들 간의 사회적 유대에 해당한다면, 개체초월적 관계는 개체들 안에 소진되지 않고 남아 있던 전 개체적 퍼텐셜이, 개체들을 관통하면서 동시에 개체 수준을 넘어가는, 새로운 사회적 실재의 개체화 형태로 발생하는 것이다. 개체초월적 집단은 '원자적 개인들과 이들의 집합체인 사회'라는 틀로는 이해할 수 없다. 이것은 심리적 개체와 집단이 '동시결정'syncristallisation되는 방식으로 발생하는 것으로서, 분리된 개체들 안에 내재하던 전 개체적 퍼텐셜이 개체로부터 개체로 직접 소통함으로써 기존의 사회적 관계 속에서는 해결되지 않던 문제들을 해결하려는 새로운 관계의 조직화라 할 수 있다.

따라서 기술적 발명은 전 개체적 퍼텐셜에 의거하여 기존의 사회적 시스템을 새로운 개체초월적 집단으로 변이시킨다는 점에서 사회 진화의 원동력이 될 수 있다. 특히 '기술자'는 사회 속의 '특이점'으로서 닫힌 공동체의 변화를 촉발하는 정보 매체의 역할을 한다. 이 단독자로서의 기술자는 항상 새로운 무언가를 발명하고자 하고 새로운 구조들을 창안하고자 하기 때문에 기존 사회질서에는 매우 위협적인 존재다. 따라서 "공동체는 화가나 시인은 받아들이면서 발명은 거부한다. 왜냐하면 발명 안에는 공동체를 넘어서 있는 무언가가, 즉 집단적 신화에 의해 보장되는 공동체의 통합이 아니라, 개체에서 개체로 나아가는 개체초월적 관계를 설립하는 무언가가 들어있기 때문이다"(*Individuation*: 514).

그런데 기존의 공동체로부터 분리되어 있는 '순수 개체'로서의 기술적 주체가 어떻게 새로운 개체초월적 연대를 만들어 낼 수 있는가? 발명된 기술적 대상들만으로 가능한 것인가? 개체들 속에 파편화되어 있는 전 개체적 퍼텐셜이 어떻게 집단적 조직화를 위해 서로 연결될 수 있는가? 시몽동은 여기서 '감동'émotion을 제시한다. 주체는 자기 안에서 개체와 전 개체적인 것 사이의 불일치와 양립 불가능성을 발견할 때 출현하기 시작한다. 기존 사회적 관계로부터의 단절과 동시에 초월을 요구하는 자기 내부의 전 개체적 하중을 발견하게 된 주체는 불안과 고독을 느끼게 되지만, 이는 개체초월적인 관계의 형성과 더불어 감동으로 변한다.

> 감동의 본질적인 순간은 바로 집단적인 것의 개체화다. 이 순간 이전과 이후 둘 다, 진정하고 완전한 감동은 발견될 수 없다. 정서적으로 동감할 수 있는 잠재성, 주체의 그 자신에 대한 부-적합성, 주체 내부에서 자연의 하중과 개체화된 실재 사이의 양립 불가능성은 주체에게 개체화된 존재 그 이상의 것을 지시하고, 그 자신 안에서 더 상위의 개체화를 향한 에너지가 숨겨져 있음을 지시한다.
>
> — *Individuation*: 315

기술적 발명이 그 자체로 사회 변혁의 충분조건은 아니다. 그렇다면 시몽동의 기술철학은 기술결정론에 불과할 것이다. 시몽동의 기술적 대상은 과학적 합리성만이 아니라 정서적 감동affectivo-émotivité의 차원에서 이해될 때 개체초월적 관계의 매체로서 기능할 수 있다. 기존의 사회적 규범성을 넘어서 기술적 대상들 안에 사회 변혁의 씨앗으로 포함되어 있는 전 개체적인 것, 즉 새로운 가치로서의 정보, 바로 이것이 개체들 사이에 정서적 감동을 통해 전파되며 개체초월적 집단화를 가능하게 할 때 기술적 발명의 진정한 의미가 있다. 예를 들어 '아이폰'과 같은 탁월한 기술적 대상들은 단순한 도구의 수준을 넘어서, 기존의 폐쇄적인 사회적 질서와 경계들(사회적 지위, 빈부, 나이, 지역 등)을 가로지르는 정보의 소통과 내적 공명(우애, 우정, 사랑 같은 정서적 공감)을 실현하며 새로운 집단적 관계를 창출하는 데 기여했다. 2008년 대한민국의 촛불집회나 2010년 튀니지의 재스민 혁명Jasmine Revolution의 경우처럼, 정보 차단의 정치적 억압을 뚫고 공통의 문제(정치경제적 민주주의의 실현)를 해결하려는 개체들의 정서적 연대를 가능하게 한 것도 SNS 기술 장치였다.

문화의 상전이

시몽동은 기술과 문화를 대립시키고 기술을 폄하하던 당시 문화의 불균형을 비판하면서 기술의 가치를 다른 인문학들과 동등한 위상에서 인정하는 균형잡힌 문화의 재창설을 주장했다. 그는 자신의 개체화론에 입각해서 '존재의 상전이'와 유비적인 '문화의 상전이'를 가설적으로 제시한다. 개체화하는 모든 시스템은 변화의 원동력(퍼텐셜 에너지)을 자체 내에 지니고 있는 준안정적인 것이다. 준안정적인 시스템은 결코 안정된 평형 상태에 도달하지 못하며 과포화 상태와 새로운 구조화를 반복하며 상전이를 계속할 수밖에 없다. 그리고 발생한 상들은 항상 다른 상들과 상호 긴장과 보완의 관계를 맺고 있다. '세계-내-존재'인 인간의 삶의 양식은 인간과 세계가 하나의 앙상블을 이루고 있는 준안정적 시스템과 같아서, 인간과 세계의 관계 양상도 상전이의 방식으로 변화하는데, 이때 발생하는 상들이 바로 기술, 종교, 과학, 윤리 등에 해당한다. 시몽동은 문화 상전이에 따라 기술성의 발생을 추적함으로써, 기술이 소위 마술, 종교, 미학, 과학, 윤리, 철학 등과 같은 다른 문화적 요소들과 본질적으로 어떤 관계 속에 놓여 있는지를 보여 주고자 한다.

모든 문화적 상들이 출현하기 이전, 가장 원초적인 상태는 '마술적인 것'이었다. 이는 생명체가 자연의 요충지들을 통해 환경에 연결되어 있듯이, 인간과 세계가 아직 주체와 대상으로 구별되지 않고 합일되어 있는, 다만 모양과 바탕의 구별로만 구조화되어 있는 상태다. 이 마술적 우주 안에서 모양과 바탕의 대립이 과포화되면서, 모양의 기능을 전문화하는 '기술'과 바탕의 기능을 전문화하는 '종교'가 동시에 발생하게 된다. 이제 인간과 세계의 관계는 마술적 단일성으로부터 '기술과 종교'라는 상호 대립하면서 또한 상호 보완적인 두 상으로 분열된 이원성을 띠게 된다. 인간과 세계가 합일되어 있던 마술적 우주에서 기술과 종교의 등장은 인간과 세계 사이에 '거리의 출현'을 의미한다. 생명체로서의 인간이 자연 세계와 관계 맺고 있던 "요충지들이 구체화된 연장들과 도구들의 형태로 대상화하는 동안, 바탕의 능력들은 신적이고 성스러운 형태(신들, 영웅들, 사제들)로 인격화하면서 주체화한다"(『기술』: 241). 모양과 바탕의 구분이 '기술적 대상화'와 '종교적 주체화'로 분화하면서 인간은 모양을 추상화한 기술적 대상들을 매개로 세계와 관계 맺거나 바탕을 추상화한 종교적 주체들을 매개로 세계와 관계 맺게 된다. '기술과 종교'로 양분된 후, 기술은 기술대로 종교는 종교대로 각각 과포화되어 이론과 실천으로 양분되고, 여기서 이론들과 실천들이 서로 짝을 이루어 다시 '과학과 윤리'라는 상호 대립하며 보완하는 새로운 두 상들이 발생하게 된다. 이렇게 해서 원초적인 마술적 우주는, '기술-종교', '과학-윤리'의 여러 상들이 서로 다른 수준에서 동시에 공존하는 다층적인 복합체가 된다. 이때, 상들은 항상 다른 상들과의 관계 속에서만 존재하며 상들 간의 대립과 긴장은 중립 지점을 중심으로 평형을 유지할 수 있는데, 미학과 철학이 바로 그 중립 지점에 위치한다. '미학'은 기술과 종교가 발생했던 그 수준에서 등장하며 기술과 종교로 분열된 인간과 세계의 관계를 다시 마술적인 원초적 관계로 회복시키려는 노력으로 기능한다. '철학'은 과학과 윤리가 발생한 그 수준 이후에 등장하며, 따라서 과학-윤리의 두 상들뿐만 아니라 이들의 발생적 조건이 되었던 기술-종교의 두 상들까지도 고려하여, 모든 상들을 균형있게 조정하려는 중립 지점으로 기능한다. 시몽동이 생각하는 철학의 역할은, 마술로부터 기술과 종교로, 다시 과학과 윤리 등으로 상전이하면서 분화되어 온 인간과 세계의 다층적이고 복합적인 관계 양상들을 발생적 관점에서 조망하면서 미학이 완수하지 못한 모든 상들 간의 통합과 조정의 임무를 완수하는 것이고, 따라서 인간과 세계의 관계 전체 안에서 기술의 위상을 제대로 자리매김하는 데 있다.

시몽동은 이러한 문화 상전이론을 통해서 기술이 종교와 '동등한', 그리고 윤리'보다 더 근원적인' 인간의 세계-내-존재 양식임을 보여 준다. 종교나 윤리는 오히려 기술과의 관계 속에서만 제 역할을 다 할 수 있다. 따라서 종교나 윤리의 이름으로 기술을 폄하하고, 기계와 인간을 대립시키며, 기계들을 소외시켜 온 '인문학적 문화'는 이제 기술을 인간의 세계-내-존재 양식으로 정당하게 자리매김하는 '기술적 문화'로 갱신되어야 한다는 것이 시몽동의 주장이다.

기술 문화/기술 교양의 필요성

시몽동은 기계를 자연 변형의 사용 도구로 보는 노동 공동체의 규범을 넘어서 새로운 개체초월적 관계를 가능하게 하는 정서적 감동의 참여 조건을 형성하기 위해 '기술 문화/기술 교양'culture technique 프로그램의 창안을 강조했다. 가령 자연과 인간 사이의 감동적인 교감이 단지 기술적 대상들의 기능적 작동에 대한 몰이해로 인해 느껴지지 않는 경우가 발생하지 않도록 하기 위해서 말이다. 시몽동이 주창하는 '기술 문화/기술 교양'은 인간과 기계의 대립을 전제로 기술을 문화에서 배제했던 기존의 낡은 패러다임 ──인문 교양culture littéraire 중심주의── 을 해체하고, 기술적 대상들도 인간적 가치를 산출하는 것으로서 문화 속에 통합시킨 '확장된 문화', 그래서 '불균형을 극복한 균형 잡힌 문화'이며, 인문 교양만이 아니라 기술 교양도 사회적 교육 시스템에 포함시킨 문화를 말한다. 기술 문화/기술 교양의 수립은, 한편으로는 기계들을 단지 사용이나 소유의 대상이 아니라 정보의 교환과 소통을 위한 변환적 매체로서 상호 협력적 존재자로 존중하는 '기계 해방'의 노력이다. 다른 한편으로 그것은 장인의 수공업적인 기술과 엔지니어의 기술공학적 기술 사이에, 또 육체노동과 정신노동 사이에 가치론적인 편견과 인식론적 단절을 제거하고, 노동으로 축소되지 않는 기술적 활동에 대한 통합적 인식을 심어 주어 '인간 해방'에 기여한다.

시몽동의 기술 문화/기술 교양 주창은 그러나 기술만능주의를 함축하지 않는다. 시몽동은 19세기 열역학 에너지 시대에 등장한 테크노크라시즘의 기술만능주의를 강하게 비판한다.

힘을 얻기 위해 기계들을 활용하는 장소로서 기술적 앙상블을 취급하는 철학은 기술에 대한 독재적인 철학이라고 부를 수 있을 것이다. 여기서 기계는 단지 수단일 뿐이다. 목적은 자연의 정복, 즉 일차적인 예속화를 이용해서 자연의 힘들을 지배하는 것이다. 그러니까 기계는 다른 노예들을 만들어 내는 데 쓰이는 노예인 것이다. 이와 같은 정복의 영감과 노예제 주창자는 인간을 위한 자유의 요청이라는 명분으로 서로 만날 수 있다. 그러나 노예를 다른 존재자들, 즉 인간들, 동물들 또는 기계들에로 이전시키면서 자유로워지기란 어려운 것이다. 세계 전체를 예속화하는 데 쓰이는 기계들의 무리를 지배하는 것, 그것 역시 여전히 지배하는 것이며, 모든 지배는 예속화 도식들의 수용을 상정하는 것이기 때문이다. 테크노크라시의 철학 그 자체는, 그것이 기술관료지배적인 한, 이미 예속화하는 폭력에 감염되어 있다.

—『기술』: 183~184

기술만능주의는 자연에 대한 인간의 정복과 인간의 자유를 위한 기계들의 노예화를 전제한다. 시몽동은 인간과 자연의 관계를 지배와 피지배의 관계로 보고 기계를 그 도구로 사용하는 이런 인간중심적이고 기술결정론적인 사유를 비판한다. 시몽동의 기술 문화/기술 교양 개념은 어디까지나 기술과 인간이 상호 협력적으로 함께 진화해 나가는 탈인간중심적 휴머니즘을 지향한다. 시몽동은 그 자신의 시대에, 소련 집단주의, 미국 자본주의, 전후 서유럽의 계획경제 사회를 보았고, 그 각각에서 빠르게 진화하는 기술공학적 조건들과 특수한 문화적 규범들이 어긋나고 있음을 목격했다. 전前 산업적 기술 시대에서 산업적 기술공학 시대로 이행하는 과정에서 나타난 인간 소외와 단절은 기술 발달에 따른 변화와 이 변화가 야기한 환경적이고 심리-사회적인 효과들을 문화 속에 제대로 통합하지 못한 심리-사회적 부작용이라고 할 수 있다. 당시 문화보수주의자들은 현대 기술의 탈-영토화하는 힘들과 갈등을 일으키는 낡은 인간중심주의의 이데올로기적 반작용 형태를 취했고, 테크노크라트들은 기술 진화에 수동적 적응을 요구하는 기술결정론적 형태를 나타냈다. 이들과 달리, 시몽동의 기술 문화/기술 교양론은 문화보수주의자나 테크노크라트를 양성하지 않는 제3의 기술 교육 프로그램의 중요성을 강조하는 것이었다. 개인의 인지적 역량이 사회 변혁을 야기할 수 있는 새로운 개체화의 가능성을 향할 수 있도록 프로그래밍하는 것, 단순히 사회 시스템에 저항하는 것이 아니라 누구나 기술적 환경 안에서 실험하고 발명하면서 사회 시스템의 조건들을 변조시킬 수 있도록 기술적 앙상블의 개방성을 제도화하는 것, 바로 이것이 시몽동식 기술 문화의 교육학적 기획이다.

새로운 휴머니즘을 향하여

휴머니즘이란 인간적인 어떠한 것도 인간에게 낯선 것이 되지 않도록 하기 위해 인간 존재자에게 상실되었던 것을 자유로운 상태에서 누릴 수 있도록 다시 되돌려주는 의지이다. (…) 휴머니즘은 단번에 정의될 수 있을 하나의 독트린도, 심지어 하나의 태도조차도 결코 될 수 없는 것이다. 각각의 시대가 소외의 주된 위험을 겨냥하면서 자신의 휴머니즘을 발견해야만 한다.

—『기술』: 148~150

시몽동에게 '휴머니즘'은 소외된 인간적 실재를 회복하려는 노력이다. 시몽동이 주목했던 20세기 소외의 문제는, 당시에 이미 하이데거, 마르쿠제, 엘륄Jacques Ellul, 멈포드Lewis Mumford 등이 비판했던 산업 기술 사회의 반反-휴머니즘적인 기계주의의 문제가 아니었다. 그것은 오히려 기술적 대상 안에 들어 있는 인간적 실재를 보지 못하고 기술의 진화 과정에 대해 잘못 인식함으로써 야기된 인간과 기계 사이의 부적합한 관계 문제였다. 시몽동은 기술과 노동을 대립시키고, 인간적 문화를 '기술에 대항하는 방어 시스템'으로 구축하는 '값싼 휴머니즘'을 비판했다. 그는 정보이론의 등장으로 기술적 개체들의 네트워크가 형성되는 '기술적 앙상블'의 시대에는 노동의 유효성과 정확성을 통해 개인의 능력을 전문적으로 발현하는 데서 해방감을 느꼈던 계몽주의적 휴머니즘은 더 이상 통용되지 않을 것이라고 진단했다. 왜냐하면 근대 개인주의를 정초한 계몽주의 시대에 진보로 통했던 해방자로서의 기술이 고도로 전문화되면서 오히려 20세기의 소외 양상인 '고립과 단절, 정보 동질성의 결여'를 산출했기 때문이다. 따라서 20세기형 소외를 극복하기 위해 가장 필요한 것은 단절되었던 '자연과 인간과 기술'을 다시 연결시키고 정보 공유의 네트워크 역량을 최대한 회복하는 것이었다. 시몽동은 기술적 활동과 기술적 네트워크의 가치를 발견하여 인간과 기계 사이에 탈인간중심적인 상호 협력 관계를 맺는 것, 그리고 파편화된 인간과 인간 사이에 기술적 대상들을 매개로 한 개체초월적인 소통과 공감을 실현하여 기존의 억압적인 사회 시스템을 평가하고 새롭게 조직화하는 데 모두가 참여할 수 있게 만드는 것, 이것이 현대 사회에 요구되는 새로운 휴머니즘이라고 보았다.

그러나 시몽동이 주목했던 20세기 정보 기술로부터 급속하게 발전해 온 21세기 디지털 네트워크 시대는 시몽동이 보지 못했던 새로운 명암들이 강화되고 있다. 한편으로, 사회 진보를 위한 인간과 기계의 공생은 더 이상 새로운 요구 사항이 아니다. 디지털 혁명에 의한 '제2의 기계 시대'는 디지털 기술이 수십억 명의 인구를 잠재적인 지식 창조자, 문제 해결자, 혁신가의 공동체로 끌어들이고, 무수한 기계 지능들과 상호 연결된 수십억 개의 뇌가 서로 협력하여 우리가 사는 세계를 이해하고 개선해 갈 것으로 전망되기 때문이다. 그러나 이러한 기술 낙관주의는 대개 경제적 풍요의 가능성을 겨냥하며, 기술 혁신을 부의 축적으로 연동시킬 수 있는 경제 시스템의 변화에 몰두한다는 점에서, 새로운 휴머니즘을 향한 시몽동의 철학적 지향과는 다르다고 할 수 있다. 다른 한편으로, 21세기의 개인들은 디지털 기술의 네트워크적 특성에도 불구하고 여전히 고립되어 있고 진정한 소통을 이루지 못한 채 부유하는 삶을 살고 있다는 비판적 진단들이 있다. 컴퓨터와 모바일 기기들이 오히려 파편화된 개체들의 소외를 가속화하고, 진정한 개성과 욕망의 표현 대신 마케팅 전략에 통제된 소비 욕구만 표출하게 만든다는 것이다. 인터넷과 SNS가 등장하기 이전에 이미 디지털 네트워크의 실현을 예견했으나 그에 따른 부정적 측면들은 관찰하지 못했던 시몽동의 기술철학이 그럼에도 불구하고 오늘날 여전히 유효하다면, 그것은 바로 인간과 기계의 공생을 단지 경제적 풍요의 수단이 아니라 소외 극복을 위한 진정한 소통의 조건으로 사유하려는 탈인간중심적인 휴머니즘 때문일 것이다.

시몽동은 기존의 사회적 체제와 규범들을 새롭게 구조화할 수 있는 역량으로 '전 개체적인 자연의 역량'을 긍정하고, 양립 불가능하고 불일치하는 것들 사이에 소통과 공명을 가능하게 하는 '개체초월적 인간 관계'의 발명 가능성을 제시했다. 그리고 그는 무엇보다 전 개체적인 것과 개체초월적인 것을 매개하는 '기술적 대상들'의 역량과, 이러한 기술적 대상들을 매개로 닫힌 공동체로서의 내적 문제들을 개체초월적 집단화 과정으로 해결하려는 '기술적 주체'의 역량을 긍정한다. 시몽동은 기술적 대상과 기술적 주체의 앙상블이, 단지 경제적 코드와 마케팅 전략에 통제된 공허한 대중화의 수단에 불과한 것이 아니라, 우리 안에 내재하는 진정한 존재론적 퍼텐셜을 발굴하고 소통시키며 사회적 구조의 해체와 발명을 가능하게 하는 정치적 역량일 수 있다는 점을 보여 준다. 기술적 구조의 변화와 사회적 구조의 변화 사이의 관계를 조절하기 위해 시몽동이 제시한 노동 비판과 기술 문화의 교육학적 프로그램은 경제적 효율성과 기존의 가치 체계에 순응하는 기술 개발이나 기계의 도구적 사용을 목표로 하지 않는다. 그것은 기술의 변환적 매체로서의 본질적 작동에 대한 정확한 인식을 공유할 수 있는 개방적 조건을 형성함으로써 인간과 세계로 구성된 시스템의 내적 문제를 새로운 구조화로 해결할 수 있는 '인간-기계 앙상블'의 발명 역량을 회복하려는 전략이다. 전 지구적인 자본주의의 발전과 그것을 떠받치는 제도들이 대중 소비와 테크노크라트적 경영에 수동적으로 적응하기를 강요하고 있는 오늘날, 시몽동의 기술철학이 여전히 필요한 이유다. 소외를 가속화하는 것은 새로운 기계들이 아니라, 그러한 기계들과 더불어 진화하고자 하는 우리 안의 혁명적 힘을 은폐하는 것들이다. 기술적 대상으로부터 그것이 운반하는 새로운 가치, 기존의 사회적 유용성으로 환원될 수 없는 새로운 정보이자 변혁의 씨앗, 즉 전 개체적인 공통의 어떤 역량이 발견될 수 있기 위해서는, '자연과 인간과 기술' 사이의 연속성을 단절시키고 방해하고 왜곡하는 것에 대한 비판적 해체 작업이 병행되어야 할 것이다. 시몽동은 '전 개체적인 자연, 개체초월적인 인간, 그리고 기술적인 것', 이 셋의 상호 공속적 관계에 대한 깊이 있는 존재론적 통찰을 보여 줌으로써 디지털 정보 기술 시대에 지향해야 할 새로운 휴머니즘의 전망을 제시해 주고 있다.

참고문헌

1. 질베르 시몽동의 주요 저서

1964, *L'Individu et sa genèse physico-biologique*, Paris: PUF.

1989, *L'Individuation psychique et collective*, Paris: Aubier.

2005; 2013, *L'Individuation à la lumière des notions de forme et d'information*, Paris: Millon.

1958; 1969; 1989; 2001; 2012, *Du Mode d'existence des objets techniques*, Paris: Aubier[2011, 『기술적 대상들의 존재 양식에 대하여』, 김재희 옮김, 그린비].

2004, *Deux Leçons sur l'animal et l'homme*, Paris: Ellipses.

2005, *L'Invention dans les techniques(Cours et conférences)*, Paris: Seuil.

2006(La Transparence); 2013(Paris: PUF), *Cours sur la perception(1964~1965)*.

2008(La Transparence); 2014(Paris: PUF), *Imagination et invention(1965~1966)*.

2010(La Transparence); 2015(Paris: PUF), *Communication et information(Cours et conférences)*.

2014, *Sur la Technique(1953~1983)*, Paris: PUF.

2015, *Sur la Psychologie(1956~1967)*, Paris: PUF.

2. 그 밖의 참고문헌

김재희, 2011, 「물질과 생성: 질베르 시몽동의 개체화론을 중심으로」, 『철학연구』 93집.

_____, 2013, 「질베르 시몽동에서 기술과 존재」, 『철학과 현상학 연구』 56집.

_____, 2014, 「우리는 어떻게 포스트휴먼 주체가 될 수 있는가」, 『철학연구』 106집.

_____, 2014, 「포스트휴먼 사회를 사유하기 위한 하나의 청사진: 질베르 시몽동의 기술-정치학」, 『범한철학』 72집.

_____, 2015, 「질베르 시몽동에서 기술과 정치」, 『철학연구』 108집.

_____, 2015, 「질베르 시몽동의 기술미학」, 『미학예술학 연구』 43집.

김화자, 2011, 「질베르 시몽동의 기술철학에 나타난 '기술성(technicité)'의 의미: 현대 정보기술 문화 이해를 위한 소고」, 『철학과 현상학 연구』 51집.

이지훈, 2002, 「시몽동: 생명의 자연철학」, 『생물학의 시대』 (『과학과 철학』 13집), 통나무.

황수영, 2009, 「시몽동의 개체화 이론: 프랑스 생성철학의 맥락에서」, 『동서철학연구』 53호.

_____, 2014, 『베르그손, 생성으로 생명을 사유하기: 깡길렘, 시몽동, 들뢰즈와의 대화』, 갈무리.

Barthélémy, 2005, Jean-Hugues, _Penser l'individuation. Simondon et la philosophie de la nature,_ Paris: L'Harmattan.

_____, 2014, _Simondon,_ Paris: les belles lettres.

Chabot, Pascal, 2003, _La philosophie de Simondon,_ Paris: Vrin[2013, trans. Graeme Kirkpatrick, Aliza Krefetz, _The Philosophy of Simondon: Between technology and individuation,_ London: Bloomsbury Academic].

Combes, Muriel, 2012, _Gilbert Simondon and the Philosophy of the Transindividual,_ trans. Thomas LaMarre, Cambridge: MIT Press.

Deleuze, Gilles, 2004, "On Gilbert Simondon" _Desert Islands and Other Texts 1953~1974,_ ed. David Lapoujade, trans. Michael Taormina, Semiotext(e).

Guchet, Xavie, 2010, _Pour un humanisme technologique,_ Paris: PUF.

eds. Collège international de philosophie,1994, _Gilbert Simondon: Une pensée de l'individuation et de la technique,_ Bibliothèque du Collège international de philosophie, Paris: Albin Michel

eds. & trans. Arne De Boever et al., 2013, _Gilbert Simondon: Being and Technology,_ Edinburgh: Edinburgh University Press.

Cahiers Simondon, Paris: L'Harmattan(2009년 1집 출간 이후 2015년 6집 출간).

3. 시몽동 공식 사이트 주소

http://gilbert.simondon.fr/

2장 I 기술복제의 시대와 그 이후

발터 벤야민의 예술과 아우라에 대한 사유

심혜련

> 벤야민에 관하여 이야기하는 것은 매력적인 일임과 동시에 어려운 일이다. 벤야민은
> 자신의 저서들에 대한 해석에 많은 자유로운 공간을 열어 두고 있다. 그의 텍스트들은
> 항상 상상의 자유로운 놀이로 독자들을 유혹한다.
>
> — Boris Groys, "Die Topologie der Aura"

해석의 다양성

어떤 누군가의 철학이 다양한 시대의 근본적인 변화와 관련해 '사유적 전회'가 이야기될 때마다 빈번하게 등장한다면, 이는 매우 놀라운 일일 것이다. 그런데 지금까지의 사상사를 보면, 이런 놀라움을 주는 철학자들이 없진 않다. 그중 한 명이 바로 발터 벤야민Walter Benjamin, 1892~1940이다. 특히 벤야민은 최근에 많이 논의되고 있는 기술, 예술, 매체, 공간 그리고 이미지 등과 관련된 '전회'turn가 이야기될 때마다 거의 매번 언급되곤 한다. 그의 이론은 매우 다양한 영역에서 재해석되고 있으며, 또 각각의 영역에서 다른 방향으로 해석되고 있기도 하다. 그리고 그 해석의 스펙트럼 또한 매우 넓다. 어떤 경우에는 하나의 사상을 두고 논의하는 것이라고 볼 수 없을 정도로 양립 불가능한 해석도 있다. 그렇다면 도대체 왜 이렇게 다양한 분야에서 그의 이론이 논의되고 있는 것일까? 또 왜 이렇게 상이한 해석이 존재할 수 있을까? 그것은 바로 벤야민의

사유 대상과 방법 그리고 그 사유의 결과들을 기록한 텍스트 자체에서 기인한다. 그의 사유 대상은 다양하다. 그는 일상생활에서 접할 수 있는 아주 사소한 것에서 출발해 역사의 미래에 이르기까지 아주 다채로운 분야를 사유했다. 따라서 문학에서 철학, 미학, 문화 비평, 매체 비평 그리고 예술 비평에 이르기까지 관여하지 않은 분야가 거의 없다. 게다가 이렇게 다양한 분야에서 다양한 대상들에 대해 사유한 결과를 기록한 텍스트들은 하나의 체계를 가진 완결된 구조를 갖고 있기 보다는 열린 구조를 가지고 있다고 볼 수 있다. 현대적 의미에서의 '열린 예술작품' 인 것이다. 바로 이러한 속성들 때문에 벤야민 해석을 둘러싼 논쟁들은 여전히 계속되고 있다.

이러한 해석의 과정은 그의 이론을 수용할 때 장점이 될 수도 있고 또 반대로 단점이 될 수도 있다. 열렸다는 것이 비체계적이며 명확하지 않음으로 해석될 수 있기 때문이다. 더 나아가 이러한 다양성은 해석의 혼란스러움을 넘어 해석 불가능성을 가져온다고 비판받을 수 있다. 그가 사용하는 개념들도 마찬가지다. 예를 들어 이 글에서 본격적으로 이야기하고자 하는 '아우라'Aura라는 개념도 그렇다. 사실 아우라는 벤야민 이론을 이해하는 데 아리아드네Ariadne의 역할을 수행하고 있다고 볼 수 있다. 물론 아우라 개념 자체가 하나의 미로와 같은 역할을 한다. 역설적으로 미로와 같은 아우라가 그의 이론의 수용사를 이야기할 때 그 무엇보다도 중요한 것이다. 즉 아우라 지형도를 그리면, 벤야민 수용사의 지형도가 그려질 수 있다. 그런데 이 또한 쉽지 않다. 아니, 어렵다. 그러므로 벤야민이 아우라를 이야기했던 그때부터 사진과 영화, 텔레비전 시대 그리고 디지털 매체 시대에 이르기까지 아우라는 여전히 논쟁적인 개념으로 남아 있는 것이다. 대표적으로 그가 아우라와 관련해서 또 기술복제와 관련해서 글을 쓰고자 했을 때 그리고 글을 발표하고 난 후, 그는 그의 각기 다른 사상적 친구들로부터 상이한 비판을 받았다. 아도르노Theodor W. Adorno는 그 나름대로 또 브레히트Bertolt Brecht는 그 나름대로 또 숄렘Gershom Scholem도 모두 자신의 입장에서 벤야민을 비판했다. 그들이 보기에 벤야민의 글은 때로는 속물적 유물론의 경향이 너무 강하게, 또 때로는 신비주의적 경향이 강하게 보였다. 또 때로는 맑스주의적 경향과 신학적 경향 사이에서 위태로운 줄타기를 하고 있는 것처럼 보였기 때문이다. 이러한 해석의 불일치성은 그 이후 벤야민 수용사에서도 여전히 반복되고 있다(아우라를 둘러싼 논쟁에 대해서는 심혜련, 2001; 디지털 매체 시대의 아우라에 대해서는 심혜련, 2010을 참조).

벤야민의 비극적 죽음 이후, 그의 이론은 1960년대 유럽에서 일어난 68혁명과 더불어 다시 조명되기 시작했다. 이 당시 벤야민 이론은 맑스주의 진영에서 새로운 예술 이론으로 적극 수용되기도 하고, 또 다른 쪽에서는 이러한 수용에 대해 강하게 비판하기도 했다. 여전히 그의 이론을 둘러싼 해석의 격차는 매우 컸다. 1930년대 그의 논문을 둘러싼 논쟁의 구도는 또 다시 재현되었고, 논쟁은 더욱 치열해졌다. 이러한 상황 때문에 하버마스Jürgen Habermas는 벤야민 해석을 둘러싸고 독일 지성계가 갈라진다고 말했을 정도다. 즉 벤야민을 어떻게 이해하고 또 그의 정치적 성향을 어떻게 보느냐에 따라 그 해석자의 철학적·정치적 입장을 알 수 있다는 것이다. 1980년대 이후 디지털 매체가 본격적으로 확산되면서 벤야민의 매체 이론은 또 다시 관심을 받는다. 감성학Aisthetik으로서의 매체미학Medienästhetik이 적극적으로 그의 이론을 재조명하기 시작한 것이다. 이 과정에서 논쟁은 다시 시작된다. '기술복제 시대의 예술 작품'에서 더 나아가 '디지털 매체 시대의 예술작품'으로 논의의 축이 옮겨졌음에도 불구하고, 벤야민의 기술복제와 예술 그리고 아우라 몰락에 대한 논쟁은 계속되고 있다. 따라서 지금의 논쟁을 이해하려면, 먼저 벤야민 이론에 대한 이해가 있어야 한다. 그가 기술복제와 예술의 관계에 대해 그리고 아우라의 몰락에 대해 어떻게 생각했는지 말이다. 논쟁이 혼란스러울수록 기본으로 돌아가면 길이 보인다.

예술과 기술의 관계

벤야민의 기술복제와 예술에 대해 본격적으로 들어가기에 앞서 잊지 말아야 할 것이 있다. 그것은 바로 벤야민이 기술복제와 예술을 이야기했던 시대와 지금의 매체 상황이 너무나도 다르다는 점이다. 어쩌면 가장 단순한 이러한 사실을 종종 망각하고 그의 이론을 지금 매체 상황에 그대로 적용하려고 실수를 범하기도 한다. 그가 아날로그 매체를 중심으로 한 기술복제 시대에서의 예술과 기술의 관계를 이야기했다면, 지금은 디지털 매체 시대다. 디지털 매체 시대에 벤야민의 이론을 그대로 가지고 와 맞느니 틀리느니를 이야기하는 것은 그의 의도와 너무나도 동떨어진 것이라고 할 수 있다. 그의 의도를 살리기 위해서는 그가 자신이 살고 있는 시대의 예술에 관해 말하고자 했듯이, 우리는 지금 우리가 살고 있는 시대에서의 예술과 기술의 관계 그리고 이를 중심으로 한 아우라의 문제를 이야기해야 한다. 즉 '디지털 매체 시대의 예술작품'이라는 글을 쓰기 위해 고민해야 하는 것이다. 디지털 매체 시대에서의 예술작품에 대해서 논의하기 위해서는 무엇보다도 디지털 매체 기술과 예술의 관계에 대한 연구가 필요하다. 기술복제와 예술에서처럼 말이다. 벤야민이 이야기했던 시대에는 '복제' 또는 '재생산 가능성' Reproduzierbarkeit이 기술과 예술의 관계에서 핵심 문제였다면, 이제는 '변형'transformation이 그 자리를 대신한다. 이 과정에서 그 어느 때보다도 기술적인 측면이 강조된다. 특히 예술 영역에서 그렇다. 한마디로 기술과 예술이 다시 만나기 시작한 것이다. 만난다는 것은 서로 다르다는 것을 의미한다. 같다면 만날 필요가 없는 것이다. 그런데 이 둘이 만나면서 과거에 우리는 지금처럼 이질적인 것이 아니었다고 강조한다.

사실 예술과 기술은 아주 이질적인 것은 아니었다. 아니 오히려 분리될 수 있는 것이 아니었다. 고대 그리스의 테크네Techné 개념을 보면 알 수 있다. 테크네는 철학, 기술, 과학 그리고 예술 등의 의미를 모두 함축하고 있는 개념이었다. 이러한 테크네가 철학, 기술, 전문지식, 숙련도 그리고 예술 등으로 분화되기 시작한 것은 15세기 이후의 일이다. 많은 것들이 전문화되기 시작하면서 비로소 이들이 나뉘게 된 것이다. 그 이후 이러한 다양한 영역들은 각자 분야에서 자신만의 고립된 성을 쌓고, 또 그 성을 '순수'라는 이름으로 포장했다. 예술도 마찬가지다. '순수 예술'을 중심으로 '예술의 자율성'에 대한 이론이 바로 그 예라고 할 수 있다. 물론 순수 예술이라는 개념이 성립된 이후에도 예술과 기술의 상호 관계에 대한 논의들이 아주 없었던 것은 아니다. 그런데 본격적인 논의는 산업 혁명 이후라고 볼 수 있다. 왜냐하면 산업 혁명 이후에 예술과 기술의 상호 작용적 경향이 눈에 띄게 드러났으며, 기술이 단지 전제조건이 아니라, 예술을 형성하는데 일종의 동등한 파트너가 되었기 때문이다. 사진과 영화가 전통 예술 형식에 미친 구체적인 영향뿐만 아니라, 기술은 이제 추구해야 할 이념이 되기도 했다. 기계와 속도에 대한 미래파futurism의 찬양 그리고 예술과 기술의 결합을 통해 예술의 산업화를 추구했던 바우하우스Bauhaus 운동이 이와 관련된 것이라고 볼 수 있다.

산업 혁명 이후 많은 이론가들은 기술이 가져온 급격한 변화에 먼저 당혹감을 보였다. 그 결과 기술에 대해 본격적인 철학적 물음을 던지기 시작했다. 기술의 본질과 그것이 가져올 변화 그리고 인류의 미래에 대해 말이다. 대표적으로 벤야민을 비롯한 프랑크푸르트 학파와, 이들과 전혀 다른 정치적 삶을 살았던 마르틴 하이데거를 들 수 있다. 그들은 자신의 철학을 바탕으로 기술의 본성과 역할 그리고 그것이 가져올 수 있는 변화들에 대해 숙고했다. 그들 중 어떤 이는 기술 문명을 또 다른 야만으로 보기도 했으며, 또 기술발전과 관련된 대중문화를 대중에 대한 기만으로 보기도 했다. 이들 가운데 특히 벤야민과 하이데거는 여러 면에서 비교가 가능하다. 물론 이 둘의 사상은 얼핏 서로 전혀 연결될 수 없는 것처럼 보인다. 나치 시절 정치적 상황으로 말미암아 전혀 다른 삶을 살았던 이 둘은 사상적인 측면에서 보았을 때 다른 방향으로 서로 치닫고 있는듯이 보인다. 그러나 이 둘이 만나는 지점이 있다. 그 지점이 바로 기술과 예술에 대한 관계에 대한 고찰이다. 이 두 사람은 기술이 예술과 만났을 때 가져올 수 있는 긍정적인 효과를 인정했던 것이다. 더 나아가 테크네적 관점에서 기술과 예술의 상호 작용성에 대해서도 같은 입장을 보이고 있다. 따라서 벤야민과 하이데거의 논의는 디지털 매체 시대에서도 여전히 유효하다. 왜냐하면 이 둘의 이론은 기술의 본질과 기술과 예술의 관계를 연구하는 데 아주 필요한 시각을 제시하고 있기 때문이다.

　구체적으로 벤야민의 기술 기념에 대한 논의에 앞서 한 가지만 지적하고 넘어가겠다. 그것은 바로 기술을 둘러싼 세계관과 관련된 논의다. 흔히들 기술 발전에 긍정적인 전망을 갖고 있으면 기술 유토피아주의라고 보며, 반대로 절망적인 전망을 갖고 있으면 기술 디스토피아주의라고 본다. 이렇게 구별한 후 벤야민을 기술 유토피아주의라고 보기도 하며, 더 나아가 기술에 의해 모든 것들이 변한다고 보는 '기술결정론'적 입장을 가지고 있다고 보기도 한다. 벤야민의 후기 저작들, 특히 「기술복제 시대의 예술작품」에 등장하는 기술에 대한 설명, 특히 기술과 예술의 관계에 대한 설명을 보면, 그렇게 읽힐 수 있는 여지도 있다. 왜냐하면 이 글에서 그는 기술복제 시대에서의 복제 기술과 재생산 가능성에 의해서 예술 형식이 변하고, 더 나아가 예술의 가치와 기능이 변화했다고 이야기하고 있기 때문이다. 그러나 그의 글들을 자세히 보면, 이런 평가들은 벤야민에 대한 일종의 오해라는 것을 알 수 있다. 즉 그의 주장을 면밀하게 살펴보면, 그가 소박한 기술 유토피아주의자도 기술결정론자도 아님을 알 수 있다. 왜냐하면 그는 결코 기술 그 자체에 대해 맹목적인 신뢰를 갖고 있지 않았으며, 기술에 의한 변화 과정에서 무엇보다도 주체의 의지와 관련된 사항들을 강조했기 때문이다. 대중에 대한 믿음이 바로 그 예라고 볼 수 있다. 그는 누구보다도 근대 기술이 가지고 있는 억압적 특성과 그리고 근대 기술에 전제가 되는 도구적 기술 개념을 비판했으며, 이를 극복해야 한다고 본 것이다. 그 극복 가능성의 예가 바로 '예술'이다. 그는 예술에서 기술의 억압적 성격이 극복될 수 있다는 가능성을 믿었다. 그렇다면 이제 그가 어떻게 기술 개념을 설정하고, 또 어떻게 예술 영역에서 기술의 도구성이 극복될 수 있다고 보았는지 살펴보자.

제1기술과 제2기술[1]

먼저 벤야민이 기술을 어떻게 보고 있는지 살펴보자. 지금은 자연적인 것과 인공적인 것을 단순하게 이분법적으로 사유하지 않는다. 자연적인 것과 인공적인 것을 명확히 나누어 생각하는 것이 얼마나 무의미한 작업인지를 너무도 잘 알고 있기 때문이다. 지금까지 자연적인 것의 최고점이라고 여겨졌던 인간도 이제 자연적이라고 말할 수 없는 상황이 되었다. 인간과 기계의 결합이 너무나도 자연스러운 현상이기 때문에, 인간을 넘어 '포스트휴먼'이 이야기되고 있는 지금의 관점에서 보면, 인공적인 것 또는 기술적인 것은 또 다른 자연이라고 볼 수 있다. 그런데 포스트 디지털 매체 시대가 아닌 기술복제 시대에 이미 벤야민은 기술을 그렇게 파악한 것이다. 즉 그는 기술을 기본적으로 하나의 인공적 자연으로서 '제2자연' die zweite Natur을 의미한다고 보았다(Benjamin, 1991: 444).[2] 기술은 자연과 대비되는 것으로서 단순하게 인공적인 것을 의미

---

1 벤야민의 기술 개념에 대한 논의는 필자의 다음 논문 일부를 수정·보완한 것임을 밝힌다. 심혜련, 「예술과 기술의 문제에 관하여: 벤야민과 하이데거의 논의를 중심으로」, 『시대와 철학』 17권 1호, 2006.

2 「기술복제 시대의 예술작품」과 관련해서 몇 가지 이야기해 둘 사항이 있다. 벤야민의 이 논문은 독일어로 된 세 개의 판본이 있다. 첫번째 판본은 벤야민 전집, I. 2, S. 432~469이며, 두번째 판본은 전집 VII, 1, S. 350~384이며, 세번째 판본은 벤야민 전집, I. 2, S. 471~508이다. 기술과 관련된 부분은 재미있게도 이 세 개의 판본에서의 서술이 조금씩 다르다. 다르다 해서 각각의 판본에서 이야기하고 있는 내용들이 서로 모순인 것은 아니다. 단지 어떤 판본에서는 이야기하고 있는데, 다른 판본에서는 그 부분이 누락되어 있는 경우들이 있다. 그러므로 벤야민의 기술 개념을 이야기할 때는 세 개의 판본을 비교 검토하면서 이야기할

하는 것이 아니라, 이는 또 다른 자연, 즉 제2의 자연으로서 우리에게 주어진다. 따라서 그는 기술을 자연을 접할 때와 유사한 접근 방식으로 다룰 것과 또 이에 대한 통제력을 잃지 않기 위해서 자연 과정에서 우리가 많은 학습 과정을 거쳐 자연에 적응했던 것처럼 제2자연인 기술에 적응하기 위해서도 역시 배움의 과정을 거쳐야만 한다고 주장한다. 더 나아가 이러한 배움의 과정에서 예술이 결정적인 역할을 한다고 보았다 (Benjamin, 1991: 444). 도구적 기술을 극복하기 위한 예술이 등장한 것이다. 이에 대해 좀더 자세히 살펴보자.

벤야민은 기술을 인류가 만들어 낸 제2의 자연이라고 규정하면서, 기술이 도구적 기술이라는 일방적 비판을 극복하기 위한 방법으로서, 이를 다시 제1기술die erste Technik과 제2기술die zweite Technik로 나누어 고찰한다(벤야민, 2008[2판]: 56). 그에 따르면 제1기술은 대표적으로 억압적이고 도구적으로 사용되는 기술을 의미한다. 다시 말해서 제1기술의 목표는 '자연 지배'인 것이다(벤야민, 2008[2판]: 57). 자연을 정복하는

필요가 있다. 그렇다면 어떤 내용들이 어떤 판본에 들어 있는 내용들인지 보자. 구체적으로 이야기하면, 본문에서 내가 이야기하고 있는 부분, 즉 '제2의 자연'과 관련된 부분은 첫번째 판본에 있는 내용이다. 그리고 뒤에 이야기하는 제1자연과 제2자연에 대한 논의는 두번째 판본에 있는 내용이다. 이 글에서 나는 다음의 번역본을 사용할 것이다: 발터 벤야민, 『발터 벤야민 선집2: 기술복제시대의 예술작품, 사진의 작은 역사외』, 최성만 옮김, 길, 2008. 이 번역본에는 두번째 판본(39~96쪽)과 세번째 판본"(97~150쪽)이 번역되어 있다. 나는 이 글에서 번역본이 없는 첫번째 판본을 제외한 두번째 판본과 세번째 판본을 언급할 때에는 번역본을 사용할 것임을 밝힌다. 번역본을 사용하는 것과 관련해서 한 가지만 이야기하고 넘어가겠다. 나는 지금까지 벤야민의 '기술복제'를 언급할 때, '기술복제' 대신에 '기술 재생산'이라고 설명했다. 최근의 글에서까지 그러했다. 벤야민 글의 맥락을 보면, 어떤 경우에는 복제가, 또 어떤 경우에는 재생산이 더 적합한 경우가 있다. 그런데 원문이 아니라 번역된 글을 참조하면서 글을 쓸 경우, 번역된 글의 제목을 따르는 것이 더 타당하다고 본다. 따라서 내 이전 글에서 '기술 재생산성'이라고 서술한 부분을 '기술복제'로 수정했음을 밝힌다. 그럼에도 불구하고 '기술 재생산성'이라고 해야 의미가 더 살아난다고 생각하는 부분은 번역본을 수정해서 인용하겠다.

도구로서의 기술은 인류 역사의 초기부터 있었다. 주술로 사용되던 기술이 바로 그 예다. 주술이 통용되던 시기에 이를 행했던 사람은 기술에 대한 지식이 있었던 사람들이다. 몇몇 선택된 사람들만이 기술에 대한 정보를 가지고 있었으며, 이들만이 기술을 자연과 또 다른 사람들을 지배하기 위해 '도구'로 사용할 수 있었다. 사제들이나 주술사들이 마술적 힘으로 사용했던 것이 바로 벤야민이 말하는 제1기술적 의미에서의 그런 기술인 것이다(Pivecka, 1993: 97). 인류 역사 초기에 이러한 제1기술은 인간을 제물로 바치기도 했다. 이로써 기술로 인한 인류의 희생이 발생한다. 인간이 발전시킨 기술에 의해 인간은 지배되고 이용되고, 결국 희생되는 것이다. 프로메테우스의 모순이 발생한 것이다. 이때 기술은 인간을 지배하고 자연을 지배하는 억압적 기술 그 자체이다. 벤야민이 제1기술에서 봤던 것도 바로 이러한 것이다. 여기까지 보면 벤야민은 전형적으로 기술 디스토피아적 관점을 가지고 있는 것처럼 보인다. 앞서 이야기한 벤야민에 대한 소박한 오해와는 달리 말이다. 그런데 기술에 대한 그의 이해에 대한 새로운 전개는 바로 제2기술과 관련되어 있다. 왜냐하면 그는 지배 도구로 사용되던 제1기술과는 달리 제2기술을 다르게 파악했기 때문이다. 그에게 있어서 제2기술은 지극히 긍정적이며 해방적인 기술이다. 기술 유토피아적 관점에서 받아들이고 있는 바로 그 기술인 것이다.

그렇다면 벤야민은 왜 제2기술이 긍정적인 역할을 한다고 보았을까? 아니 도대체 제2기술은 무엇을 의미하는 것일까? 그에 따르면 이 제2기술은 자연과 또 다른 인간을 정복하기 위해 사용되는 것이 아니라, 자연과 또 다른 인간과의 조화를 위해 사용되는 것이다. 따라서 제

1기술과 제2기술은 근본적으로 다르다. 그러면 여기서 또 다시 물을 수 있다. 왜 제2기술은 이렇게 제1기술과 다른 것인가? 그 이유를 벤야민은 바로 '놀이'Spiel에서 찾았다. 기술과 놀이의 관계에서 근본적인 차이를 찾은 것이다. 그는 도구적 측면이 강조된 제1기술과는 달리 제2기술의 근원이 바로 놀이에 있다고 보았다(벤야민, 2008[2판]: 57). 제2기술은 일종의 '놀이적 기술'die spielerische Technik인 것이다. 놀이적 기능을 수행하는 제2기술은 "자연과 인류 사이의 어울림[협동, 상호 작용-]"das Zusammenspiel zwischen der Natur und der Menschheit을 가능하게 한다(같은 곳). 따라서 제2기술이야말로 해방적 기술이며, 진정한 의미에서의 제2의 자연이다. 벤야민에 따르면 이렇게 자연과 인류 사이의 상호 작용을 가능하게 하는 제2기술이 예술에서 자신의 모습을 가장 잘 드러낸다고 보았다. 그런데 모든 예술에서 기술이 제2기술로 작용하는 것은 아니다. 예술은 제1기술과도, 제2기술과도 관련이 있기 때문이다. 벤야민이 제2기술로 보고 있는 것은 바로 예술 영역에서 예술의 기술복제와 관련 있는 것이다. 즉 예술 영역에서 예술의 기술복제를 가능하게 하는 기술이 진정한 의미에서의 제2기술이다. 그는 예술에서 복제 기술은 예술과 인간의 상호 작용을 비로소 가능하게 한다고 보았다. 놀이적 기능을 수행하는 예술이 가능해진 것이며, 이를 그는 특히 영화에서 찾았다(같은 곳).

기술복제 시대 이전의 예술도 기술과 불가분의 관계를 맺었다. 그런데 벤야민의 관점에서 보면 기술복제 이전의 예술과 관련된 것은 제1기술이다. 이때 예술은 놀이적 기능, 다시 말해서 자연과의 조화 또는 인간들 간의 상호 작용에 도움을 주지 않았다. 오히려 이때 예술은 제1기술의 속성을 여지 없이 발휘한다. 지배하기 위한 도구로서의 기술 말이다. 이런 기술을 사용한 예술은 때로는 종교, 권력 그리고 부를 도와주었다. 그렇다면 기술복제 시대에서 기술복제가 가능한 예술은 어떻게 제1기술이 아닌 제2기술과 연관될 수 있는가? 그것은 바로 기술복제로 인해 가능해진 '반복'Wiederholung과 관련이 있다. 그것도 원본과 복제를 구별하는 것이 무의미한 반복 말이다. 일회적인 현존재로 존재하는 것이 아니라 계속 반복될 수 있으며, 그 반복 가능성으로 인해 예술이 본래 가지고 있던 놀이적 기능을 되살릴 수 있게 된 것이다(Reijen, 1998: 138). 뿐만 아니라 제1기술은 자연과 인간 간의 거리를 인정하지 않으려는 태도에서 사용되는 기술일 수 있다. 그렇기 때문에 양자 간의 다름을 인정하고, 더 나아가 이들이 공존할 수 있음을 인정하지 않고, 이를 하나로 통합시키려고 한다. 이러한 기술적 태도가 결국은 자연과 인간에 대한 지배로 드러난다. 이와 다르게 제2기술은 양자 간의 다름을 인정하기 때문에, 즉 양자 간의 거리를 인정하기 때문에 억압적으로 이를 하나로 만들려고 시도하지 않는다. 다시 말해서 이들 간의 거리가 자연스럽게 인정되기 때문에 이들은 서로 조화를 이루며, 이 조화 속에서 놀이 공간을 확보하게 된다는 것이다(Reijen, 1998: 139). 기술과 예술에서 벤야민에게 무엇보다도 중요한 것은 '놀이적 요소'이다. 예술에서 이 놀이적 요소가 없어지고, 그 자리에 권력이든 종교이든 간에 지배를 위한 도구로 사용되는 예술이 등장했다는 사실 자체가 그에게는 비극이다. 예술작품에 대한 경배, 그것은 처음부터 잘못된 것이기 때문이다. 그러므로 그가 예술 영역에서 기술복제가 가지고 온 변화를 긍정적으로 보는 것은 너무나도 당연하다. 그가 제2기술의 놀이적 기능이 예술의 기술복제에서 비로소 실현되었다고 보았기 때문이다.

예술의 놀이적 기능이 실현된 이상, 기존의 예술도 큰 변화에 직면하게 된다. 예술 영역이 제의적 경배의 공간에서 놀이 공간으로, 그리고 예술이 제의적 경배의 대상에서 놀이적 대상으로 변화한 것이다. 이러한 변화가 바로 '기술복제 시대'에서 일어났다. 벤야민은 이러한 변화를 중심으로 기술복제 시대의 예술작품의 특징을 한마디로 '아우라의 몰락'Verfall der Aura이라고 규정했다(벤야민, 2008[2판]: 47). 기술복제 시대에 등장한 새로운 예술 형식과 아우라의 관계는 뒤에서 좀더 본격적으로 이야기하겠지만, 어쨌든 아우라의 몰락, 바로 그 지점이 제2기술의 놀이적 기능을 볼 수 있는 지점이다. 왜냐하면 예술 작품이 가지고 있던 아우라가 몰락하는 지점에서 제2기술과 관계된 새로운 공간이 열리기 때문이다. 예술이 아우라를 보존하면서 관계했던 공간은 예술이 마술적 또는 주술적 기능을 수행했던 경배적 공간이었다. 그렇기 때문에 이 공간에서 예술은 예술임도 불구하고 제1기술적인 요소, 즉 자연과 인간을 지배하려는 속성을 갖는다. 이때 예술은 이러한 목적을 실현하기 위해 또는 실현해 가는 과정에서 놀이적 기능과 가치를 갖는 것이 아니라, 제의적이며 경배적 가치와 기능을 갖는다. 그러나 제2기술이 본격적으로 예술 영역에 모습을 드러내면서 상황은 달라진다. 즉 예술이 만들어 내는 공간은 이제 제의적인 경배 공간이기보다는 놀이 공간이 될 수 있고, 또 이러한 놀이 공간에서는 자연, 인간, 기술 그리고 예술의 관계가 다르게 형성된다. 즉 자연, 인간, 기술 그리고 예술이 서로 위계적으로 존재했던 공간과는 다르게 이 놀이 공간에서는 이들은 서로 평등하게 상호 작용하게 된다. 결국 "이러한 놀이 공간에서 인간과 자연 그리고 인간 사이에 있는 지배 관계는 평등한 관계로 전환"될 수 있다(Reijen, 1998: 140).

기술복제로 인한 아우라 몰락

앞서 살펴보았듯이 제2기술은 놀이적 기능을 수행하며, 또 그렇기 때문에 이 기술이 예술과 만났을 때 예술의 놀이적 기능이 본격적으로 진행된다고 볼 수 있다. 사진과 영화가 바로 그것이다. 사진과 영화는 새로운 예술 형식이며, 이 예술 형식을 가능하게 한 기술은 제2기술이다. 놀이적 기능을 수행하는 기술이 예술과 만나, 더 이상 특정한 목적이 있는 도구나 수단으로 쓰이지 않고 놀이적 기능을 수행하는 예술을 만들어낸 것이다. 놀이적 예술의 출현으로 인해 예술의 본질, 존재 이유 그리고 가치와 기능 등등이 모두 변하기 시작했다. 기술복제로 인해 새롭게 탄생한 예술은 한마디로 말해 복제 예술이다. 복제 예술은 다시 크게 두 종류로 분리된다. 하나는 기존의 예술이 복제된 것이고, 또 다른 하나는 태생적으로 복제 기술을 기반으로 해서 만들어졌기 때문에 계속 복제될 수 있는 것이다. 따라서 전자는 복제할 수 있는 '원본'이 있고, 후자는 아예 원본 자체가 없다. 원본이 있어서 복제 가능하고 또 복제된 예술작품을 보는 경우와, 원본이 없기 때문에 각자 보는 것이 다 원본일 경우, 이 두 경우에 가져올 수 있는 모든 변화를 벤야민은 아우라의 몰락이라고 한다. 아우라의 몰락이라는 그의 주장에는 많은 의미들이 내포되어 있다. 예술작품의 존재 방식의 변화, 그것이 수용되는 과정의 변화 그리고 그것의 기능과 가치 변화 등등 말이다. 그렇다면 왜 아우라의 몰락이라는 테제에 이렇게 많은 의미들이 들어갈 수밖에 없고, 또 아직도 아우라의 몰락을 둘러싼 논쟁이 끊임없이 제기될 수밖에 없는가?

기술복제 시대의 새로운 예술이 갖는 특징이 아우라라면, 먼저 아우라가 무엇인지 이야기해야 한다. 아우라의 뜻은 잘 몰라도, 아우라란 말은 요즘 많이 들었을 것이다. 또 정확한 의미는 몰라도, 어떤 경우에 아우라란 말을 사용해야 할지도 대략 알 것이다. 이렇듯 언제부터인가 아우라 개념은 우리 곁에 다가와 나름 친근하게 사용되고 있다. 사실 아우라란 말이 본격적으로 사용된 것은 최근의 일이다. 일종의 문화 예술 현상을 이야기 할 때 많이 사용되는 비평 언어가 된 것도 그리 오래되지 않았다. 물론 이처럼 아우라가 대중화(?)되기 이전에는 아우라보다는 '영기'靈氣라는 말로 번역되어 사용되었다. 왜냐하면 아우라는 '신비스러운 분위기'라는 뜻을 가지고 있기 때문이다. 사실 아우라는 벤야민이 예술과 관련해서 언급하기 이전에는 종교적인 용어로서 어떤 사람을 둘러싸고 있는 신비스러운 분위기, 또는 공기를 의미했다. 종교화에서 성인의 머리 뒷부분에 동그라미가 그려져 있는데, 이것이 바로 아우라를 시각화한 것이다. 그런데 벤야민이 기술복제 시대의 예술의 특징을 아우라의 몰락이라고 정의한 후 아우라는 대표적인 예술철학적 용어가 되고 말았다. 이렇게 예술철학적 영역에 등장한 아우라는 벤야민이 처음 이야기했을 때부터 지금까지 매우 논쟁적인 개념이 되었고, 이를 서술한 텍스트들은 문제적 텍스트가 되었다. 벤야민의 아우라 개념에 대한 상이한 이해부터 시작해서 몰락 또는 상실에 관한 그의 태도에 이르기까지 여전히 논의되고 있다. 뿐만 아니라 기술복제 시대를 넘어 새로운 기술적 상황을 중심으로 한 시대 규정이 등장할 때마다, '무슨무슨 시대에서의 예술'이라는 접근 방식은 이제 흔한 것이 되었다. 이러한 상황 속에서 아우라를 둘러싼 논쟁은 계속되고 있으며, 또 역설적으로 벤야민은 가장 아우라적인 철학자가 되었다.

문제는 아우라다. 그런데 아우라가 무엇인지 궁금해서, 벤야민의 글들을 읽으면, 명확히 정리가 되기보다는 오히려 더 미궁에 빠지게 된다. 왜냐하면 벤야민 자신이 이 문제적 개념인 아우라를 모호하게, 또 때로는 매우 시적으로 설명하고 있기 때문이다. 바로 이런 이유로 인해 아우라와 그의 몰락을 둘러싼 논쟁은 계속되고 있는 것이다. 그는 아우라를 도대체 어떻게 정의하고 있는 것인가? 모호함과 혼란만 있는가? 그렇지는 않다. 분명 아우라가 무엇이라고 정의하고 있는 부분이 있다. 이러한 모호함과 혼란에도 불구하고 벤야민이 여러 글에서 아우라에 대해 언급할 때, 늘 반복되는 대표적인 정의가 있다. 그것이 바로 다음과 같은 아우라 정의다.

아우라란 무엇인가? 그것은 공간과 시간으로 짜인 특이한 직물로서, 아무리 가까이 있더라도 멀리 떨어져 있는 어떤 것의 일회적 현상이다. 어느 여름날 오후 휴식 상태에 있는 자에게 그늘을 드리우고 있는 지평선의 산맥이나 나뭇가지를 따라갈 때 ─ 이것은 우리가 산이나 나뭇가지의 아우라를 숨 쉰다는 뜻이다.

─ 벤야민, 2008[2판]: 50

여기서 무엇보다도 주목해야 하는 표현은 "아무리 가까이 있더라도 멀리 떨어져 있는 어떤 것의 일회적 현상"이다. 물론 그 뒤에 나오는 서술도 현재 자연 또는 환경과 관련해서 많은 논의들이 진행되고 있지만, 매체 기술과 관련해서는 무엇보다도 바로 이 서술이 중요하기 때문이다. 그래서 벤야민은 「예술작품」의 다른 판본 각주에서 이를 다시 강조함과 동시에 좀더 풀어서 다음과 같이 설명한다.

> 아우라를 "아무리 가까이 있더라도 멀리 떨어져 있는 어떤 것의 일회
> 적 현상"으로 정의하는 것은 예술작품의 제의적 가치를 공간적·시간
> 적 지각의 카테고리들로 표현하고 있는 데 불과하다. 멀리 있다는 것은
> 가까이 있다는 것의 반대이다. 본질적으로 멀리 있는 것은 범접할 수
> 없는 것을 뜻한다. 실제로 범접할 수 없다는 것은 제의적 상의 중요 특
> 징이다. 제의적 상의 속성상 "아무리 가까이 있더라도 멀리 떨어져 있
> 는 어떤 것"으로 머문다. 비록 우리가 그 상의 재료에서 가까운 것을 얻
> 는다고 하더라도 이 가까움은 그 상의 현상이 보존하는 먼 것의 작용을
> 중단시키지 못한다."

— 벤야민, 2008[3판]: 111의 각주 9

말 그대로 이해하면, 아우라는 사실은 멀리 있는 것인데 지금 일시
적으로 가까이 있게 되었을 때 발생한 현상이며, 또 본질적으로 멀리 있
는 것이기 때문에 경배의 대상이 되고 경배적 가치를 갖게 되었다는 것
이다. 여기서 가장 중요한 것은 '거리감'이다. 이 거리감은 물리적 거리
를 의미하기도 하고, 또 물리적 거리는 심적인 거리감을 형성하기도 한
다. 자주 볼 수 없는 사람이 심적으로 멀리 느껴지듯이 말이다. 이러한
두 종류의 거리감은 예술작품에 그대로 적용된다. 원본과 일회성으로
존재하는 예술작품, 그리고 이러한 물질적 특징 때문에 일반 사람들에
게 멀리 있는 것으로 받아들여지며, 이는 매우 독특한 미적 경험의 토대
가 된다. 이 둘 다 아우라인 것이다(심혜련, 2012). 다시 말해서 아우라는

물질적 특징으로 인해 발생하는 미적 경험인 것이다. 그렇다면 벤야민은 왜 이러한 아우라가 기술복제 시대에서 몰락했다고 보았는가? 기술복제와 예술 그리고 아우라는 어떤 상관 관계가 있는가?

벤야민도 지적했던 것처럼, 예술에 대한 복제는 늘 있어 왔다. 복제를 통한 예술의 모조품을 만드는 것이 새삼스러운 일은 아니다. 그런데 벤야민이 주목한 것은 '기술복제'다. 왜냐하면 그는 기술복제가 이전의 복제와는 다르게 예술에 근본적인 변화, 거의 혁명적인 변화를 가져왔다고 보았기 때문이다. 기술복제 이전의 복제는 예술작품의 가치에 변화를 가져오지 않았다. 그것은 원작이 가지고 있는 경배적 가치에 아무런 손해를 입히지 않고, 오히려 원작의 가치를 더욱 상승시키기도 한다. 복제되면 될수록, 진짜와 구별할 수 없는 모조품이 많으면 많을수록 원작의 가치는 상승하기 때문이다. 그런데 기술복제에 와서는 상황이 달라진다. 그 상황은 바로 예술작품의 원본성과 관계된 것이다. 이 원본성의 문제도 두 개의 다른 양상으로 진행된다. 하나는 태생적으로 원본이 없는 기술복제적인 예술이 등장했다는 것이다. 사진과 영화가 바로 여기에 해당된다. 또 다른 양상은 원본이 있는 예술작품들이 사진으로 또 드물게는 영화로 복제되는 것이다. 벤야민은 이 두 가지 경우 모두 아우라의 몰락으로 보았다. 그렇다면 왜 아우라의 몰락일까?

위에서 언급한 두 가지 경우의 원본성 해체는 모두 거리감의 소멸이라는 현상을 가져왔다. 원본으로서의 예술작품은 이 세상에 단 하나뿐이다. 예를 들어 루브르 박물관에 있는 「모나리자」는 단 하나다. 진품 「모나리자」를 보기 위해서는 반드시 루브르에 가야만 한다. 이 경우 「모나리자」라는 예술작품을 수용하는 관객에게 모나리자는 컬트의 대상이고, 또 한번은 봐야 하는 그림인 것이다. 그렇기 때문에 관객은 「모나리자」를 보았다는 사실에 감탄한다. 가까이 하기에 너무 어려웠던 말로만 듣던 「모나리자」가 바로 내 눈앞에 있는 것을 체험한 것이다. 이 때 생기는 미적인 경험에 대해 생각해 보자. 일회적 현상에 대한 경탄, 원본에 대한 경배 등등이 생기면서, 모나리자는 예술작품이라는 존재 형식을 넘어 숭배와 제의적 가치를 갖게 된다. 그것이 바로 전통 예술작품이 갖는 아우라다. 그러나 사진이 등장한 후, 우리는 루브르에 가지 않아도 「모나리자」를 볼 수 있다. 복제된 형태로나마 거리감이 소멸되었다고 볼 수 있다. 물론 여기서 기술복제가 아우라의 몰락을 가져왔다고 본 벤야민의 주장은 틀렸다라고 이야기할 수도 있다. 이러한 반론의 근거는 복제되면 복제될수록 아우라가 몰락되는 것이 아니라, 더 커졌다고 보기 때문이다(미첼, 2010: 461). 예를 들면 기술복제 시대 이전의 관객과는 달리 기술복제 시대의 관객은 이미 복제된 「모나리자」를 많이 보았기 때문에, 더욱 「모나리자」를 보고자 하는 갈망이 생긴다는 것이다. 그리고 그러한 갈망 끝에 마침내 「모나리자」의 원본을 보게 된 관객은 걷잡을 수 없는 감동에 빠지게 되고, 그리고 바로 그 순간이 아우라를 느끼는 순간이라는 것이다. 태생적으로 복제를 근거로 하는 영화에서도 같은 상황이 발생할 수 있다. 즉 아우라가 몰락하지 않고 오히려 강화되고 있다고 말이다. 그 결과 아우라는 배우의 카리스마로 강화되는 현상이 일어나고 있는 것도 사실이다(Raab, 2010: 189~190). 배우의 카리스마와 아우라는 현재 거의 동일어로 사용되고 있다.

물론 이러한 상황들은 부정할 수 없는 사실이다. 그러나 이러한 주장은 중요한 것을 놓치고 있다. 그것은 바로 기술복제 시대 이전의 관객에 관한 것이다. 정확히 말해서 관객의 미적 경험의 문제 말이다. 기술복제 시대 이전에는 사실 관객이라는 말도 존재할 수 없었다. 공적인 장소에서 예술작품을 볼 기회가 없었기 때문이다. 예전에 예술작품은 결코 보여 주기 위해 존재하지 않았다. 존재 그 자체를 위해 존재했을 뿐이다. 기술복제가 등장하면서 비로소 예술작품은 밀실에서 벗어나 열린 공간에서 전시되기 시작했다. 말 그대로 제의에서 해방되어 세속화된 것이다. 제의에서 벗어나 세속화된 예술작품은 이제 '제의 가치' Kultwert가 아니라 '전시 가치'Ausstellungswert를 갖게 되었다. 예술은 이제 전시되기 위해서 만들어진다. 전시는 예술을 볼 수 있는 기회를 확대시켰다. 특정 계급만이 폐쇄된 공간에서 감상하거나 또는 특정한 목적을 위해 주입식으로 감상되었던 예술은 이제 전시로 인하여 대중들에게 감상의 문을 열어 준 것이다. 그 과정에서 '관객'은 예술을 무조건적으로 찬양하거나 그것의 권위에 무릎을 꿇는 것이 아니라, 이를 나름 객관적으로 보기 시작했다. 때로는 학문적으로 또 때로는 취향을 위해서 말이다. 이 과정에서 예술은 놀이적인 기능을 수행하기도 한다. 예술을 둘러싼 지형도가 극적으로 변화하기 시작한 것이다. 이러한 극적인 변화를 벤야민은 아우라의 몰락이라고 표현했던 것이다.

아우라의 몰락과 지각의 구조 변화

기술복제 시대의 아우라와 관련해서 벤야민은 사진으로 인해 아우라의 몰락이 시작되었고, 영화에서 완성되었다고 보았다. 출발은 사진이었다. 사진은 기술적으로 복제됨으로서 이미지에 대한 접근 가능성의 확대를 가져왔다. 따라서 벤야민은 사진에서는 무엇보다도 이러한 접근 가능성을 강조했다. '사진으로서의 예술'이 무엇보다도 중요했던 것이다. 그런데 영화는 사진과는 사정이 좀 다르다. 물론 이미지에 대한 접근가능성의 확대라는 측면에서 보면 영화 또한 사진과 다르지 않다. 문제는 거리감을 없애고 누구나 접할 수 있게 된 이미지의 특성이다. 즉 영화는 근본적으로 '움직이는 이미지'moving image로 구성된다. 정적인 이미지에서 움직이는 이미지로의 전환이 일어난 것이다. 이는 누구나 다 인정할 수밖에 없는 사실이다. 정적인 이미지에서 움직이는 이미지로의 전환은 이를 수용하는 지각 방식의 변화를 의미하기도 한다. 새로운 지각 방식의 출현은 필연이다. 정지된 이미지인 회화나 조각을 보는 방식과 영화를 보는 방식은 다를 수밖에 없다. 그런데 이 점을 인식하고 변화된 지각 구조를 중심으로 영화를 분석하고자 한 사람은 그다지 많이 없었다. 벤야민의 당대에서 말이다. 변화된 지각 방식으로 영화를 분석하고자 하기보다는 오히려 기존의 정적인 이미지들을 지각하던 방식을 중심으로 분석하고자 했다. 대표적으로 아도르노가 그러했다. 그는 영화는 기본적으로 이미지에 대한 몰입과 침잠을 불가능하게 하는 것이라고 보았다. 그렇기 때문에 그는 영화에서는 자신이 진정한 예술 수용의 방식으로 인정했던 미메시스Mimesis적 수용이 불가능하다고 보았다. 예술 작품 안으로 수용자가 들어가 작품과 하나가 되는 몰아적 수용의 단계가 영화에서는 일어나지 않는다는 것이다. 그의 관점에서 보면, 이런 수용이 불가능한 것은 예술이 아니다. 바로 이러한 영화 이미지의 지각 방식과 수용을 둘러싼 논쟁에서 아도르노와 벤야민은 첨예하게 대립한다.

벤야민은 아도르노와 달리, 새로운 예술 형식을 수용하는 데는 새로운 수용 방식이 필요하다고 보았던 것이다. 이것이 바로 벤야민의 기본 입장이다. 그래서 그는 영화에 적합한 새로운 지각 방식이 무엇이며, 또 새로운 지각 방식의 등장이 의미하는 것이 무엇일까에 대해 연구한 것이다. 그래서 그는 영화의 지각 방식으로 '분산적 지각'Zerstreuung을 이야기한다. 정적인 이미지를 수용하는 방식이 앞서 말했듯이, 몰입, 관조 또는 침잠이라면, 영화는 분산적이며 오락적이며 대중적인 지각에 의해 수용된다. 정적인 이미지 앞에서는 한 시간이든 두 시간이든 이미지를 관조하면서 서 있을 수 있다. 그러나 영화는 불가능하다. 물론 지금은 그렇지 않지만 말이다. 어쨌든 다양한 이미지 재생 장치들이 등장하기 이전에는 영화는 영화관이라는 대중적 공간에서 볼 수밖에 없었으며, 어떤 특정한 이미지가 마음에 든다고 해서 그것을 고정시킬 수도 없었다. 그저 흘러가는 이미지로 지각할 수밖에 없었던 것이다. 흩어진 이미지들은 흩어진 지각에 작용한다. 이것이 바로 분산적 지각인 것이다. 그런데 그 당시 영화를 본 사람들은 이 흩어진 이미지들을 통해 자신의 경험을 투영할 수 있었다. 대도시에서의 생활이라는 경험 말이다.

사실 그 당시 사람들은 대도시라는 새로운 공간에서 이전과는 전혀 다른 삶의 양식을 체험하면서 살고 있었다. 대도시에서의 삶은 농촌에서의 삶과는 질적으로 완전히 다른 것이다. 모든 것들이 유동적이고 파편화되며 사방에서 충격을 체험할 수 있는 공간이 바로 대도시 공간이다. 영화가 대중들에게 받아들여질 수 있었던 이유 중 하나가 바로 영화가 이러한 경험 구조를 반영했기 때문이다. 즉 파편화된 도시 체험 또는 도시에서의 충격 체험을 보여 주었던 것이다. 영화는 변화된 지각 구조를 기술적으로 반영할 수밖에 없었으며, 또 이런 영화를 대중들을 변화된 지각 구조 안에서 받아들인다. 결국 영화는 이렇게 변화된 지각 구조를 보여 줌으로써 아우라의 몰락을 완성하는 것이다. 경배적 대상인 예술을 몰입, 관조 그리고 침잠을 통해 수용하던 과거에서 벗어나, 분산적인 이미지를 분산된 지각 방식으로 수용함으로써 말이다. 새로운 예술 형식으로서의 영화의 등장과 이를 수용하는 새로운 지각 방식인 분산적 지각의 등장은 많은 것을 의미한다. 먼저 최근에 논의되는 매체철학 또는 매체미학적 관점에서 보았을 때, 매체와 지각의 상관관계에 대한 논의라는 점에서 그 의미가 매우 크다. 바로 이러한 점 때문에 현재 많은 매체미학자들이 그들 이론의 선구자로 주저하지 않고 누구나 벤야민을 들고 있는 것이기도 하다. 또 다른 중요한 측면은 '분산' 또는 '산만함'이라는 지각에 대한 재평가다. 분산적 지각을 그 시대를 대표하는 지각 구조로 보고 이를 받아들였다는 데 큰 의미가 있다.

벤야민 이론의 현재성

새로운 기술적 상황에서 이에 상응하는 새로운 예술 형식이 등장하고, 이는 새롭기 때문에 새로운 지각 방식으로 고찰해야 한다는 것이 바로 벤야민이 이야기하고자 하는 핵심이다. 이를 벤야민은 한마디로 '아우라의 몰락'이라고 규정했다. 따라서 아우라의 몰락은 새로운 예술 형식의 등장을 둘러싼 예술의 기능과 가치 변화만을 의미하는 것이 아니라, 새로운 지각 형식의 등장을 의미하기도 한다. 예술이 어떻게 지각될 수 있는지의 문제가 중요해졌다. 그런데 예술과 지각의 문제는 또 다른 측면에서 접근할 수 있다. 그것은 바로 현대 논의되고 있는 감성학Aisthetik 접근이다. 감성학은 고대 그리스어인 '아이스테시스'Aisthesis에서 출발한다. 아이스테시스는 앞서 이야기한 테크네만큼 다양한 의미를 함축하고 있다. 여기서 그 다양한 의미들에 대해 일일이 이야기할 수는 없지만, 단 한 가지만은 언급해야 한다. 그것은 바로 '감성적 지각'이라는 의미다. 따라서 감성학은 바로 감성적 지각 이론이라고 할 수 있다. 이러한 감성학은 다시 다양한 분야로 나누어질 수 있는데, 그중 하나가 매체미학이다. 왜냐하면 특히 매체미학은 아이스테시스를 기반으로 한 감성학을 자신의 전제로 삼아 매체와 감성적 지각의 관계를 연구하기 때문이다. 매체미학은 지각을 다루고, 또 지각을 매개하는 매체를 다루고 또 더 나아가 지각의 대상이 되는 이미지의 변화를 다룬다. 이는 벤야민이 이미 1930년대 기술복제 시대에 시도했던 것임을 알 수 있다. 그렇기 때문에 매체미학 연구자들은 전혀 주저함 없이 벤야민을 자신들 이론의 선구자로 기꺼이 받아들이고, 또 적극적으로 해석한다.

이와 관련해 벤야민이 예술작품과 관련해 '지각'Wahrnehmung을 수용 방식으로 받아들였다는 점도 주목해야 한다. 지금은 지각에 대해 이야기하고 또 감각의 논리에 대해 논의하는 것이 전혀 이상해 보이지 않는다. 그러나 사실 철학 전통에서 보면 이는 정통적인 논의는 아니다. 사실 지각은 철학 내에서 그다지 좋게 받아들여지는 것이 아니었다. 잘 알고 있는 것처럼, 이성이 그 무엇보다도 중요한 것이었지, 지각, 감성, 감각 등등은 이성을 흐릴 수 있기 때문에 오히려 경계해야 하는 것이었다. 예술도 마찬가지다. 플라톤이 예술을 '가상의 가상'으로 취급하면서 자신의 이상 국가에서 예술가를 추방할 것을 이야기했던 것처럼, 예술은 진리와 상관없는 것으로 여겨졌다. 그런데 재미있는 사실은 지각이라는 단어를 분석하면 이와는 전혀 다른 결과가 나온다는 점이다. 독일어로 지각은 'Wahrnehmung'이라고 하는데 여기서 'wahr'는 참된 것, 진리라는 뜻을 내포하고 있고, 'nehmung'은 잡는다는 뜻이다. 말 그대로 하면, 참된 것을 움켜쥐는 것이 바로 지각인 것이다. 진리Wahrheit와 그 의미가 다르지 않다. 감성학은 이런 관점에서 부당하게 폄하되어 온 지각을 다시 복원하려고 한다. 지각이 참이라고 말이다. 바로 여기서 벤야민의 매체 이론이 재등장할 수 있다. 관조와 해석의 대상으로서의 예술이 아니라, 지극히 놀이적이고 산만한 지각과 관련된 예술을 언급했던 바로 그 점에서 말이다. 이런 점들이 벤야민 이론의 현재성을 구성한다.

벤야민 이론의 현재성은 이 외에도 많지만, 여기서 이야기해야 하는 것은 바로 기술과 예술의 관계다. 지금의 매체 예술적 상황에서 그 어느 때보다도 예술과 기술의 관계 그리고 예술과 기술의 경계 문제가 뜨겁게 논의되고 있다. 때로는 기술미학이라는 이름으로 또 때로는 매체미학이라는 이름으로 이들의 관계와 기술의 발전이 앞으로 예술에 어떠한 영향을 미칠 수 있을 것인가에 대한 논의는 다양한 방면에서 전개되고 있다. 예술 형식 또한 마찬가지다. 사이보그 아트, 바이오 아트, 디지털 매체 예술, 웹 아트, 넷 아트 등의 새로운 형식의 예술들이 등장하면서 이제 기술은 예술에서 단지 매개의 역할을 담당하는 것이 아니라, 예술 형식의 본질을 규정할 수 있는 근본 범주로 작용하고 있다. 이러한 새로운 예술 형식들이 등장하면서 다시 예술과 기술의 관계에 대한 물음들이 다시 제기되고 있다. 다시 말해, 특히 디지털 매체 예술에서 매체 예술을 어떻게 평가할 것인가라는 문제는 예술 영역에서 기술의 역할과 작용을 어떻게 평가할 것인가라는 문제와 아주 밀접하게 연관된다. 이러한 논의에서 현재의 디지털 매체 예술 또는 현대 기술을 적극적으로 활용하는 다양한 예술들을 예술의 종말 또는 예술 영역에서 기술의 승리로 보면서 우려하는 입장이 많은 것도 사실이다. 그러나 이는 전적으로 예술과 기술을 별개의 것으로 보는 입장에서 기인한다. 이러한 우려는 고대 그리스의 테크네 개념으로 돌아가서 생각하면 해결의 실마리를 찾을 수 있을 것이다. 예술은 사회적 상황에 따라 변하면서 사회적 상황을 예술 작품으로 투영시킨다. 따라서 고전적인 예술의 관점에서 기술의 적극적 관여에 대해 문제 삼을 필요는 전혀 없다. 이들은 서로 상호 작용하면서 새로운 형식의 예술 형식을 만들어 왔으며, 앞으로도 그러할 것이다.

참고문헌

1. 이 글에서 참고한 발터 벤야민의 저술

2008, 『발터 벤야민 선집 2: 기술복제시대의 예술작품, 사진의 작은 역사외』, 최성만 옮김, 길.

1991, "Das Kunstwerk im Zeitalter seiner technischen Reproduzierbarkeit", *Gesammelte Schriften*, Bd. I. 2, Unter Mitwirkung von Theodor W. Adorno und Gerschom Scholem herausgegeben von Rolf Tiedemann und Hermann Schweppenhäuser, Frankfurt a. M.: Suhrkamp.

2. 그 밖의 참고문헌

심혜련, 2001, 「발터 벤야민의 아우라(Aura) 개념에 관하여」, 『시대와철학』 12권 1호, 한국철학사상연구회.

_____, 2006, 「예술과 기술의 문제에 관하여: 벤야민과 하이데거의 논의를 중심으로」, 『시대와철학』 17권 1호, 한국철학사상연구회.

_____, 2010, 「디지털 매체 시대의 아우라 문제에 관하여」, 『시대와철학』 21권 3호, 한국철학사상연구회.

_____, 2012, 『20세기의 매체철학: 아날로그에서 디지털로』, 그린비.

W. J. T. 미첼, 2010, 『그림은 무엇을 원하는가? : 이미지의 삶과 사랑』, 김전유경 옮김, 그린비.

Pivecka, Alexander, 1993, *Die künstliche Natur: Walter Benjamins Begriff der Technik*, Frankfurt a. M.: Lang.

Raab, Jürgen, 2010, "Präsenz und Präsentation: Intermediale Inszenierugen politischen Handels", Hrsg. Andy Blätter, Doris Gassert, Susanna Parikka-Hug, Miriam Ponsdorf, *Intermediale Inszenierungen im Zeitalter der Digitalisierung: Medientheoretische Analysen und ästhetetische Kozept*, Bielefeld: transcript.

Reijen, Willen van, 1998, *Der Schwarzwald und Paris: Heidegger und Benjamin*, München: W. Fink.

3장 | 테크노코드와 커뮤니케이션 혁명

빌렘 플루서의 기술적 형상과 코무니콜로기

김성재

비운의 코스모폴리탄

플루서는 1920년 5월 21일 체코의 수도 프라하에서 수학과 교수였던 아버지 구스타프Gustav의 장남으로 태어났다. 1938년 플루서는 프라하의 칼스 대학Charles University에서 철학 공부를 시작했으나 나치의 유대인 학살 때문에 학업을 중단했다. 그의 조부모, 부모 그리고 누이는 나치에 의해 체포되어 독일에서 살해당했다. 홀로 생존한 플루서는 런던으로 망명해 후에 그의 아내가 될 에디트Edith의 부모 집에서 학업을 계속할 수 있었지만, 1940년 그녀의 전 가족과 함께 브라질로 이민을 떠났다. 그는 그곳에서 1950년까지 무역업에 종사했고, 1951년부터 18세기 정신사 집필 프로젝트에 참여했다. 1960년 '브라질 철학 연구소'의 연구원이 된 플루서는 많은 강연을 통해 학자적 재능을 인정받아 1962년 상파울로 대학에서 커뮤니케이션 이론을 강의하는 교수가 되었다. 그는 1967년부터 상파울로의 에스콜라 슈페리에 드 시네마Escola Superior de

Cinema에서 커뮤니케이션학 교수로 재직하면서 전 세계를 순회하며 강연을 했다. 1972년 플루서는 브라질 군사 정권과의 갈등으로 인해 가족과 함께 브라질을 떠나 오스트리아를 거쳐 프랑스의 작은 지방도시 호비옹Robion에 정착했다. 1991년 그는 미디어 학자 프리드리히 키틀러Friedrich Kittler의 초청으로 독일 루르-보훔 대학의 객원 교수로 활동하던 중 고향 프라하의 괴테-인스티튜트에서 강연을 마치고 독일로 돌아오는 길에 교통사고로 세상을 떴다. 유럽과 남미를 오가며 코스모폴리탄으로 살았던 플루서의 이력은 그의 특별한 다국어 구사 능력이 말해 준다. 그는 영어, 불어, 포르투갈어, 독일어로 논문과 책을 집필했고, 모국어인 체코어는 거의 사용하지 않았다. 특히 그는 동일한 주제를 다양한 언어로 다루었기 때문에 다양한 관점으로 관찰할 수 있었다. 플루서는 고대 희랍어, 라틴어 그리고 다양한 언어의 어원을 자주 활용했지만, 주로 포르투갈어와 독일어로 저술활동을 했다.

플루서는 역사 시대를 연 문자 발명 이후 일반인에게 접근이 어려운 추상적이고 전문화된 문자(알파벳) 텍스트를 비판함과 동시에 새로운 평면 코드(그림)로서 기술적 형상Technobild의 출현을 역설하면서 역사의 위기를 진단한다. 그가 쓴 인류 문화사는 코드code, 곧 상징 체계의 변천사라고 할 수 있다. 플루서의 코드 이론은 다섯 단계의 발전 모델에서 출발한다. 첫번째 단계는 직접적이고 구체적인 체험을 하는 4차원의 환경 속에서 사는 자연 인간이다. 이 단계의 코드는 춤과 제스처와 같은 동작이다. 두번째 단계는 대상, 곧 3차원적인 환경에 관심을 갖는 단계다. 이 시대의 코드는 오스트리아 빌렌도르프Willendorf의 비너스와 같은 조각 작품이다. 세번째 단계는 2차원적인 환경으로서 문화를 창조하는 단계다. 이 단계의 코드는 마술적 상상을 보여 주는 프랑스 라스코Lascaux 동굴벽화와 같은 전통적인 그림이다. 네번째 단계로서 약 3500년 전부터 시리아의 상업 도시 우가리트Ugarit에서는 1차원적 쐐기 문자가 발명되어 역사 시대를 이끌며 문화 창조의 지배적인 수단이 된다. 역사 시대의 코드는 역사(이야기)를 개념으로 파악하고 전달할 수 있는 선형문자 텍스트다. 제5단계는 20세기 이후 텍스트가 점Bits으로 분해되어 그 기능을 상실하는 0차원의 탈문자 시대다. 이 시대의 코드는 카메라와 컴퓨터와 같은 기구의 도움으로 점으로 분해된 텍스트를 그림으로 조합하는 비선형 양자量子의 세계로서 기술적 형상이다.

이 단계적 코드 발전 모델에서 더 높은 단계의 코드는 각각 더 낮은 단계에서 체험한 것을 지시한다. 예컨대 그림은 묘사된 3차원의 대상을 의미하고, 텍스트는 대상을 의미하는 그림을 의미한다. 텍스트가 그림의 내용을 한 차원 축소함으로써 그 내용은 분석되고 복제될 수 있다. 더 나아가 플루서는 전통적인 그림과 사진, 영화, 비디오, 통계학적 곡선, 다이어그램, 교통 신호등 및 표지판과 같은 기술적 형상의 차이를 의미 차원에서 발견한다. 전통적인 그림이 장면을 묘사하는 데 반해, 기술적 형상은 텍스트를 의미한다. 한 여성이 등장하는 전통적인 초상화는 실제로 존재하는 인물을 묘사하지만, 기술적 형상 속의 여성은 한 문장을 의미한다. 예컨대 화장실 문에 붙어 있는 한 여성의 그림은 "이 화장실은 여성만 사용할 수 있다"라는 문장을 의미한다. 그리고 이 그림은 국제적 코드로서 세계 어디서나 같은 의미로 해석된다. 플루서는 그동안 지배적인 코드였던 알파벳이 기술적 형상에 의해 대체될 것으로 예측한다. 그럼으로써 역사 시대의 공간과 시간에 대한 이해가 변화된다.

왜냐하면 선형의 시간 경과(과거-현재-미래)와 기하학적 공간은 텍스트와 함께 성장하고 텍스트에 의해 영향을 받은 인간에게는 당연하다고 생각되지만, 비선형 코드인 기술적 형상은 '지금' '여기'에서만 확인되기 때문이다. 예컨대 카메라의 렌즈는 과거와 미래를 볼 수 없다. 이것이 바로 역사의 위기이다.

한편 커뮤니케이션 철학자 플루서가 정보의 개념을 파악하는 데 독일의 물리학자 클라우시우스Rudolf Clausius가 1868년 발견한 열역학 제2법칙(열의 죽음)에서 빌려 온 '엔트로피'Entropie 개념이 결정적인 역할을 한다(Kloock & Spahr, 1997; Rifkin, 1992/1999). 그는 정보 창조의 과정을 보편적이고 자연적인 행동 양식으로 본다. 정보는 어떤 것(무형의 소재)에 형식을 부여하는 것이고, 그 과정에서 에너지가 사용된다. 에너지를 사용할 때 그 에너지가 되돌릴 수 없는 상태로 분산되는 것은 불가피한 현상이다. 에너지의 분산은 자연스럽고 그럴듯한(개연적인) 데 반해, 질서를 갖춘 상태의 정보는 비개연적이다. 결국 정보는 비개연적인 것의 나타남이고 역시 오스트리아의 물리학자 슈뢰딩어Erwin Schrödinger가 1931년 창안한 개념인 '네겐트로피'Negentropie, 곧 부정의 엔트로피에 해당된다(Kloock & Spahr, 1997).

마지막으로 플루서(Flusser, 1996b)는 동시대의 비관론적 미디어 이론가들과는 달리 미래의 '텔레마틱 사회'telematische Gesellschaft의 특징인 낙관론의 미디어 유토피아에 대한 구상을 제시한다. 이 구상에서 그는 모든 사회는 두 가지 형식의 커뮤니케이션이 협연에 의해 구성될 것이라는 전망을 내놓는다. 정보를 합성해서 생산하는 대화Dialog와, 생산된 정보를 계속 전달하는 담론Diskurs이 그것이다. 이러한 전제에서 기본적으로 세 가지 형태의 사회가 탄생할 수 있다. 첫째, 대화와 담론이 균형을 이루는 사회로서 지금까지 사람들이 얘기하는 '이상적인 사회'가 그것 이다. 이 사회에서 대화는 담론에 의존하고, 담론은 대화를 자극한다. 둘째, 담론이 지배하는 권위주의적인 사회에서는 대화의 결여가 정보 의 빈곤을 낳고, 담론은 더 이상 대화를 통한 정보의 보충을 받지 못한 다. 셋째, 끊임없이 정보를 생산하는 대화가 지배하는 미래의 '혁명적 인 사회'는 정보의 홍수를 통해 과거의 담론을 붕괴시킨다. 이상적인 사 회로서 텔레마틱 사회에서는 어떠한 권위도 존재하지 않으며, 텔레마 틱 사회는 네트워크 구조로 인해 완전히 불가시적이고 사이버네틱스 cybernetics, 곧 정보를 창조하는 데 복잡한 체계들이 불개연적인 우연성 들을 이용해 자동적으로 조종된다. 그래서 플루서는 텔레마틱Telematik = Telekommunikation + Informatik을 '우주적인 두뇌'라고 부른다. 플루서는 뉴미 디어의 출현이 인간의 의식을 약화시킨다고 보지 않고, 오히려 뉴미디 어가 제공하는 기회를 놓칠 수 있는 위험을 예고한다. 그의 삶이 유랑인 의 삶이었듯이, 주거와 고향은 천성이 유목민인 인간의 구속을 의미한 다. 플루서는 인간이 뉴미디어를 통해 공간적인 거리를 극복함으로써 새로운 자유로 인도하는 통로를 만든다고 본다.

코무니콜로기: 인간 커뮤니케이션학

플루서(플루서, 2001[1996a])에게 인간 커뮤니케이션은 죽음을 의식한 인간이 인생의 무의미함을 극복하기 위해 비자연적인 세계, 곧 코드화 된 세계 속에서 수행되고 이 세계를 재생산하는 기교다. 구체적으로 인간 커뮤니케이션은 두 사람 이상의 파트너가 미디어에 의해 운반되는 메시지, 곧 코드화되어 상호 인지 가능한 의미를 교환하는 기교적 행위다. 여기서 미디어는 상징 체계인 코드가 그 안에서 작동하는 구조다. 플루서가 '코무니콜로기'Kommunikologie라고 부르는 커뮤니케이션 이론은 대화와 담론, 정보, 상징 체계인 코드를 핵심적으로 다룬다. 여기서 미래의 인간 커뮤니케이션은 현재 지배적인 위상을 차지하고 있는 기술적 형상, 특히 디지털 코드가 교환되는 네트워킹 기술(텔레마틱)이 탄생시킨 텔레마틱 사회에서 '인간이기'Menschensein를 실현할 것이라는 예측은 오늘날 실제적 현상으로 나타나고 있다.

디지털 사상가로 추앙받는 플루서는 그의 유작 『피상성 예찬』(플루서, 2004[1995])에서 알파벳 문자가 디지털 코드에 의해 추방되는 현상을 극적으로 묘사한다. 그는 역사 시대가 시작될 때 알파벳(자모) 문자가 그림에 대항했던 것처럼, 오늘날 디지털 코드는 알파벳 문자를 추월하기 위해 대항하고 있다고 본다. 곧, 역사 시대의 알파벳 문자에 기초한 사고가 전 역사(선사) 시대의 그림에 기초한 마술적 사고에 도전했다면, 20세기 말 디지털 코드에 기초한 사고는 알파벳 코드의 구조적·체계 분석적·전체적 사고 방식인 과정적·발전적 이데올로기에 대항하고 있다는 것이다. 플루서(Flusser, 1992)는 알파벳이 계몽의 코드로서 문자발명 이후 문자 텍스트를 통해 계몽에 성공하기까지 3천 년 이상의 세월이 걸렸지만, 디지털 코드는 21세기의 새로운 계몽에 성공하는 데 몇십 년이면 충분할 것처럼 보인다고 전망한다.

플루서의 코무니콜로기에서 인간 커뮤니케이션은 담론과 대화로 구성된다. 담론은 정보를 분배·저장하는 커뮤니케이션 형식이고, 대화는 사용 가능한 정보를 합성해 새로운 정보를 창조하는 커뮤니케이션 형식이다. 양자는 동전의 양면처럼 하나가 존재하지 않으면 다른 하나도 존재할 수 없기 때문에 둘 중 어떤 것이 더 우위에 놓여 있다는 논의는 무의미하다.

먼저 담론은 자연의 엔트로피적 작용을 거스르는 '부정의 엔트로피'다. 곧 담론은 한 번 송신된 정보가 상실되는 것을 막기 위해 정보를 분배하여 저장하는 방법이다. 담론에서는 두 가지 문제를 해결해야 한다. 그 하나는 담론의 송신자가 정보를 분배할 때 잡음이 침투해 정보가 변형되지 않도록 주의해야 한다. 왜냐하면 담론은 정보를 전달하여 수신자의 기억 속에 저장시키는 의도를 가지고 있기 때문에 원래 정보의 '충실함'을 보존해야 성공할 수 있다. 다른 하나는 담론의 송신자는 정보를 분배할 때 수신자들이 전달받은 정보를 계속해서 송신할 수 있도록 이들을 미래의 송신자로 만들어야 한다. 곧 이 담론은 '발전'할 수 있어야 한다. 왜냐하면 담론은 사용 가능한 '정보의 흐름'을 보장해야 성공하기 때문이다. 담론의 두 가지 측면, 곧 정보의 '충실함'과 정보의 '발전'은 어느 정도 모순되기 때문에 서로 일치하기가 어렵다. 결국 두 가지 요건을 가능한 한 조화시킬 수 있는 성공적인 담론을 완성시키는 일이 중요한 문제다.

다음으로 대화는 담론에 의해 분배되어 사용 가능한 정보를 새로운 정보로 합성하는 방법이다. 대화에는 원형 대화와 망형 대화라는 두 가지 형식이 존재한다. 원형 대화는 원탁의 구조를 가지고 있으며, 위원회, 실험실, 회의, 의회 등에서 확인된다. 참여자들은 원형 대화의 기억 속에 저장된 모든 정보의 '공통분모'를 발견하려고 하지만 참가자들의 수, 그들이 가지고 있는 정보의 양, 사용하는 코드, 의식 수준 등에 따라 대화의 성패가 엇갈릴 수 있다. 무엇보다도 대화는 의견의 일치보다는 갈등에서 유래하기 때문에 성공하기 어려운 커뮤니케이션 형식이다. 또한 원형 대화는 폐쇄 회로이기 때문에 참가자 수의 제한이 불가피한 엘리트적 커뮤니케이션 형식이다. 그러나 원형 대화가 성공한다면, 인간이 수행할 수 있는 최고의 커뮤니케이션 형식이다. 한편 망형 대화는 인간이 완성시킨 모든 정보를 수용하는 기본 망을 형성한다. 이 대화에는 가시 거리 내에서 일어나는 잡담, 수다, 욕설, 소문 등을 확산시키는 원초적인 형식이 존재하지만, 먼 거리에서 정보를 교환하는 우편, 전화, 인터넷 등을 이용한 발전된 형식도 있다. 이 망형 대화에서 창조된 새로운 정보는 오늘날 '여론'이라고 불리고, 여론 조사 기관 등을 통해 측정될 수 있다. 또한 망형 대화는 열린 회로이기 때문에 민주적이며 언제나 성공률이 높고 새로운 정보를 창조한다. 무엇보다도 전 지구적인 컴퓨터망의 확산으로 망형 대화는 '인터넷'이라는 이름으로 텔레마틱 사회의 출현을 가능케 한다.

플루서는 상징 체계인 코드를 토대로 인류 문화사와 커뮤니케이션 철학을 기술한다. 인류는 다른 생명체와의 차별화를 통해 크게 세 번의 질적 비약을 수행했다. 그리고 그때마다 커뮤니케이션 수단으로서 세 가지 코드를 사용해 왔다. 선사 시대의 그림(전통적인 그림), 역사 시대의 텍스트, 그리고 탈역사(탈문자) 시대의 테크노 코드인 기술적 형상(새로운 그림)이 그것이다.

인류의 첫번째 질적 비약으로서 선사 시대에 탄생한 코드인 전통적인 그림은 인간이 주체로서 객체를 관조함으로써 생긴 주변세계(환경)와의 틈을 메우기 위해 창조되었다. 그림은 움직이는 물체의 4차원적 관계들을 상상의 도움으로 2차원적 관계들로 축소함으로써 상징들로 덮인 평면이다. 상상은 4차원적 시공간의 관계들을 2차원적 관계들로 축소시키는 능력이자, 그러한 2차원적 축소를 4차원으로 환원시키는(그림을 해석하는) 능력이다. 이러한 그림은 정보의 동시화同時化이고, 이 그림의 해독은 정보의 통시화通時化다. 선사 시대의 그림에 표현된 사물들 간의 관계는 신과 영혼의 절대적이고 영원하며 죽지 않는, 곧 시간이 순환하는 마술적 의식에 의해 규정된다. 시간이 순환하는 그림 속의 요소들은 정당하고, 숭고하며 올바른 자리(상하좌우 등)를 차지하면서 요소들 간의 불변성을 견지한다. 그러나 실제적 세계의 가변적인 현상들 속에서 살 수밖에 없는 인생은 움직임을 의미하고, 이 움직임은 올바른 장소의 이탈이자 규칙 위반이기 때문에 보복을 동반한다. 보복에 노출된 인생은 두렵기 때문에 그림이 기도의 대상이 되면서 인간은 우상숭배라고 불리는 집단 광기(환상)에 사로잡힌다. 그림의 집단적 광기에 사로잡힌 지옥과 같은 분위기에서 탈출하기 위해 시도된 선형 문서(텍스트)의 발명은 구제로 느껴진다.

위협적인 환상의 광기에서 새로운 의미를 찾아 나서면서 인간은 두 번째 질적 비약, 곧 그림으로부터 텍스트로의 비약을 하게 된다. 1차원적 선형 문서 시대로 접어들면서 인간은 선형 텍스트(문자)의 미디어를 사용해 세상을 관조하고 상상한다. 이 단계는 인간이 미디어를 이용해 개념을 파악하고 이야기를 만들어 내는 역사 시대로의 진입을 의미하고, 상상의 관계들을 개념적 관계들로 대체하는 과정이다. 이는 구상이 상상을 대체함으로써 역사적 의식이 마술적 의식을 추월했음을 의미한다. 전통적인 그림이 신화와 마술의 의미를 담았다면, 텍스트는 이성에 기초한 계몽과 역사(이야기)를 강조함으로써 발전의 이데올로기(근대성)를 촉진시킨다. 그러나 15세기 구텐베르크의 활자 발명 이후 19세기 말까지 절정에 이르렀던 선형 코드의 역동성은 이성 중심적 과학 언어 및 추상적 개념들의 범람을 초래함으로써 텍스트를 과거의 그림처럼 환상적으로 만든다. 이는 인간이 침투할 수 없는 책이라는 벽 안에 갇혀 사는 광기라고 할 수 있으며, 인간 커뮤니케이션의 장애 요인이 된다. 텍스트의 불투명성은 역사적 의식의 몰락을 예고하는 징후이며, 텍스트에서 벗어난 기술적 형상이라는 새로운 그림 매체를 탄생시키는 계기가 된다.

탈문자 시대(1900년 이후)에 접어들면서 인간의 세번째 질적 비약이 시작된다. 인간은 선형 코드가 형성시킨 '발전'이라는 역사 의식에서 무의미함을 느끼며, 텍스트의 세계로부터 뛰쳐나와 새로운 의미를 부여하는 '기술적 형상'이라는 새로운 평면 코드(그림)의 세계 속으로 뛰어들어 간다. 선형 코드는 사진, 영화, 텔레비전, 비디오, 컴퓨터 애니메이션 등 기구Apparat를 이용해 다시 모아져야 할 0차원적 점의 요소들로 붕괴된다. 그러나 이 새로운 그림은 장면의 모사가 아니라 텍스트에서 나온 프로그램이다. 곧, 역사(이야기)가 프로그램으로 전환되는 순간이다. 무엇보다도 1차원적 선형 코드에서 붕괴된 점들bits을 계산을 통해 집합시키는 컴퓨터화 시대가 도래함으로써 새로운 평면 코드인 기술적 형상(모니터상의 텍스트 자체도 비트의 조합인 새로운 그림)이 오늘날 지배적인 코드의 위상을 차지한다.

그림의 혁명과 기술적 상상

19세기 사진 기술 발명 이후 그림은 예술가의 손을 떠나기 시작했고, 20세기 텔레비전 화상 시대와 컴퓨터 애니메이션 시대의 그림은 세상을 모방한 것이 아니라 개념들에서 만들어진 것이다. 이 새로운 그림들은 도구나 기계를 이용해 창조된 '기술적 형상'으로서 커뮤니케이션 혁명, 더 정확히 말하면 '그림의 혁명'을 일으켰다. 그림의 혁명은 전통적인 그림이 수행해 왔던 모방적 재현을 넘어 시각적인 현실 창조(영상 설계)를 통해 문자 텍스트에 의해 추동된 '근대modern의 프로젝트'를 마감한다. 이는 현실의 설계가 존재하는 현실이나 현실의 반영보다 더 중요한 의미를 띠게 되었다는 의미다. 이 혁명이 야기한 정신적 충격을 완화시키고, 이 혁명에서 유래된 의식 변화에 적응하기 위해서 미디어 이용자는 기술적 형상을 이해할 수 있는 능력을 갖추어야 한다. 이 능력의 토대는 수용자가 문자를 초월한 '초언어적 코드', 곧 사진, 영화, TV, 비디오, 컴퓨터 애니메이션 등을 창조할 수 있고, 반대로 이 새로운 그림을 문자 텍스트로 해독할 수 있는 상상력을 갖추는 데 있다. 왜냐하면 기술적 형상은 문자 텍스트의 개념들을 기반으로 설계된 것이기 때문이다. 여기서 제안된 기술적 상상Technoimagination은 개념에서 그림을 만든 후 그러한 그림들을 개념의 상징으로 해독할 수 있는 능력이다. 기술적 상상에는 세 가지 차원이 존재한다. 입장들, 시간 체험 그리고 공간 체험이 그것이다.

먼저 입장들과 관련한 기술적 상상에서, 선형 텍스트 세계의 객관적인 입장은 단 하나의 기준만을 허용하기 때문에 황당무계한 것이다.

모든 현상은 끝없이 많은 입장들의 한 단면이다. 객관적인 입장이 기술적 상상에서 잘못된 문제로 여겨진다는 사실은 사진, 영화, 비디오, 그리고 모든 기술적 형상의 조작에서 확인된다. 객관적 입장의 문제는 바로 하나의 개념을 상상하려는 시각 속에 존재한다. 그러나 기술적 상상에서는 입장의 등가성이 인정된다. 오늘날 과학의 객관성이 일종의 주관성(예술 형식으로서 과학)으로 인식되고, 이에 반해 예술의 주관성이 일종의 객관성(과학 형식으로서 예술)으로서 인식될 때, 과학과 예술의 관계는 '간주관성'間主觀性이라는 개념에 의해 대체된다. 곧 객관적인 입장이 기술적 상상을 통해 효력을 상실하는 순간, 진리에 대한 질문은 새로 제기되어야 한다. 우리가 기술적 상상을 통해 객관적 진리의 개념으로부터 하나의 그림을 만들려고 하면, 인식자의 인식 대상과의 동화 과정은 한 입장이 다른 입장으로 바뀌는 일련의 입장 전환으로 나타난다. 그렇다면 진리 찾기는 한 문제의 주위를 맴도는 것과 같다. 하나의 진술은 말로 된 입장들의 숫자가 크면 클수록, 그리고 이 입장들을 취하려는 준비가 되어 있는 입장들의 숫자가 크면 클수록 진리에 더 가깝다. 그렇다면 진리의 기준은 '객관성'이 아니라, '간주관성'을 따른다. 그렇다면 진리 찾기는 더 이상 발견의 노력이 아니라 세상을 보는 데 타인들과 합의를 보려는 시도다. 결국 기술적 상상의 차원에서 모든 세계에 대한 입장들은 동등하게 된다. 왜냐하면 이 입장들로부터 개념에 대한 그림들이 설계되기 때문이다. 이는 다른 모든 입장을 배제시키는 가운데 한 입장을 취하는 것과 방어하는 이데올로기의 지양이라고 할 수 있다. 여기서 모든 입장의 등가성은 '가치 중립'이나 모든 입장에 대한 무관심이 아니라, 모든 입장은 그 특별한 가치를 투영하고, 하나의 특별한 의미를 부여한다는 뜻이다.

　다음으로 시간 체험을 살펴보면, 선형으로 프로그램화된 의식 속에서 시간은 과거로부터 미래의 방향으로 흐르고, 이 흐름은 강물처럼 체험된다. 이는 '역사적' 시간이며, 모든 사건들은 되돌릴 수 없는 일회성의 시간이며 인과 관계의 사슬로 엮어진 시간이다. 기술적 상상에서 이러한 시간 체험은 황당무계하다. 우리가 역사적 시간의 개념에 대한 그림을 만드는 순간, 시간은 현재를 향한 것으로 인식되기에 황당무계하다. 역사적 의식의 차원에서 현재는 시간을 통과해 달리는 시간선時間線 위의 한 점이다. 따라서 현재는 실제적이지 않다. 현재가 있는 순간, 이 현재는 더 이상 없다. 실제적인 것은 오직 되는 것Werden이기 때문이다. 기술적 상상에서는 오직 현재만 실제적이다. 현재는 오직 가능한 것(미래)만이 현실화(현재적으로) 되기 위해 도착하는 장소이기 때문이다. 기술적 상상에서 새로운 시간 체험은 '상대적인' 것이다. 곧 현재와 관련되어 있으며, 현재는 내가 있는 곳이다. 나는 항상 현재적이기 때문이다. 또한 나 자신과 시간 체험의 관계는 시간의 정치화를 통해 타인들과의 공존을 가능케 한다. 타인들이 현재 속에서 나와 함께 존재할 수 있도록 현재를 확장시키게 유도하는 것이다.

　마지막으로 공간 체험과 관련, 선형(문자 텍스트)으로 프로그램화된 역사적 의식에서 '공간'과 '시간'은 하나가 아니라 둘이다. 이에 반해 기술적 상상에서는 시간을 공간 없이 혹은 공간을 시간 없이 상상하는 것은 불가능하다. 우리는 공간을 시간의 동시화로 체험하고 시간을 공간의 통시화로 체험한다. 두 가지 입장은 '공간은 흘러간 시간이다'와 '시간은 용해된 공간이다'라는 차원에서만 이해될 수 있다. 그래서 공간은 우리에게 상대적이다. 또한 한 대상의 거리는 절대적인 것이 아니라, 오직 나의 존재에 의해 상대적으로 측정될 수 있다. 한 대상은 나와 관계가 많으면 많을수록 더 가깝다. 이 대상은 나를 그리고 내가 이 대상을 더 많이 간섭하면 할수록 더 가깝다. 따라서 시간-공간 체험의 척도는 나의 관심이다. 더 나아가 나는 '여기-지금'이라는 기술적 상상을 통해 타인들을 편입시킴으로써 세계의 제한성을 극복할 수 있다. 곧, 여기 그리고 지금 내 곁에 인간들이 많으면 많을수록, 그 안에 내가 존재하는 세계는 더 커진다.

역사, 발전 그리고 악마

플루서의 역사 비판은 그가 1965년 브라질의 상파울루에서 독일어로 쓴 첫 저서 『악마의 역사』(Flusser, 1996c)에서 이미 시작되었다. 그는 여기서 역사를 다음과 같이 묘사한다.

이 세상에서 진정한 발전은 악마의 산물이다. 그는 자신의 길을 가고 있으며, 역사는 그의 빛나는 명성을 노래한다. 인류는 아담과 이브처럼 목표에서 아주 가깝거나 멀리 떨어져 있다. 지금까지 우리들 중 몇몇은 신에 도달했고, 몇몇은 악마가 되었다. 그러나 일반적으로 우리는 그 중간에서 방황하고 있다. 악마의 역사는 발전의 역사다. 우리는 이 책을 '진화'라고 부를 수도 있을 것이다. 그리고 발전은 당연히 역사와 동일하다. 단지 무엇인가 발전하는 것은 역사다. 따라서 우리는 악마, 발전 그리고 역사를 동의어로 본다. 우리는 이 책을 '역사의 역사' 또는

'악마의 악마'라고 부를 수도 있을 것이다.

— Flusser, 1996c: 10

　　플루서는 악마를 역사로 규정하는 데, 악마가 인간의 영혼 그 자체를 파괴하기 위해 죽음을 초래하는 일곱 가지 죄악을 이용한다는 가톨릭 교회의 가르침을 방법론으로 응용한다. 교만, 탐욕, 쾌락, 질투, 폭음, 분노, 태만과 마음의 슬픔이 그것이다. 플루서는 처음부터 일곱 가지 죄악을 비난하는 대신 중립적인 이름으로서 교만을 자의식, 탐욕을 경제, 쾌락을 본능(혹은 생의 기쁨), 폭음을 생활 수준의 향상, 질투를 사회 정의와 정치적 자유를 위한 투쟁, 분노를 세계와 인간적 의지의 한계에 대한 격분, 태만과 마음의 슬픔을 철학적인 평온이라고 부를 수 있고, 이는 인류와 세계 그 자체를 파괴하고 신의 영향력에서 벗어나게 하는 악마의 방법들이라고 간주한다. 여기서 분명한 것은 죽음을 부르는 일곱 가지 죄악은 다양한 층위에서 유래하고 다양한 단면을 보여 준다는 사실이다. 경제와 정치는 사회적인 죄악이고, 자의식 및 철학적인 쇼는 차라리 심리학적인 죄악이며, 본능과 생의 기쁨은 생물학에 속하는 죄악이다. 무엇보다도 일곱 가지 죄악 중 마지막 두 개인 태만과 마음의 슬픔, 곧 예술과 철학은 악마의 핵심이며, 악마의 마지막 목표임과 동시에 인간 역사의 최종 목표로 간주된다. 이러한 관점은 악마가 지배하는 인간의 역사를 매우 냉정하고 과학적인 방식으로 관찰하려는 플루서의 의도에서 유래한다.

　　역사의 위기는 여기서 끝나지 않는다. 15세기 중반 구텐베르크의 활자 발명 이후 19세기 중반까지 약 400년 동안, 곧 역사의 절정기에 선형 코드(텍스트)의 역동성은 이성 중심적 과학 언어(특히 전문적인 과학 용어) 및 추상적 개념들의 범람(예: 문학, 철학 등에서 나타나는 난해한 개념들)을 야기함으로써 텍스트를 과거의 그림처럼 환상적으로 만든다. 이는 인간이 침투할 수 없는 책 속의 벽에 갇혀 사는 광기라고 할 수 있으며, 인간 커뮤니케이션의 장애 요인이 된다. 곧, 텍스트가 대상과 인간 또는 인간들 간의 중개를 중단하고 벽을 형성하기 시작했다는 사실은 텍스트의 정보가 더 이상 상상이 불가능해진다는 것을 의미한다. 알파벳은 원래 그림을 의미하는 코드였고 전개, 설명 그리고 그림에 대한 이야기를 위한 코드였다. 그러나 알파벳이 그림을 상상할 수 있게 설명하는 대신 텍스트 형식으로 더 많이 설명할수록 그 세계는 더 상상할 수 없는 단계에 이른다면, 커뮤니케이션 코드로서 알파벳은 붕괴되었다고 할 수 있다. 결국 텍스트의 불투명성은 역사적 의식의 몰락을 예고하는 징후이며, 텍스트에서 벗어나 기술적 형상이라는 새로운 코드를 탄생시키는 계기가 된다.

텍스트 비판을 통한 텍스트 세계에 대한 믿음의 상실과 그림을 설명하는 데 점점 더 열악해지는 텍스트로 말미암아 '탈역사 시대'(1900년 이후) 혹은 '탈문자 시대'가 시작된다. 인간은 선형 코드가 형성시킨 '발전'이라는 역사 의식에서 무의미함을 느끼며, 텍스트의 세계로부터 뛰쳐나와 텍스트에 새로운 의미를 부여하는 '기술적 형상'이라는 새로운 평면 코드(그림)의 세계 속으로 뛰어들어 간다. 다시 말해서 오늘날 텍스트는 상상이 불가능해지기 때문에 텍스트를 의미 있게 만들 수 있게 하는 그림(프로그램)이 발명되어야 한다. 그래서 텍스트(시나리오)를 기초로 창조된 영화, 텔레비전, 컴퓨터 애니메이션과 같은 프로그램은

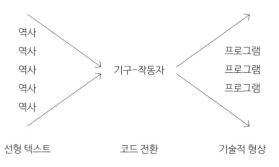

그림 1 역사에서 프로그램으로

역사
역사
역사   기구-작동자   프로그램
역사   프로그램
역사   프로그램

선형 텍스트   코드 전환   기술적 형상

출처 플루서, 2001 : 164.

역사(이야기)가 기구-작동자Apparat-Operator에 의해 기술적 형상으로 전환된 것으로서 〈그림 1〉과 같이 스케치될 수 있다. 무엇보다도, 오늘날 빠른 계산을 수행하는 컴퓨터의 도움으로 텍스트는 0차원으로 붕괴된 점의 요소들로 조합되어 기술적 형상으로 프로그램화된다.

위의 그림에서 기구-작동자는 기술적 형상의 창조에 필요한 기구(도구와 이 도구를 운용하는 조직을 포함)를 작동시키는 전문가라고 정의될 수 있다. 이 전문가는 정보의 원천인 선형 코드를 테크노 코드, 곧 역사를 탈역사의 코드로 전환시키는 릴레이(권위자) 기능을 담당한다. 이러한 맥락에서 우리는 영화, 텔레비전, 컴퓨터 애니메이션에 종사하는 사람을 통칭해서 기구-작동자, 이 권위자들이 활동하는 조직을 기구-작동자 복합체라고 부를 수 있다. 따라서 기구-작동자 복합체는 기술적 형상을 의미론적으로 창조하고 재생산하는 기구와 조직의 집합체로 간주될 수 있다. 이러한 기구-작동자 복합체의 도움으로 기술적 형상은 텍스트로부터 정보를 공급받으며, 텍스트를 의미 표현체(메시지)로 표현하기 위해 텍스트를 평면 코드를 나타내는 기구(예: 스크린, 모니터, 전광판, 교통 신호등 등) 위에 투영된다.

그러나 인간이 처한 위험은 무의미 또는 무無 속으로 비약하는 것이다. 과학적 진리의 유효성, 기술과 재화 등 역사를 위한 텍스트에서 뛰쳐나와 사진, 영화, 텔레비전, 비디오 등 기구를 이용한 그림 속으로 쉽게 뛰어들어 갈 수 있지만, 그것이 아무런 의미를 갖지 않을 수도 있다. 왜냐하면 이 새로운 그림의 세계는 발전의 무의미함을 이미 보여 준 프로그램인 텍스트에 기초해 프로그램화해야 하기 때문이다. 곧, 세계는 점點의 요소들로 붕괴된 후 다시 모자이크의 세계로 모아져야 하고, 그러한 양자의 세계, 곧 점의 집합으로 이루어진 새로운 그림은 장면의 모사模寫가 아니라 텍스트에서 나온 프로그램이기 때문이다. 이처럼 인간은 항상 한 코드가 무의미해지면 의미 있는 새로운 코드를 찾아나서는 모험을 감행함으로써 자연의 세계와 인간 간에 심연深淵을 만들어 왔다. 코드 변화에 따라 인간이 자초한 모험적인 의식 변화, 곧 인간이 스스로 세계로부터 뛰쳐나와 낯설어지는 현상을 '소이'疎異, Verfremdung라고 부른다(〈그림 2〉).

역사적 세계관에서 볼 때 〈그림 2〉는 다음과 같이 해석될 수 있다. 인간은 '세계'로부터 추방되어(소이 1) 갈라진 심연을 그림의 투영으로 교량을 놓으려는 시도를 하고, 존재와 그림 간의 피드백 덕택에 '세계'에 대한 견해(마술적 의식: 기원전 1500년까지)를 획득한다. 그림의 중개가 방해받을 때 인간은 그림의 세계를 떠나(소이 2) 자신과 그림 간에 놓인 심연에 텍스트로 교량을 놓으려는 시도를 한다. 그리고 존재와 텍

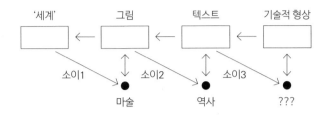

그림 2 코드와 의식의 관계

출처 플루서, 2001: 115.

스트 간의 피드백 덕택에 인간은 새로운 견해(역사적 의식: 기원전 1500년~서기 1900년)를 획득한다. 이제 시간이 경과함으로써 텍스트는 불투명해지고 '상상할 수 없게' 되자 인간은 이 텍스트를 떠나기 시작한다(소이 3).

추상 게임과 조합 게임

오늘날 기술적 형상으로서 미디어 세계를 대표하고 있는 디지털 코드는 어떻게 문자 텍스트를 추방하고 있는가? 이 질문에 대한 답변은 플루서의 저술 『피상성 예찬』(플루서, 2004[1995])에서 '추상 게임'의 끝과 '조합 게임'의 시작에서 찾아질 수 있다. 먼저 문자 텍스트는 4차원의 세계인 움직이는 물체에서 시간이 없는 3차원적 입체 코드(조각 작품), 입체에서 깊이가 없는 2차원적 평면 코드(그림), 평면에서 선이 없어진 1차원적 선형 코드(텍스트)로 추상되는 '추상 게임'의 결과물이다. 디지털 시대에 접어들면서 이 선형 코드는 0차원의 점들로 붕괴된다. 추상 게임은 일종의 붕괴 현상으로서 이 게임의 끝은 선이 없는 0차원의 점들이다. 이제 선형 코드에 의해 진행되었던 역사는 끝나고, 컴퓨터를 이용해 0차원의 점들(비트)을 조합해 새로운 그림을 창조하는 탈역사 시대가 시작되었다. 컴퓨터 시대의 그림은 추상 게임이 끝나고 조합 게임이 시작되었다는 사실을 알리는 증거다. 모니터 위의 문자 텍스트조차도 점들의 조합으로 만들어진 새로운 평면 코드다.

구체적으로 추상 게임이란 무엇인가? 모든 '실제적인 것'은 움직이는 물체로서 시공간의 4차원을 가지고 있다. 그러나 우리는 이 물체로부터 추상할 수 있다. 예를 들면 우리는 실제적인 것에서 '시간'을 생략해 '공간'적 입체를, 공간에서 '깊이'를 생략해 '평면'을, 평면에서 '표면'을 생략해 '선'을 상상과 개념으로 파악하려는 시도를 할 수 있다. 그리고 우리는 그러한 방식으로 상상되고 파악된 선에서 '광선'을 생략해 점의 체계('모자이크')를 파악할 수 있다. 따라서 이러한 추상 게임에서 다양한 '비실제적' 세계들이 창조된다. 조각품의 세계는 시간 없는 입체이고, 그림의 세계는 깊이 없는 평면이며, 텍스트의 세계는 평면 없는 선이다. 그리고 마지막으로 컴퓨터화된 세계는 선 없는 점들이다. 그리고 이러한 추상 게임은 한 걸음 한 걸음 전진할 것이며 수천 년의 세월을 필요로 한다. 우선 시공간에서 조각품의 세계(예: 빌렌도르프의 '비너스')가 추상되고, 이로부터 그림의 세계(예: 라스코의 동굴 벽화)가 추상되며, 이로부터 다시 텍스트의 세계(예: 메소포타미아 서사시/우가리트)가 추상되고, 마지막에는 이로부터 컴퓨터화된 세계(컴퓨터 애니메이션과 동영상)가 추상된다. 단지 이러한 추상 게임으로 인류 문화사를 묘사하는 것은 그렇게 간단하지 않다. 여기서 문제가 될 수 있는 것은 '실제'로부터의 단계적인 후퇴 행진이 아니라, 차라리 춤과 같다. 이때 이미 진행된 발걸음은 언제나 소위 총총걸음으로 되돌려질 수 있고 역순으로 소급될 수 있다. 예컨대 점들은 선을 형성하기 위해 움직이고, 선은 평면을 형성하기 위해 움직이며, 평면은 입체를 형성하기 위해 움직이고, 입체는 '실제'를 형성하기 위해 움직인다. 따라서 점 + 시간 = 선, 선 + 시간 = 평면, 평면 + 시간 = 입체, 그리고 입체 + 시간 = '실제'가 된다. 추상 게임의 결과 등장한 역사 시대의 선형 코드, 곧 텍스트가 진주 목걸이처럼 실과 바늘로 꿰어져 역사(이야기)의 원인과 결과를 설명하는 논리적 사고를 발전시켜 왔다면, 디지털 코드는 컴퓨터 키보드 위의 손가락 끝으로 입자로 붕괴된 선형 코드의 간격을 점들을 조합해 메움으로써 우연과 가능성의 세계를 '모델'로 제시하는 '황당무계한' 사고를 요구하고 있다. 역사 시대에 우리가 쓰기라고 부르는 꿰기에서는 세 가지 요소가 필요했다. 느슨한 요소들, 실 그리고 바늘이 그것이다. 우리가 쓸 때 느슨한 요소들은 자모와 숫자이고, 실은 언어이며, 바늘은 펜이나 타자기였다. 문자 텍스트를 쓸 때, 곧 꿸 때 우리는 언어의 규칙인 논리를 따라야 했다. 그리고 이 논리적 사고는 이성에 의한 발전 이데올로기를 관철시키면서 지금까지 지구를 지배해 왔다. 그러나 오늘날 텍스트의 문자 기호 간의 간격이 벌어짐으로써 텍스트의 줄은 다시 요소들로 붕괴되는 위기를 맞게 된다. 한마디로 문자 텍스트 세대들이 세계를 과정들로 꿰는 데 사용했던 실마리는 사라지고, 그 세계는 먼지처럼 흩날리고 윙윙 난무하는 미립자로 흩어지고 있는 것이다. 우리는 더 이상 실마리를 잡을 수 없기 때문에 우리가 유산으로 상속받은 바늘과 실을 이용한 폐기 방법은 불필요하게 되었다.

다음으로, 조합 게임은 어떻게 일어나는가? 이제 우리는 실마리를 찾지 않고 붕괴된 세계의 먼지를 떠나 새로운 평면을 향해 가고 있다. 그래서 우리는 더 이상 설명이 아니라 센세이션을 찾으며, 진리를 발견하려고 하지 않고 우리 주위에 윙윙 난무하는 가능성들을 이용해 불개연성(정보)을 만들려고 한다. 우리는 이제 연구자가 아니고 발명자이며, 더 이상 과학자가 아니라 예술가가 된 것이다. 디지털 시대의 새로운 그림(평면 코드)은 모델이다. 곧 점-세계로부터의 설계이고, 그 의도는 그 세계를 상상 가능하게 만들려는 것이다. 이 평면은 점-세계에 다시 길이와 폭을 부여해야 하고 그럼으로써 길이와 폭 뒤에 깊이와 움직임도 재구성할 수 있는 가능성을 부여해야 한다. 또한 이 평면은 추상적인 점-세계 때문에 '존재해야 하는' 것처럼 구체적인 것의 모델이다. 점-세계로부터 투사된 모델들은 객관성과 관련해 서로 논쟁거리가 될 수 없다. 구체적인 세계는 이 모델들에서 진리의 기준이 아니기 때문에 한 모델이 다른 모델보다 더 진리라고 믿는 것은 아무런 의미가 없다. 구체적인 세계에서는 불가능한 모델의 대상들은 비트로 분해되어 컴퓨터 기억 속에 입력된 방정식들이 객관적으로 충실하게 투사된 것들이다.

플루서가 주장하는 새로운 평면 코드 이론에 따라 디지털 시대의 프로그래밍에 대한 얘기를 하고자 한다면, 이제 추상할 수 있는 것은 더 이상 아무 것도 남아 있지 않다는 가정, 곧 역사의 종말을 논의의 출발점으로 삼아야 한다. 왜냐하면 구체적인 것, 곧 실제가 더 이상 견지될 수 없는 점들의 세계가 탄생되고 있기 때문이다. 실제는 점들의 조합이 얼마나 촘촘한지를 말해 주는 해상도에 의해 결정되고, 이 실제를 체험하기 위해서 우리는 체험될 수 있는 것을 의도적으로 설계해야 한다. 이렇게 인공적으로 창조된 세계는 가능성들의 실현이라고 간주될 수 있다. 우리는 가능한 것은 어떤 것이라도 창조할 수 있다. 진리와 허위, 과학과 예술을 더 이상 구별할 수 없을 정도로 우리는 디지털 세계에 '미쳐 있으며' 우리의 모든 체험은 일종의 공상과학이 될 것이다.

우리는 두 가지 유형의 평면, 곧 입체로부터 추상을 통해 창조된 평면과 점들의 집합을 통해 투사된 평면을 구별할 수 있었다. 전통적인 그림에 속하는 첫번째 유형의 평면은 인위적인 그림 세계를 이루고 있으며, 역사 시대 이전부터 우리의 행위 지침이 되어 왔다. 두번째 유형의 평면은 완전히 새로운 것으로서 점들 사이에 놓인 간격을 미분의 무한소를 통해 통합시키려는 의도에서 계산된 점들로 이루어진 모자이크라고 할 수 있다. 그러나 이 평면은 아직 완전히 통합되지 않은 세계를 이루고 있으며, 행위를 하기 위해서라기보다는 로봇처럼 기능하기 위해 프로그램화된다. 만일 이 평면이 완전히 통합된 세계라면, 우리는 점의 요소들로 창조된 책상 위에서 글을 쓰고 점의 집합체인 의자 위에 앉을 수 있을 것이다. 두번째 그림에서 중요한 문제는 진짜 평면이 아니라, 평면의 인상을 불러일으키는 점의 상태로서 비물질적이고 유령 같은 특징을 띠고 있다는 사실이다.

비트 요소들로 조합된 그림은 프로그램에 의한 계산 요소들을 의미하고, 이 그림은 더 이상 추상적인 그림이 아니라 추상들로부터 구체화하려는 시도라고 할 수 있다. 그러나 이 새로운 평면은 개념들의 표면이다. 전통적인 평면이 구체적인 것으로부터 추상적인 것을 향한 움직임의 결과였다면, 새로운 평면은 마지막 추상으로부터 구체적인 것을 향한 움직임의 결과다.

그렇다면 디지털 글쓰기는 모든 사람들의 접근을 허용하지 않는 책 속에 —추상적 개념들이 범람하는 곳에— 갇혀 있는 역사 의식의 질곡을 깨트리는 작업이라고 할 수 있다. 다시 말해서 이 작업은 기술적 상상에 기초해, 곧 개념에서 그림을 만들고, 그러한 그림을 개념의 상징으로 해독할 수 있는 능력을 토대로 구체적인 것을 창조하는 작업이 될 수밖에 없다. 그것은 오늘날 우리 모두에게 친숙하게 다가오는 텔레비전 프로그램 또는 컴퓨터 프로그램을 이용한 콘텐츠라고 할 수 있다. 바로 여기에 플루서가 문자 텍스트의 위기와 역사의 종말을 이야기하는 숨은 뜻이 담겨져 있다.

텔레마틱 사회의 신혁명가들

플루서(Flusser, 1996b)는 인간이 자신의 두뇌가 가지고 있는 능력을 훨씬 초월하는 컴퓨터를 통제할 수 없지만, 전체로서 사회는 이 기구를 통제할 수 있다고 본다. 이 통제는 새로운 이미지 창조자, 사진사, 영화 제작자, 비디오 제작자, 컴퓨터 사용자들과 같은 '조용한 신新혁명가들'의 참여로 가능하다. 전체로서 사회는 기구를 프로그램화해야 하고 원하는 상황에서 이 기구를 멈추게 해야 한다. 이를 위해서 사회는 대중 매체의 일방적인(담론적인) 송신자 회로를 쌍방향적(대화적) 커뮤니케이션 회로로 재구축해야 한다. 이러한 재구축은 텔레마틱이라는 기술의 도움으로 가능하다. 텔레마틱telematic은 스스로 움직여automat 멀리 있는 것을 가깝게 가져다주는tele 기술로서 전지구적인 담론과 대화를 허용한다. 오늘날 인터넷으로 대표되는 이 기술은 모든 사람들의 동참이 가능한 민주적인 커뮤니케이션 기능을 수행하도록 전환될 수 있다. 이러한 송신자 회로도의 재구축과 활용은 기술적인 문제일 뿐만 아니라 정치적인 문제로서 미래의 합의를 도출하기 위해서는 기술적 형상의 창조자와 네티즌들의 적극적인 참여를 요청한다. 이러한 참여를 통해서만 텔레마틱 사회의 조용한 신혁명가들은 자신을 대중 매체가 제공하는 오락에 내맡기지 않고 대화를 즐길 수 있다.

텔레마틱 정보 사회에서는 대화와 담론이 자동적으로 프로그램화되기 때문에 텔레마틱적 대화는 권위가 없는 대화이며, 텔레마틱이 보장하는 대화적 가능성은 담론적 사회 구조를 타파하는 데 결정적인 요인이다. 개별 인간, 고독한 인간 그리고 분산된 권위자 및 수용자로서 인간은 기구에 대한 통제력을 상실했지만, 집단적인 두뇌로서 사회 전체의 능력은 모든 기구가 합쳐진 능력보다 더 크다. 컴퓨터와 같이 가공할 만한 속도와 저장 능력을 가진 기구는 개별적인 수용자와 권위자에 의해 통제될 수 없다. 그러나 전체로서 사회는 기구를 기술적으로 모든 사람들의 동참이 가능한 민주적인 기능을 수행하도록 전환시킬 수 있다. 무엇보다도 전체로서 사회는 일방적인 송신자 회로도를 쌍방향 회로도로 재구축해야 하는데, 이는 기술적인 문제일 뿐만 아니라 정치적인 문제다. 송신자의 방향 전환을 위해서는 먼저 사회적 합의가 이루어져야 한다. 이 합의의 핵심은 그동안 소수의 송신자가 독점한 프로그램을 수많은 수신자의 소유로 만드는 데 있다. 민주적인 프로그램을 소유하고 교환하기 위해서는 조용한 신혁명가들이 적극적으로 참여해야 한다. 그럼으로써 그동안 대중 매체가 초래한 우주적인 '기구-전체주의'

가 방지될 것이며, 사회는 대화적으로 전체주의적 기구에 저항하는 방향으로 규칙을 만들어갈 것이다. 이러한 규칙에 따라 '프로그램화된 민주주의'가 아니라 '민주적인 프로그램화'가 실현될 것이다. 이는 실제로 오늘날 인터넷 미디어와 스마트 미디어를 통해 매우 빠른 속도로 진행되고 있다.

조용한 신혁명가들이 텔레마틱 사회에서 자신들을 오락에 내맡기지 않고 대화를 즐길 때 기술적 형상의 위상은 영화, 텔레비전, 비디오 레코더 등의 대중 매체가 가졌던 일방적인 전달 형식의 코드 작동 방식을 완전히 초월한다. 기술적 형상은 이제 사람들이 정보를 창조하고 서로 대화를 하는 평면 코드가 되면서, 과거 문인들이 상호 교신을 위해 선형 텍스트를 가지고 유희했던 것과 유사한 역할을 수행한다. 그러나 평면 코드로서 기술적 형상은 무수히 많은 줄로 구성되어 있기 때문에 선형 코드인 텍스트보다 훨씬 더 많은 정보를 중계할 수 있다. 더 나아가 텔레마틱을 통해 인간이 소유하게 된 새로운 평면 코드(그림)는 아직은 예상할 수 없는 새로운 예술을 탄생시킬 수 있다. 곧, 무한정 풍부해진 그림을 이용한 대화는 선형 코드로 이루어진 '역사적' 대화보다 훨씬 더 많은 예술을 탄생시킬 수 있다. 이렇게 그림을 통해 서로 대화를 나누는 사회는 예술가들의 사회와 같을 뿐만 아니라, 지금까지 전혀 예상하지 못했고 예상할 수 없는 상황을 대화적으로 그림 속에 옮겨 놓는다. 기술적 형상을 이용한 대화가 지배적인 커뮤니케이션으로 통용되는 텔레마틱 사회는 상호 공격과 방어의 말을 쓰는 장기 게임에서처럼 새로운 관계를 창조하는 유희자들의 사회다. '유희의 인간'homo ludens이 사는 사회는 인간이라는 존재에 예측할 수 없는 지평을 열어 준다. 창조적인 공방 게임이 일어나는 사회에서는 그림을 매개로 기구를 관통해 기구를 프로그램화할 수 있도록 합의가 이루어질 것이다. 그 결과 기구는 인간을 노동에서 해방시키고 다른 모든 사람들과 게임을 즐기도록 할 것이다.

텔레마틱 사회는 인간이 실제로 창조한 사회 중 최초의 자유로운 사회다. 이 사회는 새로운 정보를 찾아나서는 방법으로서 대화적 게임을 채택하는 사회다. 이러한 정보 찾기는 인간의 '자유'다. 컴퓨터와 휴대용 커뮤니케이션 도구를 이용해 인간은 처음으로 정보를 창조하고, 이를 엔트로피(정보 상실)에 대항해 점점 넘쳐나는 정보의 흐름 속에 쏟아 넣는다. 인간을 반엔트로피적 성향을 가진 동물로 정의할 때, 그는 정보를 가지고 노는 '정보 유희자'다. 그래서 텔레마틱 사회는 자유로운 사회다. 또한 텔레마틱 사회는 민주적인 대화망의 구조를 가지고 있기 때문에 지배적이거나 기타의 어떤 권위도 허용되지 않는다. 정부, 권력, 지배의 개념은 우연의 혼돈(무정부)에 반대되는 의미를 갖는다. 텔레마틱 사회가 어떻게 다스려질 수 있는가의 문제는 사이버네틱스로 해결될 수 있다. 곧 정보창조에 사용될 불개연적인 우연들이 복합적인 체계들(개인들의 의식 체계를 포함)에 의해 자동적으로 조종된다.

한편 디지털화된 텔레마틱 사회에서 중요한 것은 선악, 진위, 객관적인 것보다는 '순수한 미학'으로서 진정한 정신의 존엄성으로서 발전된다. 곧, 순수한 체험과 순수한 관계들이 인간 뇌신경의 사이버네틱스처럼 기능한다. 이로써 텔레마틱 사회는 사회 모든 구성원 상호 간의 '내적 대화'를 이끈다. 그러나 이 대화는 모두가 잠재적이고 순간적으로 언제 어디에서나 동참할 수 있는 책임감 강한 상호 게임이다. 텔레마틱은 일종의 '전 지구적 뇌'처럼 기능하기 때문에 생물학적으로 무상한 인간의 육체는 덜 중요해진다. 컴퓨터를 통해 볼륨이 있는 존재는 수축(디지털화)되고, 수축 도구는 점점 작아진다. 체험은 두뇌 속에서 자유롭게 일어나고 이로써 더 풍부해지고 더욱 신속해지며 그 강도가 점점 높아진다. 결국 텔레마틱 사회는 기계가 인간을 제어하는 공장의 사회를 넘어, 진정한 정보를 관조하는 여유로부터 나온 아이디어를 창출하는 학교, 휴가, 직업 아카데미와 안식을 하나로 묶어 융해시킨다. 그래서 인간은 궁극적으로 텔레마틱을 통해 타인을 위한 축제적인 존재, 곧 타인과 맺는 관계에서 목적 없는 게임을 통해 '인간이기'Menschsein를 실현한다. 따라서 오늘날 지배적인 정보 통신 수단이 된 인터넷 커뮤니케이션의 긍정적 의미는 새로운 인간관계가 텔레마틱이 추구하는 철학에 기초해야 한다는 데서 찾아져야 한다. 그럼으로써 텔레마틱 사회가 제공하는 '순수한 미학(체험)'은 사회 모든 구성원 상호 간의 자유로운 '내적 대화'를 이끌어낼 수 있다. 플루서(Flusser, 1996b, 1997)는 이처럼 우리의 인식론, 존재론, 윤리 그리고 미학을 바꿔 놓은 현상을 '그림의 혁명'이라고 부른다. 그림의 혁명 시대에 인간은 그림을 사안에 기초해 만드는 것이 아니라 계산을 통해 만듦으로써, 순수한 미학에 기초한 순수한 형식의 기술적 형상을 가지고 놀면서 즐거움을 만끽할 수 있다. 그렇다면 인간의 존재 양식은 어떻게 변화될 것인가? 인간은 생산하는 인간homo faber에서 노는 인간homo ludens으로 교체될 것이다. 곧, 기술적 형상을 통해 인간은 '일'로 맺어진 관계를 떠나기 시작해 '놀이'로 맺어진 관계망 속으로 들어갈 것이다.

오늘날 기술적 형상은 네티즌들이 모니터 위에서 정보를 창조하고 서로 대화를 하는 새로운 평면 코드로서 모니터 위에서 교환된다. 특히 텔레마틱 사회에서 기술적 형상을 이용한 대화는 선형 코드를 이용한 역사적 대화보다 훨씬 더 많은 예술을 탄생시킬 수 있다. '일하는 인간'에서 '노는 인간'으로 전환되는 순간, 예술을 창조하는 유희 속에서 항상 새로운 정보가 창조되고 새로운 도전이 체험될 수 있다. 이러한 상황은 조용한 신혁명가들의 참여에 의해 대화와 담론이 균형을 이루는 이상적인 사회, 곧 텔레마틱 사회의 실현이라고 할 수 있다. 그래서 미래의 인간은 권위와 지배로부터 해방된 커뮤니케이션 망으로 구축된 텔레마틱 사회 내에서 서로의 관심으로 맺어진 가까움과 서로 다른 가치관을 인정하는 네티즌의 입장에서 공존의 게임을 즐기는 가운데 '인간이기'를 실현할 것이다. 이것이 바로 플루서가 조용한 신혁명가들에게 기대하는 미디어 유토피아의 실현이다(김성재, 2015).

참고문헌

1. 이 글에서 참고한 빌렘 플루서의 저술

1992, *Die Schrift: Hat Schreiben Zukunft?*, Frankfurt a. M.: Fischer.

1995, *Lob der Oberflächlichkeit: Für die Phänomenologie der Medien*, Mannheim: Bollmann[김성재 옮김, 2004, 『피상성 예찬: 매체 현상학을 위하여』, 커뮤니케이션북스].

1996a, *Kommunikologie*, Mannheim: Bollmann[2001, 김성재 옮김, 『코무니콜로기: 코드를 통해 본 커뮤니케이션의 역사와 이론 및 철학』, 커뮤니케이션북스].

1996b, *Ins Universum der Technischen Bilder*, Göttingen: European Photography.

1996c, *Die Geschichte des Teufels*, Göttingen: European Photography.

1997, *Die Revolution der Bilder*, Mannheim: Bollmann.

2. 그 밖의 참고문헌

김성재, 2015, 「미디어 유토피아의 계보: 브레히트의 "라디오 이론"에서 플루서의 "텔레마틱론"으로」, 『한국방송학보』, 29권 4호, 5~32쪽.

Kloock, Daniela & Spahr, Angela, 1997, *Medientheorien: Eine Einführung*, München: W. Fink.

Rifkin, Jeremy, 1992, *Entropy*, New York : Viking Press[김명자·김건 옮김, 1999, 『엔트로피』, 두산동아].

4장 | SNS 시대의 미디어철학
매클루언과 인터넷 미디어의 미래

백욱인

매클루언의 이해

1911년 캐나다에서 태어난 매클루언은 저술로 명성을 날렸고 영화와 텔레비전 프로그램에 등장하면서 인기인이 되었고, 죽어서는 추종자들에 의해 기술철학자의 반열에 편입되었으며, 인터넷 시대에는 디지털 문화의 예언자로 등극했다. 그는 미디어가 사람들의 감각과 행동에 미친 영향을 문학적 수사와 뒤섞어 떠벌였고, 그를 통해 명성을 얻자 광대 짓을 기꺼이 받아들이며 스스로 대중문화의 콘텐츠가 되었다. 매클루언은 다양한 사회 비평을 전개하면서 사람들로 하여금 미디어 환경이 어떻게 변화하고 있는지를 깊이 생각하고 인지하도록 자극했다.

그는 1951년 『기계 신부』에서 "사람들을 빛이 아니라 열로 들뜨게 조작하여 그들을 흥분 상태에 몰아넣어 무기력한 대상으로 전락시키는" 산업 사회의 광고와 연예 오락의 효과를 분석했다. 매클루언은 사람들을 집어삼키는 미디어 변화의 소용돌이를 응시하면서 그로부터 벗어나기 위한 방안을 포착하려고 노력했다. 그는 1963년 토론토 대학에서 '문화기술 연구소'를 창립하여 소장을 역임하면서 미디어와 인간 간의 관계를 탐구하는 미디어 생태학의 기반을 제공했다. 그는 1964년 『미디어의 이해』를 출간하여 학계에 돌풍을 일으켰다. 그가 책을 쓰는 방식과 그의 행동은 주류 학계의 전통과 사뭇 달랐다.

1970년대에는 자신이 분석했던 대중문화에 자주 출연하면서 스스로 대중문화의 아이콘이 된다. 그는 1981년 사망 이후 한동안 지워지고 잊혀졌다. 매클루언에 관한 신화는 1990년대 인터넷이 대중화되면서 새롭게 부활했다. 1992년 창간되어 디지털 문화를 이끌던 잡지 『와이어드』Wired지는 매클루언을 수호성인patron saint으로 선정하여 발행인 이름 바로 밑에 명시했다. 디지털 시대의 구루로 그를 신봉하는 사람들의 찬양과 경배가 이어졌고 죽은 매클루언은 다시 무대에 등장하여 디지털 시대의 미디어 학자 역할을 멋지게 연기했다. 그의 영향력은 닐 포스트먼이 주축이 된 뉴욕 대학의 미디어 생태학파를 통해 확산되었다. 그런 과정에서 매클루언에 관한 수많은 오해가 생겼고 맹목적 추종자들도 등장했다.

그래서 『미디어의 이해』도 어렵지만 '매클루언의 이해'는 더 힘든 일이다. 우디 앨런이 만든 영화 「애니 홀」Annie Hall에는 매클루언이 출연하는 다음과 같은 장면이 나온다. 코미디언 앨비 싱어(우디 앨런 분)는 여자 친구 애니 홀과 함께 극장 매표소 줄 앞에 서서 이야기를 나누고 있다. 그들 바로 뒤에서 어떤 남자 한 명이 매클루언의 미디어 이론을 들먹이면서 옆에 선 여자에게 자신의 지식을 과시한다. 싱어는 이 남자의 허풍과 떠벌림에 비위가 상한다. 싱어가 그의 매클루언 이해를 엉터리라고 비판하자 그 남자는 자신이 컬럼비아 대학에서 'TV와 문화'를 강의하는 전문가라고 화를 낸다. 싱어는 극장 포스터 뒤에 숨어 있던 매클루언을 실제로 불러낸다. 두 사람 앞에 선 매클루언은 "이 사람은 내 연구에 대해 전혀 모르고 있네요. 당신은 나의 모든 오류fallacy가 틀렸다wrong고 보네요. 이런 사람이 어떻게 대학에서 가르칠 수 있나요"라며 잘난 체하던 컬럼비아 대학 교수를 바보로 만들어 버린다. 지적 허풍과 사치를 즐기는 속물 지식인에 대한 풍자이겠으나 우리도 그런 비판을 비껴가기 힘들다. 불과 10년 전만 해도 한국에서는 그의 이름조차 '매클루언'이 아니라 '맥루한'이라 명시하는 수준이었다.

『기계 신부』, 『구텐베르크 은하계』, 『미디어의 이해』, 그리고 사후에 나온 마지막 저작인 『지구촌』에 이르기까지 그의 저작은 다채롭고 흥미롭다. 1950년대 미국 광고와 대중문화를 분석한 『기계 신부』에서는 대중문화 분석의 전형을 선구적으로 보여 주었고, 『구텐베르크 은하계』에서는 서구 인쇄 문명과 시각 중심의 세계가 확립되는 과정을 보여 주었다. 그의 주저인 『미디어의 이해』는 1부 7장과 2부 26장, 총 33장으로 구성되어 있다. 1부에서는 미디어에 관한 이론을 전개하고, 2부에서는 개별 미디어에 대해 한 장에 하나씩 다루었다. 이 책은 마지막 장인 33장에서 자동화를 다루면서 끝난다. 사후에 출판된 『지구촌』에서는 21세기의 미디어 전망이 이어진다.

'탐사'라는 연구 방법론

매클루언은 미디어에 관한 독특한 연구 방법을 보여 주었다. 그는 사물을 '탐사'라는 독특한 관점에서 관찰하고 기술과 미디어, 서로 다른 미디어 사이의 관계를 생태학적 틀로 접근했다. 또한 미디어가 인간 감각 기관에 미치는 유형별 특징과, 미디어의 편향에 따른 오감의 불균형과 그 결과를 미디어 현상학적 틀로 분석하기도 했다. 그는 은유적 명제로 테제를 만들고, 도식을 완성하기보다 생각하도록 자극하고, 학제간 접근을 조장하고, 선형적이지 않은 인과 관계를 출현적으로 드러내었다. 매클루언은 일반적인 사회과학자들과는 달리 물리학과 생물학의 용어를 전유하여 자신의 개념으로 활용하고 그것을 문학적 은유와 결합하여 사회과학적 연구로 제시한다. 좁은 영역에 안주하는 통상적 전문주의자의 눈으로 볼 때 이런 접근은 전문 연구자의 엄밀성을 결여한 작업으로 보일 것이다. 그는 대학이라는 좁은 틀 속에 머문 전문 학자는 아니었다. 매클루언은 문학가, 사상가, 철학자, 연예인을 넘나들었다.

　그는 구어 사회의 표현 방법인 문학적 은유와 아포리즘의 힘을 빌려 해석의 열린 문을 독자에게 제공한다. 인쇄 시대의 시각적 확증을 중시하고 실증주의의 분명하고 내포와 외연이 확실한 개념과 검증을 기대하는 사람들은 그런 은유적 표현에 실망하기 쉽다. 때로는 엄밀 과학을 벗어난 문학적 글쓰기로 보이거나 직관과 예측의 단언이 거슬리기도 한다. 매클루언은 현실에 대한 은유적 설명에 바탕을 두면서 미래에 대한 예측을 단언적 명제로 제시한다. "미디어는 인간의 확장이다"라든지, "우리의 감각들은 우리 밖으로 뛰쳐나갔고, 빅브라더는 우리 안으로 들어왔다"(매클루언, 2001: 70)처럼 중간 과정에 대한 검증과 분석을 건너뛰면서 비약과 과장이 뒤따른다. 그래서 엄격한 실증주의 학자들은 그것을 허풍이나 떠벌임으로 간주했다. 그러나 단언적 명제 중간의 비어 있는 검증의 영역은 매클루언의 관심사가 아니었다.

　그는 탐색의 과정과 창발적인 상상력을 통해 우회적으로 현실의 의미를 포착하려고 했다. 과거의 고전에서 전거를 찾아내어 그것을 현재의 상황과 빗대어 은유한 다음 미래로 투사하는 방식은 상상력을 열어 놓는 장점은 있었지만 일방적인 주장과 직관의 빈틈을 수반할 수밖에 없었다.

　매클루언에게 메타포는 의미 전달의 범위나 풍부함에서 매우 뛰어난 전달 방식으로 받아들여졌다. "프란시스 베이컨은 '방법', 즉 완전한 틀에 맞추어 쓰는 것을, 아포리즘, 즉 '보복은 일종의 야만적 정의이다'처럼 간단한 관찰들에 입각해 쓰는 것과 대조시켰다. 수동적인 소비자는 완제품을 원한다. 그러나 베이컨에 따르면 지식을 추구하고 원인을 찾아내는 데 관심을 가진 사람들은 아포리즘에 의존할 것이다. 왜냐하면 아포리즘은 불완전하고 또 심도 있는 참여를 요구하기 때문이다"(McLuhan , 1964: 69).

　매클루언은 완결된 진실을 확보하기보다 열려진 탐색의 과정을 선호했다. 그는 글로 쓰는 확정적 표현보다 입으로 말하는 대화를 더 좋아했다. 책은 완결된 산물이지만 대화는 열려진 과정이기 때문이다. 그는 단순히 지적 정보를 전달하는 데 그치지 않고 사람들을 자극하고 그들 스스로 사유하고 탐색하도록 유도했다. 매클루언은 유머도 풍부하고 개그도 잘 했다. 1955년 컬럼비아 대학에서 열린 세미나에서 당시 사회학과장 로버트 머튼Robert Merton이 그의 생각을 비판하자, "이런 생각을 싫어하는 군요. 그렇다면 다른 것도 있어요"라며 넉살을 떨었다. 엄격한 과학사회학자 머튼은 그의 탐색 방법론을 받아들일 수 없었고, 특히 그의 은유적인 수사법을 이해하기 힘들었을 것이다. 딱딱한 구조기능주의 강단 사회학자는 뇌가 섹시한 캐나다 영문학자가 미디어 기술에 대해 늘어놓는 너스레에 짜증이 났을 것이다. 석유를 찾아내기 위해 여러 개의 탐침봉을 뚫을 때 탐색은 항상 실패할 수 있다. 매클루언에게 연구란 탐침과 같은 탐색의 과정이었다. 그에게 학문은 이론을 확정하고 증명하는 작업이 아니었다.

미디어가 주도하는 기술 문화를 들추어내는 그의 능력에도 불구하고 그가 애용하는 말과 개념은 모호하고 불분명하다. 그는 개념보다 지각을 중시했으며, 직관적이고 은유적이고 단언적이었다. 그는 다른 학자와 달리 맞고 틀림을 분명하게 검증하여 확정하는 일반적 작업이 아니라 새로운 발견과 탐험의 길을 탐색하는 데 주력했다. 그에게 탐색은 감각적 인지의 수단이자 방법이었다. 그래서 그는 "오류를 저지르더라도 그것이 항상 틀린 것은 아니라고" 말할 수 있었다. 그는 남이 쓴 책 속의 글을 따서 다른 글을 만드는 판박이 학자가 아니라 새로운 모험과 생각을 찾아 나서는 탐험가였다. 어떻게 보면 무책임하게 들리는 "나는 내가 말한 모든 것에 동의하지 않는다"는 그의 말은 그가 자신의 작업을 열린 탐색의 과정으로 보고 있다는 증거이다. 그는 무엇을 증명하기보다 생각이 열어 주는 새로운 지평을 즐겼다. 그는 사회과학 법칙이나 실증과학의 검증을 위주로 한 과학관에 동의하지 않았다.

그는 개념concept보다 지각percept을 중시했고, 기술과 미디어가 인간 감각에 미치는 영향에 대해 감각적으로 탐구했다. 매클루언은 '개념'이 아니라 '감각 인지'를 통해 미디어를 이해하려고 시도했다. 그에게 개념이란 "미끄러운 바위에 오르기 위한 부차적 수단"에 불과했다. 인쇄 시대의 인간 감각과 전기 시대의 인간 감각은 다르다. 왜냐하면 인간을 둘러싼 미디어 환경이 다르기 때문이다. 전기 시대의 인간은 단어로 된 개념을 통해 현실을 이해하지 않는다. 그들은 커뮤니케이션 과정에 직접 참여하면서 세상을 감지하고 감각한다. 미디어 환경은 인간의 감각 비율에 영향을 미치고 인간은 미디어가 제공하는 인터페이스와 그것의 형식적 특성에 따라 매개된 현실을 감각하고 수용한다. 그래서 그는 '미디어는 메시지'라고 말했다.

매클루언은 현상을 진단하거나 특정한 명제를 제시할 때 이원론적인 개념의 대비를 자주 활용했다. 원인과 효과cause/effect, 뜨거운 미디어와 차가운 미디어hot media/cool media, 시각 문화와 청각 문화, 서양과 동양, 배경과 형체Ground/Figure, 내파와 외파implosion/explosion 등 대비가 뚜렷하여 강력한 이원론적 구분을 보여 주지만 그만큼 도식적인 비교에 빠져들 가능성도 있다. 이러한 이분법적 구분은 구술성과 문자성, 촉각과 시각, 원시와 문명, 부족과 탈부족화라는 틀에서는 순환되는 모습을 보여 주기도 한다. 그러나 그는 기본적으로 미디어 간의 상호 연관성을 놓치지 않았다. "평면들을 끊임없이 교차하면서 이루어진 동심원 패턴들은 통찰을 위해 필요하다. 사실 그 동심원은 통찰의 기법일 뿐만 아니라 미디어를 연구하는 데도 필요하다. 왜냐하면 그 어떤 미디어도 독자적으로 의미나 존재를 갖지 못하고 오직 다른 미디어와의 지속적인 교섭 속에서만 의미나 존재를 갖기 때문이다"(McLuhan, 1964: 61).

그가 나눈 형상/본질은 텍스트/컨텍스트의 이분법적 접근과 유사하다. 그는 현재 드러나는 어떤 모양이나 형상의 배경이나 근거에 주목했다. 미디어의 형상이나 내용을 이해하는 것은 그 자체가 아니라 그것의 배경이 무엇인가에 따라 달라진다는 말이다. 미디어는 배경이고 메시지는 형상이다. 그래서 미디어를 도외시한 메시지 분석은 그가 볼 때 불충분하거나 잘못된 것이다. 다큐멘터리 영화를 만드는 것처럼 여러 저자들의 글에서 인용을 따와 그것을 자신의 생각과 의도대로 모자이크 만들 듯 선택 배열하여 새로운 매시업mash-up을 만들었다.

시대 구분과 전기 시대[1]

매클루언은 인쇄 이전 시대, 인쇄 시대, 전기 시대로 인간 역사를 나눈다. 이는 매우 과감한 시대 구분 발상이다. 이런 시대 구분의 의미는 무엇인가. 그의 시대 구분은 근대에 대한 인식에서 출발했다. 근대 인쇄 혁명을 통해 중세와 다른 인쇄 시대의 독립적인 개인주의적 인간이 탄생했다. 이후 산업 혁명을 거쳐 19세기 말의 전기 혁명에 이르면 인쇄 시대가 전기 시대에 자리를 내어 준다.

이런 시대 구분법은 미디어의 시대 구분은 다른 경제적 토대나 정치사로 구분하던 방식에서 과감하게 이탈한 방식이다. 그것은 유물론적 시대 구분처럼 보이기도 하지만 그렇지 않다. 맑스가 자본주의 시대의 구조와 역사를 공장제 생산의 도입과 계급 형성을 통해 밝혔다면, 매클루언은 기계화에 입각한 공장제의 선형성과 인쇄된 글의 시대에서 전문가와 선형화, 시각 지배 문화가 형성되었다고 본다. 시각이 지배하는 시

1 이 절은 백욱인, 「디지털 복제 시대의 지식, 미디어, 정보: 지식의 기술·사회적 조건 변화를 중심으로」, 『한국언론정보학보』 49호(2010. 2), 5~19쪽의 일부를 활용했다.

대는 전기의 도입을 통해 연속성의 시간적 흐름이나 계열성, 선형성이 무너지고 전달 속도에 따른 동시성이 이루어지면서 비시각적 청각적 공간의 확장과 재부족화와 전 지구화의 시대가 전개된다고 보았다.

매클루언이 말하는 구텐베르크의 인쇄 시대는 산업화의 기계 시대에 대응한다. 19세기 말 전신과 전화의 발명부터 20세기 초 영화와 축음기, 라디오가 발명되는 전기의 시대까지는 기계의 시대가 아닌 전기의 시대이다. 이는 기계 산업화 시대 혹은 문화적으로는 근대의 시대가 탈산업화 사회 혹은 탈근대 사회로 이행하고 있다는 포스트모더니즘의 진단과도 유사성이 있다. 그래서 매클루언의 이론이 포스트모더니즘의 보드리야르의 이론과 연속성이 있고(Huysen, 1989), 1936년 기술복제 시대의 예술을 논의한 벤야민(1983)과도 접점이 생겨나는 것이다.

외화된 인공물인 미디어는 인간의 감각에 영향을 미친다. 각 시대는 그에 걸맞는 미디어, 문화와 인간 유형, 감각 유형을 갖는다. 매클루언은 전기를 인류 역사상 가장 중요한 '규정적 기술'(Bolter, 1984)로 파악했다. 그래서 그는 역사의 시기를 전기가 발명되기 이전 시대와 전기가 발명된 이후 시대, 곧 전기 이전 시대와 전기 이후 시대로 구분했다. 즉 구술 시기, 필서 시기, 인쇄 시기, 전자 시기로 나누어진다. 근대는 인쇄 시대와 전기 시대이다. 매클루언의 입장에서 보면 규정적 기술이 전기가 되는 것이다.

만약 '인터넷을 인류 문명에서 가장 중요한 핵심적인 변동을 가져온 기술로 보겠다'고 하면 인터넷을 규정적 기술로 놓고 인터넷 이전 시대와 인터넷 이후 시대로 구분할 수 있다. 인쇄가 과학 기술사에서 가장 중요한 발명이라고 보면 그것이 규정적 기술이 되어 인쇄의 이전과 인쇄 이후를 기반으로 해서 시대를 구분할 수 있는 것이다. 물론 이런 것들을 결합해서 시기를 더 세부적으로 나눠 볼 수도 있다. 과학 기술을 규정하는 가장 중요한 기술이 무엇인가에 따라서 역사의 시기 구분이 달라진다. 과학과 문명의 관계에 대해서 연구한 멈포드(Lewis Mumford, 1934)는 '전기 구기술 시대'Eotechnic, '후기 구기술 시대'Paleotechnic, '신기술 시대'Neotechnic로 역사를 구분했다. 한편 스페인의 철학자 오르테가 이 가세트José Ortega y Gasset는 그의 저서 『기술에 대한 명상』에서 '우연 기술'technics of chance, '장인 기술'technics of craftsman, '기술자 기술'technics of technician or engineer의 시대로 구분했다(Mitcham, 1994: 48). 이것은 기술의 주체인 인간의 변화를 통해서 시대 구분을 한 것이다. 이처럼 각 학자마다 다양한 시기 구분을 하는데, 중요한 것은 규정적 기술을 무엇으로 보는가에 따른 입장과 시기 구분이다.

19세기 말에 이루어진 전기의 발명은 산업 발전사와 기술사에서 매우 중요한 의미를 지닌다. 증기 기관의 발명에 의한 물질 생산의 일대 변혁에 버금가는 전기 혁명은 정보 혁명에 초석을 놓았다는 의미에서 인류 역사에서 규정적인 기술의 위치를 차지하게 된다. 그래서 매클루언은 19세기 말, 혹은 20세기에 이르는 규정적 기술인 전기 발명을 기준으로 '전기 이전 시대'와 '전기 이후 시대'로 인간 사회의 역사를 구분하기도 했다. 19세기 말에 전기를 전자와 결합하여 이해하기 시작하면서 전자의 움직임을 통해서 전파를 만들고 전파를 통해 신호를 전달하는 방식을 발명하기에 이른다. 이를 통해 전기가 단지 에너지뿐만이 아니라 빛의 속성을 갖고 있으면서 신호가 될 수 있다는 사실을 확인했다. 전기가 갖는 두 가지 특성인 에너지 계열과 신호 계열이 처음에는 에너지 혁명으로, 그 다음에는 신호 혁명으로 이어지면서 전기 혁명은 인류 역사 발전에 혁명적인 영향을 미치기 시작했다.

19세기 말 전신, 전화, 무선 전신, 라디오, 축음기의 발명이 잇달아 이루어졌다. 또한 전기의 공급으로 전등이라는 빛이 제공되고 기계 시대와 전기 시대를 이어 주는 축음기와 영화라는 과도적 매체가 등장했다. 축음기와 영화는 기계에 의해 동력을 전달받아 소리와 영상을 재생하는 기계였다. 이것이 전기와 결합되면 전신과 라디오, 전축, 텔레비전으로 발전된다. 매클루언은 이러한 변화에서 전기 기술이 갖는 혁명적 변화를 보았고, 벤야민은 복제를 보았다. 전기성과 복제성의 두 가지 차원이 현대 문명을 규정하는 핵심적인 키워드로 등장했다.

벤야민이 기술 복제를 기계 복제의 수준에서 파악하면서 원본과 복제의 문화적 영향이 갖는 차이점에 주목한 반면, 매클루언은 기계 복제와 전자 복제의 질적 차별성을 드러내는 데 주력했다. 바로 이 지점에서 변화된 시대의 환경을 기술 복제로 파악한 벤야민의 통찰과, 기계 복제와 전자 복제 간의 패러다임 차이를 명확하게 부각시키는 동시에 다가올 디지털 복제 시대를 해명하는 열쇠를 제공한 매클루언의 직관을 결합할 필요성이 생겨난다.

매클루언(McLuhan, 1964: 347)의 직관은 기계 시대와 전기 시대를 구분한 지점에서 활짝 피어난다. 그가 '자동화'automation 혹은 '사이버네이션'cybernation이라고 부르는 현상은 정보 사회의 핵심적인 특징을 보여 준다. 『미디어의 이해』 33장(자동화)은 매클루언의 대표 저작인 『미디어의 이해』의 핵심이자 결론이다. 사이버네이션은 물질과 분리된 지식을 생성하면서 동시성을 통해 시공간의 지속과 통일성을 동요시키고 새로운 시간과 공간을 창출해 낸다. 동시성이란 송신과 수신을 통해 기호가 물질로부터 분리되어 전달된 후 다시 송신기에 의해 재현되는 과정을 의미한다. 이것은 통일성을 지닌 사물의 총체성과 물질로서의 지속성을 해체하면서 기존 미디어의 변화를 가져왔다. 전기는 사물로부터 내용을 떼어내 신호로 바꾸고, 그 신호를 다시 전파로 재물질화하여 전달한다.

그래서 전기 미디어는 구텐베르크 시대의 종말을 가져오는 동시에 인쇄 시대의 물질 기반성에 종지부를 찍는다. 그 결과 전기성이 사물의 권위를 대체하고 인쇄 매체는 전기 신호에 자리를 내어 주기에 이른다. 매클루언은 자동화를 사이버네이션과 같은 뜻으로 사용하면서 전기 시대를 정보 시대로 확장하고 있다. "자동화는 정보이다"(McLuhan, 1964: 346). "프로그램과 그것을 소비하는 과정이 공간상으로 떨어져 있지만 시간상으로는 동시 발생적이다. 이러한 기본적 사실은 자동화 혹은 사이버네이션이라고 불리는 과학적 혁명을 일으킨다"(McLuhan, 1964: 347). 매클루언은 전기 시대의 정점으로 자동화 시대, 곧 사이버네이션 시대를 설정하고 있는데, 이것이 그를 인터넷 네트워크 시대의 예언가로 받아들이게 만든 지점이다. 그는 전기 시대 후기의 정보 시대를 미디어적인 관점에서 정확하게 이해하고 있었던 것이다.

미디어는 원시적인 대상물에 인간의 생각을 도구로 각인하여 새겨넣던 시대를 거쳐 기계 복제를 통해 대량으로 물질 상품을 생산하는 기계 복제 시대로 이행했다. 기계 복제시대는 물질과 미디어를 결합하여 상품화했다. 두 시기 모두 물질과 정보의 결합에 바탕을 두고 있으나 전자가 복제 불가능한 물건을 만들었던 데 반하여 후자는 복제 가능한 상품을 생산했던 점에서 다르다. 또한 전자가 도구와 미디어의 결합이라면 후자는 기계와 미디어의 결합이라는 점이 다르다. 그러나 두 시대 모두 미디어는 물질에 기반했고 물질 속에 기호와 상징을 새겨 넣었다.

컴퓨터와 인터넷은 미디어에 새로운 성격을 부여한다. 디지털화는 물질에 기반하지 않는 무한 복제를 가능하게 만들었다. 인터넷은 또한 현실 세계의 서로 다른 미디어들을 하나의 복합 미디어로 결합할 수 있다. 아날로그 대중 매체에 실린 내용은 디지털화되어 인터넷에서 재매개된다. '재매개'remediation(Bolter & Grusin, 1999)는 디지털 미디어 혹은 뉴미디어가 채택하는 사물의 반영 방식으로서, 새로운 미디어가 앞선 미디어 형식들을 개조하는 형식 논리를 의미한다. 오래된 미디어는 새로운 미디어에서 재매개화다. 기계 복제 시대의 대중 매체의 대표 주자인 책, 신문과 전기 시대의 라디오, 텔레비전은 여러 가지 형태와 방식으로 재매개화되어 인터넷 웹사이트로 옮겨진다. 인터넷 이전의 책, 영화, 라디오, 텔레비전 등의 과거 미디어는 새로운 미디어인 인터넷의 내용이 된다. 이러한 재매개 과정을 겪으면서 오래된 미디어는 변형된다. 변형된 미디어는 내용과 형식 모두에서 이미 달라진 새로운 미디어이다. 얼핏 미디어의 내용은 변화지 않고 미디어 형식만 바뀐 것처럼 보이지만 이러한 미디어 변형 과정은 미디어의 내용과 형식 모두가 변화하는 미디어 변형인 것이다.

디지털 복제의 영역에는 매클루언이 예측한 사이버네이션 시대를 대표하는 컴퓨터와 인터넷 미디어가 자리한다. 이 단계에 이르러서야 비로소 미디어는 물질로부터 완전히 자유롭게 되어 수치와 기호로 이루어진 세계를 이룬다. 디지털 복제에 이르면 기호는 물질로부터 완전히 분리되어 사물에 근거한 복제에서 숫자의 조합을 통한 시뮬레이션의 세계로 넘어가게 된다. 디지털 복제는 물질과 분리되어 있다는 점에서 보면 전자 복제의 연장이지만 전기 복제가 갖는 순간성을 뛰어넘는다. 디지털 복제물은 출생부터 물질과 무관하거나 물질로부터 떼어낸 신호와 탈물질화된 정보에 기반하기 때문에 기계 복제의 물질성이나 전자 복제의 일시성을 뛰어넘는다. 물질이 아닌 데도 일시성을 뛰어넘어 네트워크 속에서 아카이브의 형태로 존재하는 디지털 파일은 디지털 시대의 재물질화 형식을 보여 준다. 디지털 복제물은 다른 디지털 복제물과 섞일 수 있고, 사용자가 원한다면 다시 물질적 레이어와 결합하여 새롭게 물질의 옷을 바꿔 입을 수도 있다. 이 지점에 디지털 복제물의 수수께끼 같은 존재 특성이 놓여 있다.

미디어 생태학과 소프트웨어의 이해

매클루언은 미디어가 인간의 일상적인 삶의 환경이 되고, 미디어 환경은 인간의 감각과 상호 작용하면서 인간이 세계를 인식하는 기반 조건이 된다고 보았다. 이런 전제를 통해 '미디어 생태학'의 기반이 마련되었다. 미디어 생태학은 매클루언이 직접 만든 개념이나 학문 분야가 아니지만 후대의 동료 학자들에 의해 새로운 연구 분야로 자리를 잡았다. 매클루언의 미디어론을 연구하고 지지했던 닐 포스트먼은 뉴욕 대학에서 미디어 생태학이란 연구 분야를 활성화했다. 닐 포스트먼은 매클루언을 비롯하여 해럴드 이니스Harold Innis 등 학자들을 새롭게 조명했고, 미디어 기술과 사회 문화의 관련성을 밝히기 위해 미디어 생태학이란 분야를 제시하고 그것의 영역을 확장했다.

혁슬리의 영향을 받은 포스트먼은 자유가 향락을 위해 희생되는 현실을 미디어와 연관하여 사고했다. 그는 미디어가 단지 기술의 산물이나 인공물에 그치지 않고 우리를 둘러싼 일반 환경이 되어 버렸음을 인식하고 '미디어 생태학'이란 연구 분야를 개척했다.

미디어 생태학의 대상 영역은 분명하지 않다. 미디어와 인간의 관계를 다루는지, 아니면 다양한 미디어의 생태적 경쟁을 다루는지, 혹은 둘 다인지가 불분명하다. 매클루언은 미디어 간의 관계와 미디어와 인간과의 관계를 두루 다루었다. 인간과 미디어의 관계를 다룬다고 보아야 하겠다. 특히 미디어와 인간 간의 관계에서 미디어가 인간의 확장으로 보는 경우와 거꾸로 인간이 미디어의 확장으로 보는 경우 미디어에 대한 두 가지 극단적인 대립적 경향이 나타난다. 기계와 인간 간의 관계에서 매클루언은 긍정적이고 기술 유토피아적인 전망을 제시한다. 그도 물론 특정한 미디어가 인간 감각의 불균형을 가져오고 편향을 야기한다고 보았지만 기계에 의한 인간 소외의 문제를 심각하게 다루지 않았다. 매체에 대한 가치의 개입이나 인간주의적 환원을 경계하는 매클루언의 입장은 매체에 대해 비정치적이고 보수적인 정치적 태세를 지지하는 것처럼 보이기도 한다. 포스트먼은 반대로 가치의 문제와 기계의 확장에 의한 인간 소외 문제에 집착했다. "기술은 단지 하나의 기계이다. 매체는 기계가 창조하는 사회적이고 지적인 환경이다"(Postman, 1988: 85). 결국 미디어 생태학은 미디어 기계에 대한 기술학이 아니고 기계와 인간 간에 만들어지는 사회적이고 문화적인 환경을 연구하는 것인 셈이다.

미디어 생태학은 미디어 간의 상호 관계, 미디어와 인간의 관계를 전체적인 변화의 틀에서 파악한다. 오래된 미디어와 새로운 미디어 간의 혼성과 재매개, 그것이 인간의 감각 인지와 문화에 미치는 효과 영향, 결과를 사회 문화적인 거시 관점에서 접근한다. 매클루언이 1960년대에 주목한 전기 시대의 대표 미디어 텔레비전은 인터넷과 스마트폰에 자리를 내어 주었다. 소프트웨어가 움직이는 인터넷 시대의 미디어 생태학은 어떤 차원에서 과거와 다른가. "소프트웨어가 미디어다"(Manovich, 2014)라는 새로운 주장이 제기되고 있다. 디지털 미디어 시대의 새로운 미디어 환경과 개별 미디어의 관계 변화에 대해서는 볼터와 그루신(Bolter & Grusin, 1999)이 '재매개' 개념으로 응답한 바 있다. 매클루언의 미디어 생태학을 디지털 시대에 적용한 것이다. 구글, 페이스북, 트위터, 네이버 등이 스마트폰과 결합하여 나타날 때 플랫폼에 관한 이해가 필요하게 된다. 이 시대의 핵심 미디어가 소셜네트워크서비스SNS 플랫폼과 스마트폰이라면 이것이 무엇에 의해 만들어지는가를 확인할 필요가 있다. 그것은 블랙박스이며 논리의 적분이며 경우의 수를 통제하는 축적 메커니즘이고 이용자의 활동을 축적하도록 만드는 알고리즘이다. 그 모든 미디어 형식이 소프트웨어에 의해 규정된다. 소프트웨어를 이해하지 못하면 미디어의 이해는 없다.

변화된 미디어 환경에서 특정한 미디어는 인간의 지각 패턴과 감각 비율에 변화를 가져온다. 인간은 미디어의 효과가 전달되는 내용 때문으로 여기지만 사실은 미디어 자체의 효과가 인간에게 미치는 보이지 않는 형식 때문인 것이다. 그렇다면 현재 미디어의 틀은 눈에 보이지 않는 소프트웨어에 의해 결정된다. 각종 서비스 플랫폼과 인터페이스는 이용자의 눈에 보이지 않는 미디어적 틀을 통해 이용자의 지각 패턴과 감각 비율 및 의식에 영향을 미친다. 그래서 매클루언이 전자 미디어가 인쇄 미디어와 다른 형식적 지점과 그를 통한 지각 패턴 및 감각 비율 변화에 가져온 효과를 드러내기 위해 노력했듯이 플랫폼 서비스를 통해 인간에 미치는 효과를 파악하기 위해 소프트웨어와 인터페이스를 분석해야 하는 것이다.

기술결정론과 인간주의적 환원

기술과 인간의 감각 인지와 의지 및 생각에서 판단과 행동에 이르기까지 수많은 경로와 상호 관계가 작동한다. 기술결정론은 특정한 기술이 인간의 의식과 사회 문화를 결정한다는 인식론적 틀에서 발생한다. 기술결정론과 인간주의는 서로 양극단에 위치하지만 둘 다 일방적인 인과 관계를 설정한다는 점에서 공통점을 지닌다. 매클루언의 몇가지 중요한 주장이나 개념은 기술결정론과 연관성이 있어 보인다. 예를 들어 그는 미디어의 정세도에 따라 미디어를 핫미디어와 쿨미디어로 나누고 그런 미디어가 인간 감각의 참여도에 영향을 미친다고 보았다. 이는 미디어의 정세도가 인간의 감각 기능에 영향을 미치고 그것에 의해 미디어의 메시지가 결정된다는 주장이기에 기술결정론처럼 보인다. 그는 또한 활자 미디어와 전기 미디어가 각각 독립적이고 개인적인 인간 유형과 부족주의적 인간 유형을 만든다고 보았다. 이는 공간적 확장과 시간적 지속에 따라 미디어의 시공간적 편향이 생겨나고, 그에 따라 사회 체제의 특성이 결정된다는 이니스의 주장을 확장한 것처럼 보인다.

그런데 기술과 매체가 다른 것이라면, 매클루언을 '기술결정론자가 아니라 매체결정론자'라고 불러도 좋다. 매체는 기술의 범위를 인간과 문화를 포함하여 상호 작용이 이루어지는 범위로 확장한 개념이다. 그래서 '텔레비전이나 인터넷이 인간을 행복하게 한다'는 기술적 명제이고 '텔레비전과 인터넷 문화가 인간과 함께 새로워진다'는 매체적 명제가 된다. 매클루언은 한 사회의 규정적 기술이 바뀌면 지배적 매체가 바뀌고 그에 따라 인간의 감각 인지와 문화와 사회가 바뀐다고 보았다. 매클루언은 단선적이고 일방적인 미디어 결정론을 주장하지는 않았다. 여러 복잡한 매개가 있지만 그렇다고 그의 기술주의, 혹은 매체결정주의적 입장이 변하는 것은 아니다.

다음과 같은 매클루언의 인용문은 그가 미디어 환경이 인간에 미치는 직접적인 영향력을 고려하고 있었음을 보여 준다. "모든 로마인들은 노예에게 둘러싸여 있었다. 노예와 노예들의 심리가 고대 이탈리아에 흘러넘쳤고 로마인은, 물론 부지불식간이긴 하지만, 내면적으로 노예가 되어 버렸다. 언제나 노예들의 분위기 속에서 생활했기 때문에 무의식적으로 그들의 정신세계에 젖어 든 것이다. 이 같은 영향으로부터 자신을 방어할 수 있는 사람은 아무도 없다"(McLuhan, 1964: 55).

기술결정론은 곧바로 미디어에 대한 낙관주의를 떠올리게 한다. 기술이 인간의 미래를 결정하게 될 경우 인간에게 좋고 유익하고 미래를 보장하는 기술의 기능을 찬양하게 된다. 모든 기술은 혁신적인 것이고 혁신적인 기술만이 생태에서 살아남았으므로 그 기술의 결과는 인간을 행복하게 할 것이라는 기술 낙관주의적 전망을 갖게 된다. 인간중심주의는 기술의 성격을 기술을 활용하는 인간의 의지나 목적, 그 사회적 결과로 환원한다. 좋은 기술과 나쁜 기술은 인간의 가치와 사회적 결과로 판정된다. 미디어 형식주위는 인간의 의지와 결과와는 상관없는 기술 자체의 형식적 특성과 그것이 인간에게 미치는 영향에 주목하기 때문에 인간의 의지나 평가와 무관하게 기술의 성격에 주목한다. 그래서 기술이 인간과 사회에 미치는 영향이 규정적이라 파악하게 되고 그 결과 기술결정주의라는 비판을 받는다. 매클루언은 기술에 대한 도덕적이거나 정치적인 판단이 미디어를 이해하는 데 장애가 될 것이라는 우려에서 미디어 연구에서 정치적인 입장을 명백하게 드러내지 않았다(Havers, 2003).

닐 포스트먼(Neil Postman, 2009)은 '테크노폴리'technopoly라는 말을 통해서 기술의 지배를 경고했다. 그는 기술에 대한 주도권이 인간이 아니고 기술로 넘어가는 변화가 이루어진다고 보았고, 기술 윤리적으로 기술이 갖는 의미를 부정적으로 평가했다. 이와 반대로 기술 유토피아주의는 기술에 대한 긍정적이고 낙관적인 전망으로 기술과 인간 간의 관계를 평가한다.

기술과 세계, 인간 간의 관계가 어떤 위상을 갖는가를 살펴보는 여러 가지 다양한 방식이 있다. 도식적으로 확장론, 소외론, 기술 실체론 정도의 세 가지 틀로 나눠 볼 수 있을 것이다. 매클루언은 『미디어의 이해』에서 '미디어는 인간의 확장'이라 주장했다. 미디어 혹은 인간이 기술을 통해서 만든 여러 가지 인공물은 인간의 감각 능력을 확장시킨 것이다. 이런 입장은 인간이 기술을 주도하고, 그것이 세계를 변형시키고 인간의 능력을 확장시킨다고 보기 때문에 기술에 대한 낙관주의로 이어진다.

19세기에 에른스트 카프Ernst Kapp는 그의 저서 『기술의 철학적 원리』에서 기계는 인간 몸의 확장이라 주장했다. 예를 들면 기차는 인간 순환계의 외화이고 전신은 인간 신경망의 연장이라고 보았다. 한편 매클루언은 미디어가 인간의 감각 기능을 확장한다고 보았다. 인간과 옷이 만나면 피부가 확장되고 컴퓨터와 만나면 뇌 혹은 중추신경이 확장된다는 것이다. 기계와 인간의 관계에서는 항상 인간이 주체이고 기계는 인간의 감각 능력 확장과 행복을 위해 존재한다.

한편 소외론은 맑스의 이론에서 잘 드러난다. 맑스는 『자본』에서 인간이 공장 노동을 통해서 상품을 생산하는 과정에서 노동 과정으로부터 인간이 멀어지고, 자기가 만든 생산물, 노동 대상물로부터도 멀어지고 그 결과 인류가 갖고 있는 인간의 본질로부터도 멀어지는 세 가지 소외를 이야기했다. 맑스는 기술 자체가 인간으로부터 떨어져 나가서 스스로 자립하는 외화의 과정을 거친다고 보았다. 기술이 인간의 지배 아래 있는 것이 아니고, 기술이 세계와 결합해서 세상의 일부가 되고 기술이 거꾸로 인간을 지배하는 현상을 소외라고 불렀다. 맑스의 소외론은 매클루언의 확장론과는 반대의 입장에 서는 것으로 기술의 부정적인 위상에 주목한다.

세번째로 기술 실체론은 기술을 세계와 동등한 것으로 보고 인간과 기술 안에서 기술의 실체를 인정하는 입장이다. 이 입장은 인간과 마찬가지로 세계를 구성하는 하나의 요소로서 기술을 인정한다. 확장론과 소외론을 절충시킨 입장이 기술 실체론적인 입장이다. 기술의 부정적인 차원과 긍정적인 차원을 모두 수용해서 기술 자체를 인간 쪽이나 세계 쪽으로 몰아가지도 않으면서 기술 자체의 독립성과 실체성을 인정한다. 그래서 기술이 독립적으로 인간과 어떤 관계를 맺게 되는가를 보는 방식이 기술 실체론의 입장이다.

　매클루언의 정치적 입장을 어떻게 평가하느냐에 따라 그에 대한 좌파적 해석과 우파적 해석이 갈라질 수 있다. 그는 당대에 그다지 혁명적이거나 진보적인 정치적 행태를 보여 주지 않았다. 거대 미디어에 등장하고 기업을 위한 강연에 잘 나가고 사회 운동에 대한 지지나 연대를 특별히 전개하지 않은 그는 자본주의 친화적인 미디어 학자나 떠벌이 정도로 취급되기도 했다. 인터넷 시대에 들어오면서 자유주의자들이 그를 다시 부활시켰으며 좌파 진영에서도 그를 다시 평가하는 움직임이 있고, 특히 포스트모더니즘적인 틀로 미디어를 접근하는 경우 매클루언을 포스트모더니즘과 연계하는 움직임도 있다. 보드리야르와 매클루언을 비교하는 연구 등이 그런 경우이다. 하버스(Havers, 2003)는 매클루언이 '우익 포스트모더니즘의 신화' 속에 있다고 평가한다. 매클루언은 모더니티의 개인적 자유주의자를 잇는 우익 포스트모더니스트인가? 그의 정치적 입장은 우익과 친화력이 있으나 기술적 입장은 변화를 인정하고 새로운 변화를 자극한다는 점에서 진보적인 편이다. 인쇄 매체에 입각한 개인적 자유주의의 퇴락과 부족주의의 등극을 예상한 매클루언의 정치적 입장은 '앞을 내다보는 보수주의'와 관련이 있다. 이는 전기 기술이 인쇄 시대의 인문적 기반에 선 자유주의적 지식인의 쇠락을 가져오고, 그것은 결국 부족주의적 공동체에 의해 대체될 것이라는 전망이다.

SNS 시대의 매클루언

1980년 12월 31일에 사망한 매클루언은 1993년 1월에 창간된 '기술 유토피아' 잡지 『와이어드』지의 수호성인으로 되살아났다. 매클루언이 세상을 떠난 1980년 이후 많은 것이 변화했다. 『기계 신부』는 '디지털 신부'로 성장했고, 텔레비전이 만든 『글로벌 빌리지』는 인터넷의 '글로벌 브레인'으로 재편되었다. 그리고 『구텐베르크 은하계』의 인쇄인간은 '디지털 갤럭시'의 사진인간으로 진화했다. 지금 그는 우리에게 무엇인가? 그의 지적 유산은 무엇이고, 우리는 그것을 어떻게 활용해야 할까?

새로운 미디어는 특정한 감각을 확장시켜 감각 마비의 최면 상태에 이르게 만든다. 스마트폰 이용자가 타임라인에 집중하는 동안 현실의 시간 감각을 잃어버리고 정보 가속도에 취해 현실에 개입하는 속도 감각을 잃어버리기도 한다. 스마트폰 이용자는 오직 손발이 함께할 때나 상대와 통화할 때만 미디어의 가속도가 아닌 실제 삶의 속도를 되찾는다. 매클루언은 이러한 상태를 최면, 감각 마비로 보았다. 그때 전자인간은 실재가 아니라, 혹은 지연된 욕망의 꿈이 아니라 현실과 아무런 관련이 없는 환상을 보게 된다.

매클루언(1998)은 『지구촌』의 '글로벌 로보티즘' 장에서 21세기 인터넷 시대의 소프트웨어와 하드웨어의 관계를 예측하고 있다. 또 그는 인쇄 시대의 개인적 자유주의자가 전기 시대에 부족주의에 밀려나고 지식인과 전문가 대중의 부족주의에 의해 소멸되는 현상을 예측하고 있다. 그는 인터넷 시대의 전 지구화에 따른 분산화와 탈집중화를 1980년대에 이미 예측했다. 두개골 바깥으로 나온 뇌에 대한 은유는 이용자 활동을 축적하는 빅데이터 시대를 예고하는 듯하다. 다중 정체성으로 인한 정체성의 소멸과 정체성 소멸에 다른 분열과 불안증이 증대하고, SNS와 스마트폰의 일상화가 직접적인 면대면 커뮤니케이션을 위축시켜 '육체가 없는 인간'이 출현할 것을 예고한다. "인간은 전자적 지각이 장소와 관계가 없기 때문에 개인적 정체감을 상실한다. (…) 개인주의의 상실은 한 번 더 부족적 충성의 편안함을 불러일으킨다. 전자적 사회에서는 인간이 땅을 변형시키기보다는 오히려 자신을 다른 사람을 위한 추상적 정보로 변형시킨다"(McLuhan & Powers, 1998: 126). 인간은 구체적인 대상을 향한 꿈을 상실하고 대상 없이 만들어지는 환상이 출현한다. 이는 보드리야르가 말한 '시뮬라크르'의 세계이다(Huyssen, 1989)

정보 시대의 인간에 대한 매클루언의 은유는 30년 후의 현실을 미리 보고 말하는 것처럼 생생하다. "전자 인간은 두개골 바깥에 뇌가 있고 피부 표면에 신경 시스템이 있다. 그와 같은 피조물은 성미가 까다롭고, 명백한 폭력은 피한다. 인간은 모든 다른 거미집과 공명하면서, 팽팽한 거미집에 쭈그리고 앉아 있는 노출된 거미와 같다. 그러나 인간의 살과 피는 아니다. 인간은 덧없고 쉽게 잊혀지고, 그리고 그와 같은 사실에 분개하는 데이터뱅크의 한 아이템이다"(매클루언, 1998: 121). 결국 그는 '지구의 인간화'를 말한다. "미디어에 의한 인간의 확장은 지구의 인간화이다"(매클루언, 1998: 119).

매클루언은 인터넷 시대의 인간을 정보를 수집하는 유목민이라 불렀다. "이전에 '식량을 채집하던 인간'이 뜻밖에도 '정보를 수집하는 인간'으로 다시 나타난다. 그러나 이러한 수집의 역할을 하는 전자시대의 인간은 구석기 시대의 조상과 마찬가지로 유목민과 다름없는 것이다"
(McLuhan, 1964: 393).

매클루언은 '이용자는 콘텐츠다'라는 짤막한 명제를 제시한 바 있
다. 스마트폰과 인터넷 시대에 이보다 압축적인 경구는 찾기 힘들다. 스
마트폰 이용자들은 스스로 자신의 이야기와 이미지를 스마트폰과 인터
넷을 통해 콘텐츠로 만든다. 그들은 자신들의 사진을 인스타그램에 올
리고, 페이스북에 댓글을 달고, 자신의 이야기를 각종 SNS에 올린다. 그
러면서 그들 스스로가 이 시대의 콘텐츠가 된다. '미디어는 메시지다'라
는 명제가 '이용자는 콘텐츠다'라는 명제와 만나면 '이용자는 미디어다'
라는 새로운 명제가 탄생한다. 이제 세상은 미디어가 된 이용자에 달려
있다. 이용자들이 발로 현장을 뛰고 손가락으로 정보를 올리고 기존의
지배 미디어에 대항할 때 이용자는 미디어가 된다. 설혹 그들이 조작되
고 통제될 때조차 이용자는 여전히 미디어다. 이용자가 미디어가 된 디
지털 시대에는 이용자와 미디어를 구분할 수 없다. 스마트폰과 손이 하
나로 연결되고, 인터넷망과 신경망이 하나로 결합된 현대의 새로운 탈
출구는 결국 이용자에게서 나올 것이다.

참고문헌

1. 이 글에서 참고한 마셜 매클루언의 저술

1951, *The Mechanical Bride: Folklore of Industrial Man*, New York: Vanguard Press(2015, 박정순 옮김, 『기계 신부』, 커뮤니케이션북스).

1962, *The Gutenberg Galaxy: The Making of Typographic Man*, Toronto: University of Toronto Press[2001, 임상원 옮김, 『구텐베르크 은하계』, 커뮤니케이션북스].

1964, *Understanding Media: The Extensions of Man*, New York: Mentor[2004, 김성기·이한우 옮김, 『미디어의 이해』, 민음사].

1998(with Bruce Powers), *The Global Village*, Oxford University Press[2005, 박기순 옮김, 『지구촌』, 커뮤니케이션북스].

2. 그 밖의 참고문헌

김상호, 2004, 「엔텔레키를 중심으로 해석한 맥루한의 미디어 개념」, 『언론과 사회』, 12권 4호.

발터 벤야민, 1983, 「기술복제시대의 예술작품」, 반성완 옮김, 『발터 벤야민의 문예 이론』. 민음사.

이동후, 1999, 「기술중심적 미디어론에 대한 연구: 맥루한, 옹, 포스트만을 중심으로」, 『언론과 사회』 24호.

임상원·이윤진, 2002, 「마샬 맥루한의 미디어론: 이론과 사상―『구텐베르크 은하계』를 중심으로」, 『한국언론학보』, 46권 4호.

오창호, 2008, 「맥루한과 포스트만: 생태주의 매체철학」, 『한국언론학보』, 52권 2호.

Bolter, David, 1984, *Turing's Man: Western Culture In the Computer Age*, Chapel Hill: The University of North Carolina Press.

Bolter, J David & Grusin, Richard, 1999, *Remediation*, The MIT Press[2006, 이재현 옮김, 『재매개』, 커뮤니케이션북스].

Havers, Grant, 2003, "The Right-Wing Postmodernism of Marshall McLuhan", *Media, Culture & Society*, Vol. 25, pp. 511~525.

Huysen, Andreas, 1989, "In the Shadow of McLuhan: Jean Baudrillard's Theory of Simulation", *Assemblage*, No. 10, pp. 6~17.

Curtis, James, 1972, "Marshall McLuhan and French Structuralism", *Boundary* 2, Vol. 1, No. 1(Autumn, 1972), pp. 134~146.

Logan, Robert, 2013, *McLuhan Misunderstood: Setting the Records Straight*, Toronto: The Key Publishing House Inc.

Manovich, Lev, 2014, "Software is the Message", *Journal of Visual Culture*, Vol 13(1), pp. 79~81.

Mitcham, Carl, 1994, *Thinking Through Technology: The Path Between Engineering and Philosophy*, University Of Chicago Press.

Mumford, Lewis, 1934, *Technics and Civilization*, Harbinger Book.

Postman, Neil, 1985, *Amusing Ourselves to Death*[2009, 홍윤선 옮김, 『죽도록 즐기기』, 굿인포메이션].

2부 ／

기술의 사회적 구성과 실천

5장 | **시간, 기억, 기술**
베르나르 스티글레르의 기술철학

이재현

감옥에서 철학자가 되다

프랑스의 현대 철학자인 베르나르 스티글레르Bernard Stiegler. 1952년생인 그는 2003년 한 학술 대회에서 어떻게 철학자가 되었느냐는 질문에, 학생운동의 일환으로 수행한 일련의 은행 강도로 피소돼 1978년부터 1983년까지 5년간 옥살이를 하면서 철학자가 되었다고 밝혔다. 짤막한 자서전인 『행동으로 옮기기』(2009[2003])에 따르면, 그는 알튀세르의 제자로 지금은 고인이 된 철학자 게라르 그라넬Gérard Granel의 조언으로 복역 기간 중 대부분의 시간을 철학 책을 탐독하는 데 할애했다. 그라넬은 스티글레르에게 자크 데리다에게 편지를 쓰도록 권유하기도 했는데, 그것이 그와 데리다의 인연이 시작되는 계기가 된다.

출옥 후 스티글레르는 데리다의 제자로 학문을 계속하여 1992년 사회과학고등연구원École des Hautes Études en Sciences Sociales에서 박사학위를 받았다. 이후 데리다를 비판하는 단계에까지 이르는 등 고대 철학에서 시작해 다양한 철학적 논저와 폭넓은 학문 분야의 성과들을 섭렵하면서 기술과 시간을 중심에 두는 자신만의 독자적인 철학 체계를 구축해왔다. 최근에는 철학을 넘어 현대 정치 및 문명 비판의 작업에 집중하는 등 사회정치적 실천에도 적극적으로 참여하고 있다.

그는 현재 퐁피두센터the Centre Georges-Pompidou 산하의 연구혁신센터 IRI, Institut de recherche et d'innovation 소장을 맡고 있다. 그는 자신이 사는 시골 마을에 철학 학교를 만들어 비판적 사고 능력, 리터러시literacy 교육 등에도 힘을 쏟고 있다. 파리에서는 박사급 연구자들과 함께 세미나를 열면서 기술이 초래한 현대 사회의 모순을 해결하고자 실천적인 노력도 부단히 기울이고 있다.

스티글레르는 서른 권이 넘는 저서를 집필했고, 그의 명성을 만들어 준『기술과 시간』3부작(1998[1994]; 2009[1996]; 2011[2001])을 비롯해 프랑스어로 된 그의 저서 상당수가 영어로 속속 번역되면서 세계적인 철학자로서의 위상을 견지하고 있다. 그의 명성, 그리고 들뢰즈, 데리다 등 프랑스 현대 철학에 대한 우리나라의 관심을 고려할 때, 국내에 그의 저서가 아직 한 권도 번역되지 않았을뿐더러 그의 저서를 읽은 사람도 거의 없다는 사실은 의외라 하지 않을 수 없다.

철학적 배경: 플라톤, 맑스, 하이데거, 데리다를 넘어

시간, 기억, 기술에 관한 스티글레르의 이론 체계는 대가들의 경우가 대개 그렇듯이 다양한 철학적 개념들을 토대로 구축되었다. 그렇지만, 개별 철학적 이론들을 상세히 논의하는 것은 이 글의 범위를 벗어나는 것이기에, 여기서는 스티글레르가 원용한 주요 개념들만을 소개하고 자 한다. 서구 철학이 대개 그래 왔듯이, 그의 철학에서 출발점이 된 것 은 플라톤일 것이다. 그는 플라톤의 '내재 기억'anamnesis 및 '외재 기억' hypomnesis에 주목하는데, 내재 기억은 육화된 기억, 우리가 유전자와 중 추신경 내에 가지고 있는 기억을, 외재 기억은 저장 기술을 통한 신체 외부에의 기억을 의미한다. 스티글레르는 외재 기억을 새롭게 '제3기 억'tertiary memory으로 개념화하여 자신의 철학을 구성하는 핵심 개념으로 발전시킨다.

스티글레르는 칸트의 선험철학을 현대적으로 계승한 철학자이기 도 하다. 그는 칸트를 부활시켰다는 평가를 들을 정도로 칸트의 '도식' schema 개념을 재해석하여 기억 테크놀로지를 비판하는 개념적 도구로 활용한다. 스티글레르의 주저인 『기술과 시간』 3권(2011[2001])을 보면 그가 칸트의 '선험적 상상력'transcendental imagination 내지는 선험적 종합을 매우 상세하게 논의한 후 프랑크푸르트학파의 '문화산업론'과 연계하 여 이런 도식이 기억 테크놀로지에 의해 어떻게 산업화되고, 나아가 '빈 곤화'되는지를 설명하고 있다.

아울러 그는 현상학의 창시자인 후설의 세 가지 '파지'retentions 유 형, 즉 '제1파지'primary retention, '제2파지'secondary retention, '제3파지'tertiary retention 개념을 비판적으로 논의하며, 개념적으로 불분명하고 제대로 논 의되지 못한 후설의 제3파지가 외재 기억인 '제3기억' 개념으로 대체되 어야 한다고 주장한다. 스티글레르는 후설과 베르그송Henri Bergson의 핵 심 개념인 의식 내에서의 시간적 흐름temporal flux이 어떻게 도식의 산업 화를 통해 미디어의 흐름, 특히 '영화적 흐름'cinematic flux에 의해 대체되는지 통찰력 있는 설명을 제공한다.

스티글레르가 가장 많은 빚을 진 철학자가 있다면 하이데거일 것이다. 시간성에 대한 그의 논의는 전적으로 하이데거에 의거하고 있다고 해도 과언이 아니다. 하이데거는 『존재와 시간』(1953)을 비롯한 저서에서 '현존재'Dasein 및 현존재의 시간성 문제를 다루는데, 현존재는 인간이 추상적인 존재가 아니라 역사성을 간직한 '세계-내-존재'being-in-the-world라고 본다. 세계-내-존재로서 현존재는 몇 년 몇 월 며칠에 태어나든 '선재'先在, already-there, 이미 그곳를 유산으로 가지게 되는데, 이것이 인간의 존재론적 특징이다. 그리고 인간은 또 다른 존재론적 한계인 죽음을 앞두고 살아가면서 미래를 향해 '기투'anticipation를 하게 된다. 현존재는 지금까지 자신이 유산으로 받은 것, 그리고 시행착오를 통한 자신의 경험을 토대로 미래를 기획한다는 것이다. 한편 하이데거의 중요한 기여 중 하나로 간주되는 것이 「기술에 관한 문제」(1953)라는 강연에서 제시한 기술의 본성에 대한 서술인데, 스티글레르는 현존재의 시간성에 대한 하이데거의 입장은 전적으로 인정하지만 기술에 대한 입장은 신랄하게 비판한다. 하이데거가 기술이 도구화된 데 대해서는 명철하게 분석하고 있으나 인간 존재의 원초적 기술성으로까지는 나아가지 못했다는 것이다. 뒤에서 자세히 설명하겠지만, 원초적 기술성은 스티글레르 자신이 서구 철학의 역사에서 자신의 입지를 구축하는 핵심이 된다.

다른 한편으로 스티글레르는 고인류학자인 르루아-그루앙에게서도 많은 영향을 받았다. 프랑스에서 인류학의 양대 산맥이 있다면 한 명은 레비-스트로스Claude Lévi-Strauss이고 다른 한 명은 세계적으로 잘 알려지지는 않은 르루아-그루앙이다. 르루아-그루앙은 대뇌 피질의 크기가 어떻게 진화해 왔는가에 관한 고고학적 성과를 바탕으로, 인간이 생물학적인 진화 이후에도 끊임없이 기술에 의거하여 또 다른 진화를 해왔다고 주장한다. 이를 생물학적 진화와 구분하여 '기술적 진화'technical evolution라 부르는데, 이 두 가지가 상호결정co-determination하며 인간의 진화를 이끌어 왔다는 것이다. 스티글레르는 르루아–그루앙의 인류학을 바탕으로 '후천계통발생'epiphylogenesis이라는 개념을 새롭게 고안한다 (Stiegler, 1998[1994]). 이는 후천발생epigenesis(epi-는 '나중에'라는 의미)과 계통발생phylogenesis을 결합한 것으로, 전자는 한 개체가 태어나 살아가면서 환경과 테크놀로지에 의해 나중에 변화하는 것을, 후자는 생물학적으로 물려받은 유산인 DNA에 의해 발현되는 개체발생을 의미한다. 후천계통발생 개념을 제안하며 스티글레르는 이 두 가지에 의해 인간 진화가 추동되어 왔으며, 이 두 가지 계기의 결합 내지 상호결정은 제3기억에 의해 가능했다고 주장한다. 다른 한편으로 스티글레르가 주요하게 활용하는 르루아–그루앙의 개념은 '프로-그램'pro-gram이다. 이는 '앞서, 미리'in advance라는 뜻의 'pro'와 '쓰다'write라는 뜻의 'gram'[1]이 결합된 것으로, 스티글레르에게 프로-그램은 '선재', 즉 유산으로 물려받은 지식을 미래를 예견하며 어떤 일에 적용하고 그 결과를 외재 기억에 기록하게 되는 경우를 말한다. 실행을 위해 미리 짜 놓은 컴퓨터 프로그램 역시 바로 이런 의미를 지니고 있는 보기에 해당한다.

스티글레르의 스승인 데리다의 '그라마톨로지'grammatology에서

---

1 글을 쓸 때 어휘의 한 단위를 그램(gram)이라 하며, 흔히 사용하는 무게 단위인 그램은 원래의 이런 의미가 변경, 확대된 것이다. 현대적인 사례로, 디지털로 전환된 책들의 아카이브에서 특정 어휘의 발생 빈도 변천을 연도 단위로 보여 주는 구글(Google)의 앤그램(Ngram) 프로젝트에서의 '그램'은 어휘 단위를 의미한다.

'gram' 역시 그런 의미를 지닌다. '기록학'이라 번역할 수 있는 그라마톨로지는 무언가를 쓰는 것, 쓰는 것에 관한 이야기, 이론인 셈이다. 데리다는 르루아-그루앙이 처음 쓴 이 용어를 가져오면서 쓰기 자체가 인간이 가진 원초적인 특성이라고 본다. 데리다에게 쓰기 이전에는 아무것도 없으며, 여기서 쓰기란 '차연'différence, 즉 미래를 앞두고 차이를 쓰는 것이다. 스티글레르는 특히 『기술과 시간』 2권(2009[1996])의 앞부분과 3권(2011[2001])에서 본격적으로 쓰기에 대해 논의하는데, 스승인 데리다를 거의 전적으로 인용할 정도로 스승과의 입장 차이는 없는 듯하다.

그러나 텔레비전, 영화, 인터넷과 같은 현대 기술과 관련한 논의를 위해 스티글레르는 프랑스의 언어철학자인 실뱅 오루Sylvain Auroux의 개념을 원용한다. 오루에게 '쓰기'grammatization란 우리가 말하는 것을 모음과 자음으로 분절화해서 알파벳화하거나 디지털 시대에 0과 1로 무언가를 쓰는 것처럼 기술적 대상이 제스처나 행동, 움직임을 분절화하고 표준화하는 과정을 말한다(Auroux, 1994). 스티글레르가 오루로부터 가져온 이 개념은 후술할 시몽동의 '개체화'individuation 개념과 함께 스티글레르가 현대 문명 및 기술 비평에 가장 많이 활용하는 개념으로 자리잡는다.

스티글레르는 질Bertrand Gille의 『기술의 역사』(1978)에 제시된 기술 체계technical system에 관한 논의 또한 적극적으로 참조한다. 기술 발전과 사회 변동 간의 관련성에 관해 질은 새로운 기술 체계가 들어오면서 기존의 다른 사회 체계, 문화 체계와의 갈등 및 긴장 속에서 조정adjustment과 타협을 해나가며 사회는 변동한다고 본다. 스티글레르가 질에게 특히 주목한 점은 이와 같은 기술 혁신이 너무나 빠르게 일어나기 때문에 사회 체계나 문화 체계와 같은 다른 체계와 기술 체계 사이에 타협이나 조정이 이루어지지 않게 되며, 이것이 현대 사회에서 기술이 배태하는 문제의 원천이 되고 있다고 본다는 것이다.

하이데거, 데리다 못지않게 스티글레르에 큰 영향을 준 철학자가 있다면, 그리고 그가 가장 좋아하는 철학자를 꼽는다면, 아마도 '개체화' 개념을 제안한 시몽동일 것이다. 이제 시몽동은 누가 뭐래도 프랑스 현대 철학에서 큰 비중을 가지는 철학자로서, 들뢰즈를 통해 발굴이 되었고 스티글레르 역시 들뢰즈를 통해 그를 접하게 된다. 시몽동이 쓴 박사논문의 부논문인 『기술적 대상들의 존재 양식에 대하여』(1958)는 이미 국내에도 번역되어 있는데(2011), 여기서 시몽동은 기계와 같은 '기술적 대상'technical objects이 산업화 이후에 현대 사회에서 어떤 위치를 차지하고 있는가를 제시하고 실제로 기술적 대상 자체를 구성하는 요소들이 어떻게 '구체화'concretization라는 '상호결정'overdetermination 과정을 거치면서 하나의 개체 그리고 앙상블로 나아가게 되는지를 설명한다. 이것이 바로 개체화라는 개념이다. 나아가 스티글레르는 르루아-그루앙, 시몽동으로 이어지는, 내적 환경과 외적 환경과의 결합인 '연합 환경'associated milieu 개념을 현대 기술 비판에 주요한 개념으로 활용한다.

한편 스티글레르의 현대 사회 기술 비판은 프랑크푸르트 학파의 아도르노와 호르크하이머가 제기했던 문화 산업culture industry 비판론을 계승한다. 그에게 현대 미디어 및 문화 산업은 '프로그래밍 산업'programming industry으로 간주되는데, 이는 앞서 소개한 바와 같이 문화 산업이 기본적으로 기억 테크놀로지의 산업이기 때문이다. 당연히 스티글레르의 비판 정신은 맑스로부터 온 것이다. 『신정치경제비판』

(2010[2009])에서 보듯, 그는 특히 맑스의 프롤레타리아 개념에 주목해 소비자로서의 현대인이 지식을 박탈당한 빈곤한 맑스적인 프롤레타리아를 넘어 삶과 행동 방식까지 프로그래밍 산업에 의해 박탈당한 새로운 프롤레타리아가 되었다고 본다.

스티글레르는 고대 철학에서 현대 철학에 이르는 방대한 철학적 전통과 다양한 인문사회과학 분야를 넘나들며 시간, 기억, 기술에 관한 독자적인 철학을 정립하고자 한다. 이를 통해 그는 수천 년에 걸친 서구 철학의 역사에서 그 누구도 정당하게 다루지 않은 인간의 원초적 기술성originary technicity을 드러내 보여 주고자 한다. 그렇다면 그는 새로운 철학을 위해 각기 다른 전통 속에서 배태된 철학적 개념들을 어떻게 엮어 냈던 것일까?

에피메테우스의 실수

인간 존재의 원초적 기술성 문제를 스티글레르는 신화로부터 시작한다. 현재의 스티글레르를 만들어 준 저서가 바로 1990년대 초반에 시작해 2001년까지 쓴 『기술과 시간』 3부작인데, 이 중 1권(1998[1994])의 부제가 바로 '에피메테우스의 실수'The fault of Epimetheus다. 그는 우리가 그리스 신화의 프로메테우스Prometheus는 잘 알고 있지만 에피메테우스는 상대적으로 주목하지 못했다고 주장하며 인간의 기술성 문제는 에피메테우스의 실수와 프로메테우스의 배려라는 두 가지 측면을 모두 고려해야만 제대로 이해할 수 있다고 본다.

신화에 따르면, 제우스는 모든 피조물에게 어떤 속성quality, 즉 능력을 부여하라고 프로메테우스에게 명령한다. 그런데 이러한 권능dunameis을 부여받은 프로메테우스는 이 일을 직접 하지 않고 쌍둥이 동생인 에 피메테우스에게 넘긴다. '먼저pro 생각하는 자metheus'라는 의미의 프로 메테우스와 달리 '나중에epi 생각하는 자'라는 의미의 에피메테우스는 깜빡 잊고 인간에게 줄 능력을 남겨 놓지 않은 채 동물들에게 모든 능력을 주고 만다. 동생의 잘못으로 인간이 짐승들의 위협 속에서 생명을 유지하기 어렵게 되자 프로메테우스는 대장장이 신인 헤파이스토스Hephaestus의 대장간에서 기술, 그리고 이를 만들 수 있는 불을 훔쳐 인간에게 전해 준다. 이를 알게 된 제우스는 화가 나 프로메테우스에게 평생독수리에게 간을 쪼이는 형벌을 내린다.

이 신화를 스티글레르는 독창적으로 해석한다. 프로메테우스가 불을 훔쳐 온 것은 근본적인 인간의 결핍을 기술로 메꿔 준 것인데, 훔쳐온 것도 무언가가 부족한 절름발이, 즉 결핍된 헤파이스토스에게서 왔다는 점에서 '이중의 결핍'double fault이 있었다는 것이다. 이것이 바로 인간의 '디폴트'default다. 이는 에피메테우스 신화가 가진 핵심 개념으로, 스티글레르는 프로메테우스와 에피메테우스의 폴트로서의 디폴트를 모티프로 기술성을 설명한다. 즉 인간은 원초적으로, 디폴트로 결핍되어 있는 존재라는 것이다. 우리는 원초적으로 잊혀짐forgetting의 산물이기도 하다. 에피메테우스가 주어야 할 것을 잊고 주지 못한 대상이었던 것이다. 이처럼 인간은 원초적으로 '디폴트'이자 망각의 존재이며, 이 결핍은 근본적으로 에피메테우스의 실수에서 온다. 디폴트가 그리스 어원상 실수fault와 같은 의미인 것도 이 때문이다. 인간과 같은 유한한 존재는 결핍된 것을 메꾸기 위해 '보철'prosthesis을 가져야만 한다. 즉,

데리다의 말로 표현하면, 인간은 기본적으로 결핍의 '대리보충'supplement 을 위해 보철, 즉 기술이 필요한 존재라는 것이다.

원초적 기술성: '후천계통발생'

신화를 소재로 원초적 기술성을 설명해 주는 스티글레르가 먼저 주목한 것은 인간의 기술적 진화technical evolution 과정이다. 르루아-그루앙에 따르면, 우리의 진화사는 인류학적인 경험적 증거들을 바탕으로 '후천계통발생'과 기술적 진화라는 개념으로 설명될 수 있다. 인간의 진화는 대뇌 피질의 진화가 종료되는 진잔트로피언에서 네안트로피언에 이르는 사이에 결정적인 무엇이 벌어졌으며, 그 이후에 인간은 새로운 기술적 진화를 거듭하게 된다. 즉 기본적으로 인간은 유전적으로 프로그램된대로 행동하게 되어 있는데, 이 시기 이후 인간은 생물학적 진화보다는 외재하는 인공적 기억에 의거해 진화를 이어 오게 되었다는 것이다.

인간의 기억을 외재적으로 지원하는 것, 즉 기억 서포트memory support는 기본적으로 세 종류이다. 하나는 생물학적 기억biological memory으로, DNA 속에 유전학적으로 프로그램되어 계통발생적으로 후대로 유전된다. 다른 하나는 신체적 기억somatic memory으로, 그 내용은 태어나 살아가면서 체득하여 중추신경에 저장되지만 이 기억은 죽고 나면 사라져 버린다. 유한한 인간은, 르루아-그루앙의 용어로 표현하자면, 기억을 영속화하기 위해 '외화'exteriorisation시킨다. 스티글레르에 따르면, 인간은 중추신경계에 기억되어 있는 것을 어딘가에 기록함으로써 기억을 외화하는데, 이처럼 '생명 이외의 다른 수단을 통해' 인간은 후천계

후천계통발생

이 문제[인간과 기술의 상호 발명의 문제]를 다루기 위해 진잔트로피언Zinjanthropian 에서 네안트로피언Neanthropian으로의 인간의 진전passage에 주목할 것이다. 피질화 corticalization라는 이런 획기적인 계기, 즉 [신경충동의 소통frayage]은 돌뜨기 기술의 점진적 진화 과정에서 돌에 구현된다. (…) 하지만 한편으로 이는 엄밀히 말해 더 이상 동물학적 현상의 문제가 아니다. 즉 가장 오래된 기술적 진화조차도 이제는 더 이상 '유전적으로 프로그램된' 것이 아니었다. 다른 한편으로는 네안트로피언 이후 피질 조직이 유전적으로 안정되면서, 이 과정은 순전히 기술적 진화로만 계속되었다. 이 두번째 단절rupture을 어떻게 이해할 것인가? '기원'이 될 이런 최초의 두 사건coups '사이'에 어떤 일이 벌어진 것인가? 어떤 후천발생적 문제가 제기되는 것인가? (…) 이제 우리는 인간의 대뇌 피질 진화의 종료가 삶의 일반 역사의 관점에서 무엇을 의미하는지 질문해야 하며, 따라서 최초의 뗀돌조각부터 오늘날에 이르는 기술의 역사 이자 인간의 역사에서 근간이 되는 '생명 이외의 다른 수단에 의한by other means than life 삶의 진화 추구', 이 표현은 '후천계통발생'이라는 독특한 개념으로 우리를 이끈 다. ―『기술과 시간』 1권(1998[1994]: 134~135).

통발생적으로 진화해 왔다는 것이다. 그는 이와 같은 세번째 기억인 외화된 기술적 기억technical memory을 통해 인간이 세대를 거쳐 전승해 나가는 기억, 즉 유산을 '무엇'What이라고, 그리고 이와 대비해 인간은 '누구'Who라고 부른다. 여기서 스티글레르가 강조하는 바는 흔히 생각하는 '누구'가 '무엇'을 발명하거나 만드는 것이 아니라 오히려 '무엇'이 '누구'를 어떻게 만드는가에 주목해야 한다는 것이다. 이것이 바로 스티글레르가 말하는 기술적 진화의 의미다. 보다 적절히 표현하면, 인간과 기술은, 시몽동의 용어로 표현하면, '상호결정'하는 관계에 있으며, 이를 통해 공진화해 왔다고 할 수 있다.

이렇듯 스티글레르는 인간이 원초적 기술성을 가지고 있는바, 그동안 철학에서 이런 원초적 기술성이 간과되고 오히려 그 문제가 억압되어 왔다는 것이다. 즉 스티글레르는 플라톤 이후 수천 년 계속되어 온 서구 철학이 이 문제를 보지 못하고 기술성을 철저하게 배제해 왔음을 지적하면서 이 문제를 자신의 독자적 철학으로 정립하고자 한 것이다. 고대 그리스 시절 플라톤에 의해 철학의 영역에서 철저히 사기꾼으로 매도당한 이후 소피스트들은 기술의 문제에 주목했던 자들임에도 불구하고 서구철학의 역사 속에서 부정적인 이미지만을 가지게 되었다. 한 사례로 플라톤의 『파이드로스』에서 소크라테스가 제자인 파이드로스와 교외에서 산책을 하며 나눈 대화를 보면, 쓰기라는 기술의 등장 자체에 대해 소크라테스가 매우 부정적인 입장을 가지고 있었음을 알 수 있다. 플라톤 이전 고대 그리스 시절의 철학은 구어적 커뮤니케이션을 통해 수행되었는데, 예를 들어 아고라 광장은 철학적 이야기를 전달하고 또 듣는 곳이었다. 이른바 외재 기억을 통해서가 아니라 내재 기억, 즉 육화된 기억을 통해 직접 구두로 커뮤니케이션되는 것이 곧 철학이었다. 소크라테스는 영혼이 담겨 있는 지식이란 외화해 쓰여서는 안 되고 머릿속에 육화시켜야 한다고 강조한다. 어제 광장에서 무슨 이야기가 있었냐는 물음에 주섬주섬 무언가 메모 쪽지를 꺼내며 누군가가 연설했던 내용을 전달하려던 파이드로스는 스승에게 크게 혼이 난다. 이런 지식은 영혼이 없는 것이 되었기 때문이다. 소크라테스는 쓰기(기술)를 소피스트들의 책략이자 사기라고 봤던 것이다. 이러한 일화를 소개하며 스티글레르는 서구 철학에서 억압되었던 인간의 원초적 기술성 문제를 서구 철학사에서 유일하게 자신이 다루고자 한다고 밝힌다. 이 점이 바로 스티글레르가 주창하는 인간 그리고 기술의 본질이다.

선재: '무엇'

스티글레르에게 인간의 또 다른 원초적인 본질은 시간성이다. 그는 기술성과 시간성의 얽힘 문제를 하이데거에 의거해 풀어 보고자 한다. 하이데거는 인간 존재가 세계의 역사성, 즉 과거, 현재, 미래의 시간적 지평 속에 있으며, 그런 의미에서 세계-내-존재로서 인간은 '이미 그곳' (선재)이 주어진 존재라 설명한다. 이에 인간은 '지평'horizon을 갖게 되며 어떤 대상을 항상 '그 무엇'으로 이해한다. 인간이 집합적으로 기억하는 무엇, 즉 선재는 다름 아닌 세대를 거쳐 전승되는 유산heritage이다. 유산은 내가 경험하지 않은 과거에 일어났던 그 무엇이 나의 과거가 된다. 이처럼 내가 살아 낸 것은 아니지만 물려받았기 때문에 내가 가지게 되는 과거는 이제 나의 과거가 된다. 스티글레르는 이 개념을 하이데거로부터 받아들여서 시간성을 해명하는 핵심적인 개념으로 활용한다.

시간성의 또 다른 측면은 하이데거뿐만 아니라 니체 등이 말하는 죽음을 향해 가는 인간의 유한성이다. 삶의 유한성 때문에 우리는 미래를 내다보고 예기anticipation 또는 기투project를 한다. 인간은 무엇을 행하기 위해, 그리고 무엇이 벌어질 것이라 예상하고 자신이 가지고 있는 '무엇'을 적용하는 존재다. 이와 같은 기투를 스티글레르는 과거에 대한 파지re-tension와 대비하여 '선-파지'pro-tention라 부른다. 인간은 누구나 죽으며, 죽는다는 것은 모든 기억이 없어진다는 것을 뜻하므로 인간의 기억은 본질적으로 한계를 가진다. 따라서 죽음을 바라보고 또 망각을 하는 존재인 인간은 자신의 기억을 외화할 수밖에 없다. 자신이 경험한 것을 남기지 않으면 후대들이 시행착오를 겪을 수밖에 없기 때문에 머릿

선재 : 에피메테이아 *Epimētheia*

에피메테이아는 '선재'이자 기술성 자체인 결핍fault 속에서 일어나는 전통-발현을 의미한다고도 볼 수 있다. 용어에 대한 이런 이해는 현존재Dasein의 존재론적 본성을 형성하는 전통의 역사성을 강조하는 것이다. 즉 '던져진 존재'being-thrown로서의 현존재는 자신보다 항상 앞서 있는 과거, 즉 선재를 유산으로 물려받는바, 이를 통해 현존재는 특수한 '누구'who, 즉 자식, 손자 등이 '된다'. 여기서 과거는 현존재가 '살아낸' 것이 아니기 때문에 자신의 과거를 제대로 말할 수는 없다.

이런 '내가 가지는' 과거past of *mine*는 그것이 '나'의 과거가 아닌 한에서만 전승된다. 그러나 그것은 '그렇게' 되어야만 한다. 이는 사건 이후에, 즉 *après coup*('해소'라는 사건 이후에) 그렇게 된다. —『기술과 시간』1권(1998[1994]: 207).

속에 체화하여 가지고 있던 기억을 돌에 새기는 등 기록으로 남겨 외화하는 것이다. 이처럼 스티글레르에게 '선재'는 외화를 통해 물려받게 되는 유산이며 이는 제3기억, 즉 외재 기억을 통해 구현된다.

그런데 유산을 현재에 적용하는 것은 항상 현재의 특정 과업에 맞는 기준criteria의 적용이고 그런 의미에서 선택selection이다. 이런 점에서 유산은 항상 어긋나게 되는데, 유산의 적용에 수반하는 귀결의 확인을 스티글레르는 '부적합화'inadequation라 부른다. 유산이 부적합하다는 것이 드러나면 인간은 자신이 체험으로 배운 지식을 보태거나 그것에 수정을 가한 후 다음 세대에게 또 다른 유산으로 물려주게 된다. 하이데거가 말하는 외화는 스티글레르가 보기에 충분히 논의되지 않았으며, 그에 따르면 외화는 다름 아닌 내재 기억을 외재 기억으로 보전하는 것을 의미한다. '선재'는 다름 아닌 외재 기억일 뿐이며, 스티글레르는 이를 가능케 해주는 도구를 '기억 기술'mnemotechnics이라 부른다. 스티글레르는 하이데거의 개념을 계승하면서도 그가 원초적 기술성으로까지 나아가지 못했다고 비판하면서 이를 철저하게, 근원적으로 파고들어 가고자 하는 것이다. 스티글레르가 보기에 기술은 미래를 내다보는 기투의 조건이자 결과이다. 기술은 우리가 물려받고 물려받아 쓴 것을 다시 미래를 내다보고 외화하여 써내는 과정 그 자체인 것이다.

스티글레르에게 기술은 기본적으로 모두 기억 기술이다. 우리가 저장 기술, 전송 기술, 표현 기술 등으로 이야기하는 모든 것을 스티글레르는 기억 기술이라고 본다. 이는 그가 기술 자체가 유산이라고 보기 때문이다. 이런 점에서 흔히 스티글레르를 기술결정론자라고 비판하기도 하는데, 그는 기술을 단순히 도구로 보기보다는 우리 유산 자체로 보아야 한다며 이를 반박한다. 그가 보기에 유산은 비유기체적 물질inorganic matter에 담아 놓을 수밖에 없고, 그런 점에서 외재 기억을 '유기적으로 만들어진 비유기체적 물질'organized inorganic matter이라 규정한다.

기술에 의해 쓰여지는 기억은 시행착오의 과정을 통해 끊임없이 세대를 가로질러 수정되고 계승되면서 압축되고 확장되는데, 이 과정은 고착되고 고정된 것이 아니라 우발적이고 우연적인 사건의 연속이다. 이처럼 스티글레르는 선재, 선-파지, 기투의 개념을 하이데거로부터 물려받았지만, 이를 근원적으로 파고들어 현존재의 존재론적 본질은 다름 아닌 기억 기술에 있다고 주장하기에 이른 것이다. 그의 기억 기술 개념은 시간의 지평 속에서 기억이 갖는 의미를 해명해 준다. 에피메테우스 신화가 원초적인 기술성 문제에서 망각이 가지는 의미를 보여 준다면, 기억 기술은 망각이라는 디폴트적 한계를 지닌 인간who과 유산으로 물려받은 것what 사이의 관계를 해명하는 개념으로 위치지어진다. 그렇다면 스티글레르가 말하는 기억 기술은 구체적으로 어떤 것인가?

기억, 그리고 기억 기술: 보철

외재 기억, 신체적 기억, 유전적 기억이라는 기억의 세 가지 방식과 관련하여 스티글레르는 데리다, 르루아-그루앙, 오루에 의거해 기술적 기억의 측면을 보다 구체화해 나간다. 데리다에게 쓰기는 '대리보충'인데 (Derrida, 1967), 이를 스티글레르는 인간의 원초적 결핍을 보충해 준다는 점에서 보철과 같은 것prosthetic이라고 해석해 낸다. 아울러 르루아-그루앙으로부터 외화의 개념을 받아들여 인간은 외화를 통해 끊임없이 우발적인 '되기'becoming의 존재라고 이야기한다. 외화된 그 무엇을 바탕으로 인간의 내적인 그 무엇이 구성된다는 점에서 내부성과 외부성은 결국 같은 것이다. 이를 시몽동 식으로 표현하면 내부interior와 외부exterior 양자는 '상호변환적'transductive인 관계에 있다고 할 수 있다. 내부와 외부 중 어떤 것이 출발점이 되고 어떤 것이 결과가 되는 것이 아니라 내부성과 외부성은 동일하다. 예를 들어 인간이 불을 켜기 위해 부싯돌을 사용하는 것은 유산으로 물려받은 '선재'와 자신이 체험으로 배움으로써 가지게 된 지식이 결합되어 새롭게 발견하게 된 그 무엇이다. 'trans'는 '뛰어넘다'라는 뜻을, 'duct'가 '만들다'라는 뜻을 가진 데서 보듯, 상호변환은 두 가지가 결합되어 제3의 무엇이 만들어짐을 의미한다.

외화는 앞서 말한 바와 같이 쓰기를 통해 구현된다. 데리다에 따르면, 쓰기란 '차연'différance, 즉 기존의 것과 다른 그 무엇을 미래를 내다보며 쓰는 것을 말한다. 차연은 차별differentiation과 이연deferral이라는 두 가지 개념을 내포하며, 이는 곧 공간과 시간의 지평을 갖는다. 선대로부터 쓰여진 선재grammatized already there를 물려받고 이것이 부적합inadequate하면

보철: 상호변환

이제 이 내부성interiority은 외화exteriorization의 바깥에 있는 것이 아니다. 따라서 이
는 내부성의 문제도, 외부성의 문제도 아니다. 대립되는 것이 아니라 서로를 구성하
는 두 측면의 원초적 복합체 문제다 (…) 시몽동에게 이는 상호변환적transductive인
관계의 문제다. '보철'은 무언가를 대리보충하는 것, 그것 이전에 존재했던 것이나 잃
어버린 무언가를 대체re-place하는 것이 아니다. 그것은 추가되는 것이다. 보철은 ①
앞에 놓음, 혹은 공간화(탈단절é-loignement), 그리고 ② 미리 놓음, 선재(과거)와 예기
(예지), 즉 시간화라 할 수 있다. 보철은 단순히 인간 신체의 연장이 아니다. 오히려 그
것은 '인간'으로서qua 그 신체를 구성하는 것이다. 인간을 위한 '수단'이 아니라 그것
의 목적이며, 여기서 우리는 '인간의 종언'이라는 표현의 본질적인 이중성을 이해하
게 된다. ―『기술과 시간』 1권(1998[1994]: 152~153).

수정하는 것처럼, 글쓰기는 항상 다른 것, 차이를 쓰는 것이다. 나아가
다른 한편으로, 차이를 쓴다는 것은 하이데거 식으로 말하면 미래를 예
기 또는 기투하는 것이고, 르루아-그루앙의 표현을 빌리면, 프로-그램,
즉 무언가를 미리 쓰는 것이다.

　스티글레르는 쓰기의 또 다른 측면을 『기술과 시간』 2권(2009
[1996]) 첫 부분에서 플라톤의 '오르토테스'*orthotēs*의 개념을 원용하여 새
롭게 만들어 낸 '오르토테틱'orthothetic 개념을 통해 설명한다. 스티글레
르에게 쓴다는 것은 '정서'正書, orthography를 의미한다. *ortho*는 '바르다'正
를, *theia*는 '놓다', '쓰다', '외화하다'를 의미하고, *graphein*에서 온 'graph'
는 '새기다'라는 뜻을 가지고 있다. 이를 고려할 때 글쓰기는 곧 '똑바로
쓴다', '정확하게 쓴다'는 것을 말한다. 쓰기의 기술적 발전으로, 다의성
을 필연적으로 수반하는 그림과 달리 알파벳 쓰기alphabetic writing는 달리
해석할 여지가 적은 고정된 의미로 무언가가 쓸 수 있게 되었다. 'a'는
'a'이고 'b'는 'b'로 정확한 반복이 가능해진 것이다. 이것이 바로 스티

글레르가 말하는 '정서적 쓰기'orthographic writing다. 경험하고 체득한 것을 외화시켜 쓸 때 의도하는 바를 정확하게 기록할 수 있게 되면서 인간에게 외화된 기억은 인류사적으로 중차대한 의미를 갖게 된다.

그러나 쓰기가 정확하게 반복된다 하더라도 당연히 맥락에 따라 의미는 바뀌게 마련이다. 앞선 세대로부터 '선재'를 정확한 반복으로서의 쓰기를 통해 물려받지만, 그럼에도 불구하고 이를 적용하고 기투할 때에는 부적합이 발생하게 된다. 이것이 스티글레르가 이야기하는 '우발성'contingency의 개념이다. 외화된 기억은 항상 맞지 않고 우발적이기 때문에 또 다른 염려anxiety를 만들어 내고 끊임없는 사건과 굴곡을 통해 변이되어 나간다. 이처럼 외화된 기억, 즉 기술적 기억은 대리보충이자 쓰기의 결과물인바, 시간의 흐름 속에서 우발적인 방식으로 투사되고 변화해 간다.

영화적 의식: 선택, 기준, 기록

그렇다면 '제3기억', 물질적으로 외화된 외재 기억은 인간의 의식 차원에서 어떠한 의미를 갖는가? 스티글레르는 물질적 외화의 문제를 인간과의 관계 속에서 다루기 위해 의식의 차원으로 논의를 전개해 나간다. 이를 위해 그는 『기술과 시간』 3권에서 칸트의 '초월적 종합'transcendental synthesis의 원리를 비판적으로 수용한다. 칸트의 인식론에 따르면 인식은 직관을 행하는 인식 능력인 감성sensibility과 선험적 범주인 오성understanding의 종합을 통해서만 획득된다. 이 과정에 '도식'scheme이 작용하는데 칸트는 열두 가지 범주로 이를 제시한 바 있다. 감성과 오성의

영화적 의식: 선택, 기준, 기록

(…) 의식은 제1기억에 대한 선택의 원리들 속에서 '이미 영화적'cinematographic인데, 이 선택은 제2기억, 그리고 연계된 제3기억 요소들 사이의 작용이 제공하는 기준에 의거한다. 이러한 결합은 통합된 흐름을 ('의식의 흐름'으로) 구성해 내는 몽타주를 만드는데, 이는 시간적 대상temporal object이자 구성된 몽타주의 결과라 할 수 있는 실제 영화의 영화적 흐름과 형식 면에서 동일하다. 이것[기준에 따른 선택]이 제1, 제2, 제3파지의 연합, 즉 파지의 연합 몽타주associated-montage-of-retentions를 위한 전제 조건이다. ─ 『기술과 시간』 3권(2011[2001]: 17–18).

결합은 이러한 도식을 활용하는 상상imagination을 통해서 나타난다. 이 열두 가지 범주 자체가 선험적으로a priori 주어지는 것이라는 점에서 칸트의 인식론은 초월적이다.

스티글레르가 비판하는 점은 바로 이 초월성이다. 인식이 초월적 종합인가 내재적 생성인가 하는 문제, 즉 초월성과 내재성의 대립은 관념 철학과 들뢰즈, 시몽동 등의 내재성의 철학을 구분하는 중요한 지점이다. 중간 지점에 선 듯한 스티글레르는 이 난점을 외화된 제3기억 개념을 통해 벗어난다. 그는 의식의 시간적 흐름에 대한 후설의 현상학을 토대로 의식의 구조와 메커니즘, 그리고 이것과 외재 기억 사이의 관계를 해명하고자 한다. 스티글레르가 용어상 기억과 혼용하기도 하는 파지를 후설은 제1파지, 제2파지, 그리고 (제3파지에 해당하는) '이미지 의식'image consciousness으로 나눈다.

음악을 듣는 경우를 사례로 설명해 보면, 제1파지는 통각을 통해 듣고 있는 것 자체가 유지되는 것을 말한다. 나아가 우리는 멜로디 그 자체가 갖는 의미만을 이해하는 것이 아니라 기억recollection을 통해 이 음악이 전에 들었던 것과 같거나 다르다는 것을 깨닫게 되는데, 이것이 제

영화와 의식

(…) 시간이 다양한 모습을 띠지만 항상 수축contraction, 응축condensation, 축약
abbreviation의 시간, 즉 몽타주의 시간이라는 점은 관객의 생생한 의식에 대해서는 훨
씬 더 분명해진다. 이는 항상 '영화적 시간'이며, 영화적 흐름과 관객의 의식 흐름 사
이에 접합이 일어난다. 관객은 선택과 수축이자 관객의 고유한 기억에 대한 몽타주인
관객의 고유한 시간에 등장인물의 시간을 접목하여 받아들일 수 있게 된다. ―『기술
과 시간』 3권(2011[2001]: 30-31).

2파지이자 기억이고 후설이 말하는 '시간 의식'time consciousness이다. 그러
나 스티글레르는 후설이 여기서 중대한 측면을 놓치고 있다고 본다. 우
리의 시간 의식, 시간적 흐름 속에서 제1파지와 제2파지를 접합시켜 가
는 과정을 매개해 주는 외화된 기억, 즉 제3기억을 후설은 놓치고 있다
는 것이다. 예를 들어, 멜로디를 축음기라는 외화된 기억을 통해 들을
때 반복해서 들을 수 있는 기술적 가능성이 어떤 의미를 가지는가 라는
문제가 중요하다는 것이다. 이런 점에서 스티글레르는 후설의 '이미지
의식'은 적합한 용어가 아니며, 제3파지, 제3의 외화된 기억의 측면을
적극적으로 도입해야만 후설의 시간 의식 및 기억의 문제가 해명될 수
있다고 본다. 현재에 대한 이해는 현순간의 인상뿐 아니라 지나간 시간
의 지속에 대한 파지, 그리고 미래를 향한 '선파지'까지 결합되는 과정
이라는 것이다. 시몽동의 용어로 표현하면 기술적 기억, 즉 축음기 녹음
물과 같은 외화된 기억은 제1기억과 제2기억의 접합을 '상호변환적으
로 중층결정'하며, 스티글레르는 이를 새롭게 기술적 기억을 통한 시간
적 종합이라고 이해한다. 우리의 의식은 지금 현재 내가 지각하고 있는
것, 내가 회상하는 것, 그리고 외화된 기억, 이 세 가지의 접합conjunction

을 통해 이루어진다는 것이다. 이는 인식론적으로 후설과 칸트를 제3기
억을 토대로 극복하고자 하는 시도다.

아울러 스티글레르는 우리의 의식이 선택selections과 기준criteria, 기
록recordings의 세 단계를 통해 구성, 결정된다고 본다. 무엇인가를 인지하
고 지각할 때(제1파지) 선택의 작용이 발생하고, 특정 기준을 통해서 되
찾아지는 기억recollection(제2파지)이 이것과 결합한다. 마지막으로 외화
된 기억이 이 둘을 상호변환적으로 중층결정하며 의식이 구성된다. 이
처럼 의식의 흐름은 선택과 응축, 축약의 과정과 구조를 가진다는 점
에서 조각조각 잘라낸 것을 묶어내 편집하는 영화의 몽타주와 비슷하
다. 이러한 맥락에서 스티글레르는 우리의 의식이 '영화적 의식'cinematic
consciousness이라고 단언한다. "의식은 항상 영화적이며, 의식은 기본적으
로 영화적인 구조를 갖는다."

문제는 이러한 인식의 과정이 제3기억을 통해 중층결정될 때 주체
의 의식과 외화된 영화적 기억의 흐름이 어떻게 접합되는가 하는 것이
다. 이것이 바로 외재 기억이 의식에 작용하는 기제다. 주체 의식에서의
시간 흐름과 미디어에서의 시간 흐름을 어떤 식으로 결합하느냐의 문
제는 아마도 스티글레르가 개념화한 '후천계통발생'의 핵심일 것이다.
스티글레르는 이 관계를 추상적인 철학적 논의를 넘어 산업화라는 특
정한 역사적 단계를 놓고 해명하고자 한다.

기억의 산업화: '개체화의 상실'

스티글레르는 '도식의 산업화'라는 개념을 통해 산업화된 현대 사회에

서 기술적 대상, 특히 시간적 흐름을 갖는 기술적 대상temporal object과의 관계 속에서 기억이 어떤 의미를 갖는지를 설명하고자 한다. 후에 비판을 받기도 하지만, 구체적으로 스티글레르는 이를 영화나 텔레비전과 같이 시간적 흐름을 가지는 매체와 의식의 흐름 사이의 관계 및 상동성으로 접근한다.[2] 그에 따르면, 산업 시대의 기억 기술인 영화는 접합 과정에서 도식에 의거하는 의식의 흐름 자체를 영화 자체의 흐름으로 덮어씌운다. 지각과 상상 사이의 혼동, 이것이 바로 의식의 시간적 흐름과 영화의 시간적 흐름, 양자의 결합이 불러일으키는 결과다. 시몽동 식으로 표현하면, 인간은 지각하는 것, 상상력을 통해 환기되는 것, 제3의 기억, 이 삼자 사이의 관계를 통해 주체적으로 개체화를 이루는데, 아도르노와 호르크하이머가 진단한 것처럼 외부의 미디어가 의식에 작용하면서 불행히도 '개체화의 상실'loss of individuation을 야기하기에 이른다. 인간의 의식 자체가 영화적인데 영화 자체의 흐름에 의해 이것이 덮어씌워진다는 점에서 이 과정은 이중적이다. 스티글레르는 칸트의 도식 개념과 아도르노·호르크하이머의 문화 산업 비판을 결합해 '덮어씌워짐'의 과정을 '도식의 산업화'industrial schematization로 규정한다. 산업 시대 이후 우리의 의식은 산업화된 테크놀로지에 의해 덮어씌워져 버렸다. 칸트가 말하는 인식의 수동적 종합에서의 도식 자체가 기술적 도식(문화 산업의 기술)으로 대체되는 것이다. 우리의 지각과 상상력은 주체적인 의식 내에서 이루어지는 것이 아니라 문화 산업의 외재적이고 기술적인

---

2 시간적 대상이 아닌 매체에 대한 설명이 부족하다는 비판에 대해 스티글레르는 모든 기술적 대상은 시간적이라고 주장한다.

도식의 산업화

'문화'culture의 가능태, 그리고 이에 따른 '정신'spirit의 가능태는 기술에 의존한다. 그러나 이러한 관점을 택할 경우 아도르노와 호르크하이머가 개진한 '문화 산업' 개념이 갖는 비판적 작업들에 상당한 함의를 가지는 바, 이들이 문화 산업을 특징지으며 지적한 것은 바로 칸트가 "순수 오성의 개념들로 구성되는 도식"이라 부른 그것이다. 우리가 기억해야 할 점은 칸트주의가 인간 주체의 인식에서 없어서는 안 될 두 가지 토대, 즉 감성과 오성을 명확히 밝혀내고 있다는 것이다. 칸트에게 상상력을 통해 작동하는 도식화는 통합, 즉 의식 자체의 통합성을 가능케 해주는 것이다. 그렇지만 문화 산업이 상상력의 산업이라는 점에서 호르크하이머와 아도르노는 상상력의 산업화industrialization of the imaginary를, 도식화 능력의 산업적 외화 그리고 이에 따른 인식하는 의식의 소외와 물상화로 기술할 수 있었던 것이다. ─『기술과 시간』3권 (2011[2001]: 37).

과정에 의해 대체되기에 이른 것이다.

스티글레르에 따르면, 사회가 라디오(1920)나 텔레비전(1950) 시대를 지나 인터넷(1990), 그리고 소셜미디어(2000)의 시대로 나아가면서 기억 기술은 한 단계 더 산업화된 모습을 보여 준다. 발전된 문화 산업의 기억 기술은 과거의 '기억 테크닉'에서 '기억 테크놀로지'로 발전되고 있다. 스티글레르는 이를 '기억의 초-산업화'hyper-industrialization of memory라 부른다. 기억의 초산업화를 견인하는 '기억 테크놀로지'는 인간이 이해할 수 없는 기술만의 논리techno-logic에 의거해 기억을 쓰며, 이로 인해 우리의 인식 범위를 넘어서는 기술만의 세계가 확장된다. 인터넷으로 대표되는 전 지구적 범위의 네트워크 테크놀로지를 포함해, 속도와 효율성을 강조하는 자본주의적 기억 기술은 기억 테크닉이 아닌 기억 테크놀로지로 전환되면서 지식 사회를 만들어 가기보다는 역설적이게도 지식의 박탈 내지 상실loss of knowledge을 야기하고 있는 것이다. 기억의 산업화와 그

기억 테크놀로지

원초적으로 대상화되고 외화된 것으로서의 기억은 인류의 지식을 확장하면서 끊임 없이 기술적으로 확대된다. 그 힘은 사회적 조직화뿐 아니라 우리의 정신적 조직화 를 회의하며 우리의 이해에서 벗어나면서 동시에 우리를 압도하기도 한다. 이는 특히 '기억 테크닉'mnemotechniques에서 '기억 테크놀로지'mnemotechnologies로의 전환, 즉 개인 수준에서의 기억 기능의 외화에서 기억을 조직화하는 대규모의 기술적 체계 나 네트워크로 전환될 때 명백하게 나타난다. 오늘날 기억은 산업적 발전의 주요 요 소가 되었다. 즉 일상의 대상들은 점점 더 객관적 기억의 서포트, 그리고 결과적으로 지식 형식으로 기능하고 있다. 그러나 장비와 장치에 대상화되는 지식의 새로운 '기 술적' 형식은, '지식 사회', '지식 산업', 그리고 최근의 이른바 '인지적' 또는 '문화적' 자본주의를 이야기하기 시작한 바로 그 시점에 역으로 지식의 상실을 야기하고 있다.
—「기억」(2010b: 67).

것에 이은 기억의 초산업화는 결국 인간 정신의 '빈곤화'를 초래하는데, 이것이 바로 스티글레르가 지향하는 새로운 정치경제비판의 핵심이다.

신정치경제비판: 새로운 프롤레타리아

스티글레르가 보기에 초산업화와 그것에 따른 정신의 빈곤화라는 현 재의 국면에서 필요한 것은 맑스를 계승하는 또 다른 의미의 정치경제 비판이다. 기억 테크놀로지가 초래하는 것은 우선 '오리엔테이션 상실' disorientation(방향감각 상실)이다(2009[1996]; 2011[2001]). 이는 『기술과 시간』 2권의 부제이기도 하다. 스티글레르에 따르면 우리는 선택과 응 축을 통해 '이벤트화'eventisation를 수행하는데, "발생하는 일들 중에서 위 계, 즉 우선순위에 의한 선택을 통해 정보로 구성해 내는 것"을 의미한 다(2009[1996]: 115). 그렇지만 문제는 산업화의 이벤트화가 전적으로 실시간real time을 염두에 두기에 우리는 지각과 상상을 구분하지 못하고 결국 시간과 공간의 오리엔테이션을 상실하게 된다는 것이다. 즉 속도에 의해 현재성이 강조되다 보니 과거, 현재, 미래의 시간축이 붕괴되고 나아가 공간적 거리감마저도 사라지게 된다. 기존의 이론가들도 많이 비판한 바 있는 이와 같은 내용을 스티글레르는 '시공간적 오리엔테이션 상실'cardinal and calendric disorientation이라고 부른다.

세대 간에 '선재'가 전승되고 그것이 시간적으로 차별화하고 예기하는 정신적·사회적 과정이 현재 후기 자본주의 국면에서는 실시간을 중심으로, 즉 시공간이 없어진 상태로 끊임없이 짧게 순환하는 과정으로 대체되고 있다는 것이다. 원래는 긴 회로long-circuit로 세대를 통해 전승되어야 할 기억과 유산이 짧은 회로short-circuit 속에 놓여 끊임없이 회전하는 것이 오늘날의 문제다. 즉 공시성 속에서 다양성이 소멸되고 역사성이 파괴되고 있는 것이 오늘날 기억 테크놀로지가 초래한 결과라는 것이다.

스티글레르는 이처럼 의식의 도식이 산업적 미디어에 의해 침탈되면서 우리는 두 가지 측면에서 '프롤레타리아화'된다고 진단한다. 하나는 맑스가 말한 *savoir-faire*(잘 하는 법) 차원이고, 다른 하나는 스티글레르가 새롭게 밝혀내고자 한 *savior-vivre*(잘 사는 법) 차원이다. 원래 프롤레타리아화는 맑스가 개념화한 것으로, 자본주의 노동자는 구상과 실행의 분리로 실제 지식은 남에게 빼앗긴 채 탈숙련화된 노동을 하는 기계와 같은 존재로 전락한다. 이것이 *savoir-faire*의 상실이다. 그러나 스티글레르는 이것을 넘어 현대 사회에서는 노동자로서의 위치에서뿐만 아니라 소비자로서의 위치에서 *savoir-vivre*까지도, 즉 삶의 과정에서 어떻

프롤레타리아화: *savoir-faire, savoir-vivre*

맑스가 프롤레타리아화proletarianization라 기술한 것, 즉 savoir-faire(잘 하는 법)의 상실에 기초가 되는 제스처의 쓰기grammatization는 전자 및 디지털 기기의 발전과 함께 추구되면서 이제 지식의 '모든' 형식들이 인지적, 문화적 기억 테크놀로지를 통해 쓰여진다고 할 정도에 이르렀다. 이는 언어적 지식이 자동화된 언어 처리 기술과 산업이 되는 방식뿐만 아니라 savoir-vivre(잘 사는 법), 즉 사용자 프로필부터 정동affects의 쓰기까지 행동 일반 또한 포함하게 될 것이다. 이 모두가 초산업화된 '서비스' 경제로 구성되는 '인지적', '문화적' 자본주의로 이끌어 나갈 것이다. —『신정치경제비판』 (2010[2009]: 33).

오늘날 기술적 기억의 문제를 검토한다는 것은 외재 기억의 문제를, '프롤레타리아의 문제'로서 뿐만 아니라 '소비자가 서비스 산업과 장치에 의해 기억과 지식을 박탈당하는 쓰기grammatization 과정의 문제로 다시 제기하는 것'을 의미한다. 우리는 초개체화transindividuation 과정에서 이것이 짧은-회로들을 어떻게 생산하는지 목도하게 될 것이다. 오늘날 기술적 기억의 문제를 검토한다는 것은 외재 기억 테크놀로지의 확산에 의해 초래되는 '프롤레타리아화의 일반화'generalized proletarianization 단계를 탐색하는 것을 의미한다. —『신정치경제비판』(2010[2009]: 35).

게 살아갈 것인가와 관련된 지식마저도 박탈되기에 이르렀다고 본다. 스티글레르가 보기에 프롤레타리아화는 기본적으로 '지식'을 박탈당했다는 것을 의미하는데, 이는 '어떻게 만들 것인가'라는 노동자의 문제부터 '어떻게 살 것인가'라는 소비자의 문제에 이르기까지 우리를 '바보'로 만들었음을 의미한다.

이것이 그가 강조하는 정신의 '빈곤화'pauperization다. 현재의 테크놀로지는 글로벌 차원의 인지 자본주의로 우리의 주체적인 기투와 파지 등의 과정을 빼앗는 힘을 가진다. 미디어는 끊임없이 우리의 주목attention을 탈취해 버린다. 최근 미디어가 요구하는 경험은 깊은 주목이 아니라 얄팍하고 말초적인 자극만이 넘쳐나는 하이퍼-주목hyper attention

에리스*eris*, 스타시스*stasis*, 폴레모스*polemos*

유한자the mortal(인간)는 디폴트의 존재, 즉 원초적인 결함과 결핍으로 특징지어지는 존재다. 이는 장애를 가진 신으로부터 받은 원초적 장애로 괴로워하고 이 때문에 원초적 결함을 대리보충하기 위해, 보다 정확히는 결함으로부터 지연(하고 차별화)하기 위해 보철을 필요로 하는 존재라는 것을 말한다. 결함은 '선으로 만들어질' 수 없기에, 결핍은 메꿔질 수 없다. 그러므로 유한자들이 인공물이 가진 이 중요한 힘을 어떻게 사용할지에 대해 합의를 볼 수 없다는 문제가 발생한다. 인공물은 무질서*eris*와 환란*polemos*을 가져온다. 결과적으로 유한자들은 서로 싸우고 스스로를 파괴한다. 인간은 자신의 운명을 책임져야 하지만, 원초적 결핍*défaut*이 목적 또는 궁극의 결핍이기도 한 까닭에 그 무엇도 이들에게 그 운명이 무엇인지 알려주지 않는다. 바로 이런 의미에서 기술이 '결정decision의 문제를 구성'한다고 할 수 있으며, 이 문제, 그리고 그 경험이 바로 내가 시간이라 부르는 것이다⋯. —『결정의 기술』(2003b: 156).

일 뿐이다. 스티글레르가 강조, 또 강조하는 점은 인지 자본주의가 이끄는 빈곤화에 맞서 이것으로부터 벗어나려는 지능intelligence, 그리고 정신을 둘러싼 전쟁이 벌어지는 시대가 바로 현재라는 것이다. 『젊은이에 대한 배려와 세대』(2010[2008])에서 밝히고 있듯이, 그가 보기에 이는 우리의 머릿속에서 벌어지는 발생의 문제, 즉 '신경연접발생'synaptogenesis의 문제다.

역사성과 방향감각의 상실, 프롤레타리아화, 주목을 둘러싼 전쟁과 더불어 스티글레르가 특히 최근 강조하는 것은 건강한 공동체 사회의 구축 문제다. 스티글레르가 궁극적으로 지향하는 바는 그리스 시대의 폴리스polis다. 그러나 우리는 정치적으로 서로 적대적인 상황으로 가고 있다. 프로메테우스가 인간에게 준 기술은 윤리적 방향성이나 가치가 담보된 기술이 아니라 그냥 훔쳐다 준 것, 그것도 태생적으로 결핍을 갖고 있는 신(절름발이인 헤파이스토스)으로부터 훔쳐다 준 것이다. 선善이나 가치는 선험적으로 결정된 것이 아니기에 기술은 전쟁의 도구나 서로를 적대시하는 도구로 즉각 전환된다. 지능과 주목을 둘러싸고 전쟁이 벌어지는 것은 근본적으로 원초적인 결핍을 갖는 기술성 때문이다. 프로메테우스로부터 받은 것은 혼란과 무질서 속에서 무언가를 개선해 주는 기술이기보다는 내분stasis과 외환polemos을 만들어 내고 증폭시키는 적대적인 무기가 되고 있는 것이다. 스티글레르가 보기에 현대의 기억 테크놀로지는 폴리스라는 이상적인 공동체를 만드는 데 결코 기여하지 못하고 있다. 이에 인간은 비판적 사고와 주체성을 지닌 '나(I)', 그리고 이들이 모여 공동체를 구성하는 '우리(We)'가 되지 못하고 정신적으로 빈곤화된 하나의 탈개체화된 '추상적 개체(One)'로 전락하고 있다. 스티글레르의 처방은 이런 인식에서 출발한다.

파르마콘: 약인가 독인가

그렇다면 이제 어떻게 해야 하는가? 스티글레르의 처방, 즉 파르마콘pharmakon은 염려와 비판적 사고 능력 두 가지로 요약된다. 그는 먼저 서로를 적대하는 관음증적인 시선이 아니라 서로를 염려하는 보살핌attentional care을 강조한다. 이 맥락에서 그는 '누폴리틱스'noopolitics를 제안한다. 정신을 담아내는 정치학politics of the mind이 필요하다는 것이다. 『젊은이에 대한 배려와 세대』라는 그의 책 제목에서 보듯, 스티글레르는 특히 젊은이들이 테크놀로지에 빠져 '바보'가 되어 가고 있다며 이들을 염려하는 자세가 필요하다고 이야기한다. 즉 염려의 윤리가 바로 우리 시대에 필요하다. 그는 산업화로 인해 교육제도나 가족이 세대를 이어 주는 기능을 모두 상실했다고 보고, 정신_esprit_을 살려내고 세대 간의 이음 intergeneration과 '긴 회로'를 회복하는 것이 필요하다고 주장한다. 이를 위해서는 내재 기억의 가능성을 모색해야 한다는 것이다.

근본적으로는 빈곤화된 현대인에게 역사성과 다양성을 회복해 내기 위해서는 비판적 사고와 그것에 기초한 비판적 해독 능력critical literacy, 즉 '새로운 쓰기grammatization 감각'이 긴요하다. 이를 위해 스티글레르는 철학 학교, 비판적 영상 해독 등 사회적·교육적 실천을 주도하고 있다. 구체적으로 그는 퐁피두센터에서 소프트웨어에 대해 비판적 분석을 하거나 영상에 대한 리터러시를 배양하는 등의 프로젝트를 진행하기도 했다. 스티글레르가 내리는 처방의 핵심은 비판적 해독 능력을 토대로 세대를 이어 주는 사회적 배열을 만들어 내는 것에 있다. 그는 SNS나 유튜브와 같은 교호 네트워크에서 교호하는 집단들을 만들어 내고, 이것이 공동체의 실현으로 나아가기를 기대하고 있다. 그런 의미에서 그는 철학자이자 운동가이며 현대의 또 다른 맑스이기도 하다.

스티글레르에 대한 비판: 기술결정론 혹은 인지주의?

스티글레르에 대한 비판은 그의 탁월한 업적만큼이나 큰 것 같다. 이 중에서 중요하다고 생각되는 몇 가지만을 제시하고자 한다. 첫째는 기술결정론이라는 비판이다. 흔히 그의 입장은 제3기억, 즉 외화된 기억이 우리의 의식을 결정한다고 보는 것으로 간주되곤 한다. 이론적으로는 '후천계통발생'이라는 개념을 통해 상호변환 과정을 강조했던 것과는 달리 현대 사회 비평에서는 오로지 (초)산업적인 기억 테크놀로지가 우리의 의식에 미치는 영향을 일방향적으로 설명한다는 점에서 비판의 대상이 되기도 한다. 그러나 스티글레르가 기본적으로 기술과 관련해 견지하는 입장은 기술이 우리가 흔히 생각하듯 도구나 수단이 아니라 '문화' 그 자체라는 것이다. 그는 기술이 유산, 즉 문화가 외화된 것으로 보아야 하기에 이를 너무 협소하게 해석해서는 안 된다고 반박한다.

둘째는 인지주의mentalism라는 비판이다. 빈곤화된 인간의 정신이나 내적인 의식 구조 등을 규정할 때 스티글레르가 인지적인 측면만을 너무 강조했다는 것이다. 미디어 또는 문화 산업과 관련해 옳고 그름이나 a 또는 b 식의 인지적 차원을 넘어 정신적이고 정동적affective인 측면들을 고려해야 하는데 이러한 측면들을 상대적으로 도외시했다는 것이다. 핸슨Mark Hansen처럼 메를로-퐁티Maurice Merleau-Ponty를 계승하는 학자들의 경우에는 육화embodiment의 측면에 대한 고려가 있어야 한다고 비판한다. 현대 테크놀로지 환경은 육화를 구현하는 방향으로 발전하는데 스티글레르는 육화의 과정embodied process을 간과하고 있다는 것이다. 이에 핸슨은 『코드화된 신체』(Hansen, 2006) 등의 저서에서 기술성technicity의 문제를 육화의 문제와 결합하여 새롭게 자신의 기술철학으로 발전시켜 나가고 있다. 그는 기술 패러다임이 혼합 현실mixed reality로 전환되는 상황에서 철학 또한 기술성과 육체성의 문제를 결합하는 패러다임으로 전환해야 한다고 주장한다.

셋째는 교호sociality의 문제다. 현재 커뮤니케이션 테크놀로지에서 관심의 초점은 SNS로 대표되는 인터넷에서 벌어지는 교호성의 문제에 모아지고 있다. 교호성의 문제는 폴리스나 적대감antagonism 못지않게 보다 구체적인 분석이 요구되고 있는데, 스티글레르는 기술의 문제를

교호 네트워크와 교호 집단

(…) 나는 교호 네트워크social network 전반, 특히 교호-기술적socio-technological 네트워크가 그 자체로 교호 집단social groups의 형성을 촉진할 것이라 믿지 않는다. 또한 (…) 나는 진짜 문제는 교호 '네트워크'를 교호 집단과 어떻게 배열arrangement할 것인가에 달려 있다고 본다(교호하는 집단이 없는 교호 네트워크는 마피아와 같기 때문이다). 이와 같은 배열은 교호-기술적 네트워크가 쓰기의 공간scripted space, 이에 따른 개체화의 공간이기도 하기 때문에 가능할 뿐만 아니라 전적으로 신뢰할 수도 있다. 그렇지만 '실제로' 가능하기 위해서는 교호-기술적 네트워크도 세대를 이어 주는inter-generational 것이어야 하며, 보다 정확하게는 '교호 집단이 사회적-정신적-기술적 네트워크의 세대 연결적 배열'로 구성되어야만 한다.

(…) 이를 위해 우리는 교호 네트워크 안에 정치화된 친구들의 공동체들을 만들어 가야 한다. 이러한 공동체는 개체화의 조건들을 고려하는 비판적 자세를 견지한다는 의미에서 시민적civic이어야 할 것이다. ―「교호 네트워킹」(2013b: 28~29).

기억 기술에 한정함으로써 교호의 문제를 상대적으로 덜 다루고 있는 것이 사실이다. 스티글레르가 폴리스 문제를 다루거나 유튜브와 페이스북에 대해 간략한 분석적 논의를 제시하기는 했지만(2009b; 2013b), 우리는 기술성을 교호의 문제와 어떻게 결합시켜 사유할 것인가를 보다 깊이 고민할 필요가 있다. 예컨대 '교호의 기술적 쓰기'technological grammatization of sociality와 같은 필자(이재현, 2014)의 개념으로 이러한 문제에 접근해 볼 수도 있을 것이다.

마지막으로 교육 제도 개선, 세대 이음, 정신 회복 등과 같은 스티글레르의 지향점이 계몽주의적 프로젝트라는 비판이 제기될 수 있다. 이에 대해 스티글레르는 여전히 계몽주의가 요구된다고 생각하고 있는 듯하다. 스티글레르는 인간이 궁극적으로 기술을 뛰어넘을 수는 없다고 본다. 이는 인간이 원초적인 기술성을 갖고 진화해 온 존재이기 때문이다. 그는 현재의 기술이 우리를 바보로 만들고 있다 하더라도 이 기술 내에서 무언가를 모색해야 한다고 본다. 그가 유튜브를 양가적인 측면에서 분석하는 것은 이 때문으로 보이며(2009b), 그 자신의 입장을 '파르마콜로지'pharmacology라 부르는 것도 이러한 맥락에서다(2013[2010]). 기술은 약처럼 해방과 억압이라는 이중성을 가지고 있기 때문이다. 스티글레르의 파르마콘은 현대 사회에서 여전히 유효할 것인가?

참고문헌

1. 베르나르 스티글레르의 저술

[단독 저서]

2015, *La société automatique: Tome 1, L'avenir du travail*, Paris: Fayard.

2013, *Pharmacologie du Front national*, Paris: Flammarion.

2012, *Etats de choc: Bêtise et savoir au XXIe siècle*, Paris:Mille et une nuits; 2015, *States of Shock: Stupidity and Knowledge in the 21st Century*, trans. Danie Ross, Cambridge: Polity Press.

2010, *Ce qui fait que la vie vaut la peine d'être vécue: De la pharmacologie*, Paris: Flammarion; 2013, *What Makes Life Worth Living: On Pharmacology*, trans. Danie Ross, Cambridge: Polity Press.

2009, *Pour une nouvelle critique de l'économie politique*, Paris: Galilée; 2010, *For a New Critique of Political Economy*, trans. Danie Ross, Cambridge: Polity Press.

2009, *Pour en Finir avec la Mécroissance*, Paris: Flammarion.

2008, *Economie de l'hypermatériel et psychopouvoir*, Paris: Mille et une nuits.

2008, *Prendre Soin: Tome 1, De la jeunesse et des générations*, Paris: Flammarion; 2010, *Taking Care of Youth and the Generations*, trans. Stephen Barker, Stanford: Stanford University Press.

2006, *Mécréance et Discrédit: Tome 2, les sociétés incontrôlables d'individus désaffectés*, Paris: Galilée; 2013, *Uncontrollable Societies of Disaffected*

Individuals: Disbelief and Discredit 2, trans. Daniel Ross, Cambridge: Polity Press.

2006, *Mécréance et Discrédit: Tome 3, L'esprit perdu du capitalisme*, Paris: Galilée; 2014, *The Lost Spirit of Capitalism: Disbelief and Discredit 3*, trans. Daniel Ross, Cambridge: Polity Press.

2006, *Des pieds et des mains: Petite conférence sur l'homme et son désir de grandir*, Paris: Bayard.

2006, *La télécratie contre la Démocratie*, Paris: Flammarion.

2005, *Constituer l'Europe: Tome 1, Dans un monde sans vergogne*, Paris: Galilée.

2005, *Constituer l'Europe: Tome 2, Le motif européen*, Paris: Galilée.

2005, *L'attente de l'inattendu*, Paris: Head.

2004, *De la misère symbolique: Tome 1, L'époque hyperindustrielle*, Paris: Galilée; 2014, *Symbolic Misery, Volume 1: The Hyper-Industrial Epoch*, trans. Barnaby Norman, Cambridge: Polity Press.

2004, *De la misère symbolique: Tome 2, La Catastroph du sensible*; 2015, *Symbolic Misery*, Paris: Galilée, *Volume 2: The Catastrophe of the Sensible*, trans. Barnaby Norman, Cambridge: Polity Press.

2004, *Philosopher par accident: Entretiens avec Elie During*, Paris: Galilée.

2004, *Mécréance et Discrédit: Tome 1, La décadence des démocraties industrielles*, Paris: Galilée; 2011, *The Decadence of Industrial Democracies: Disbelief and Discredit 1*, trans. Daniel Ross & Suzanne Arnold, Cambridge: Polity Press.

2003, *Passer à l'acte*, Paris: Galilée; 2009, "How I Became a Philosopher", *Acting Out*, trans. David Barison & Daniel Ross & Patrick Crogan, Stanford: Stanford University Press.

2003, *Aimer, s'aimer, nous aimer: Du 11 septembre au 21 avril*, Paris: Galilée; 2009, "To Love, To Love Me, To Love Us: From September 11 to April 21", *Acting Out*.

2001, *La technique et le temps. Tome 3: Le temps du cinéma et la question du mal-être*, Paris: Galilée; 2010, *Technics and Time 3: Cinematic Time and the Question of Malaise*, trans. Stephen Barker, Stanford: Stanford University Press.

1996, *La technique et le temps. Tome 2: La désorientation*, Paris: Galilée; 2009,

Technics and Time 2: Disorientation, trans. Richard Beardsworth & George Collins, Stanford: Stanford University Press.

1994, *La technique et le temps. Tome 1: La faute d'Epiméthée*, Paris: Galilée; 1998, *Technics and Time 1: The Fault of Epimetheus*, trans. Richard Beardsworth & George Collins, Stanford: Stanford University Press.

[공저서]

2015(with Ariel Kyrou), *L'emploi est mort, vive le travail!*, Paris: Mille et une nuits.

2012(with Philippe Meirieu & Denis Kambouchner), *L'école, le numérique et la société qui vient*, Paris: Mille et une nuits.

2009(with Serge Tisseron), *Faut-il interdire les écrans aux enfants?*, Paris: Mordicus.

2007(with Marc Crépon), *De la démocratie participative: Fondements et limites*, Paris: Mille et une nuits.

2007(with Alain Jugnon, Alain Badiou & Michel Surya), *Avril-22 : Ceux qui préfèrent ne pas*, Paris: le Grand souffle.

2006(with Jean-Christophe Bailly & Denis Guénoun), *Le théâtre, le peuple, la passion*, Besançon: les Solitaires intempestifs.

2006(with Marc Crépon, George Collins & Catherine Perret), *Réenchanter le monde : La valeur esprit contre le populisme industriel*, Paris: Flammarion; 2014, *The Re-Enchantment of the World: The Value of Spirit Against Industrial Populism*, trans. Trevor Arthur, London and New York: Bloomsbury.

1996(with Jacques Derrida), *Échographies de la télévision. Entretiens filmés*, Paris: Galilée; 2002, *Echographies of Television: Filmed Interviews*(Including Stiegler, "The Discrete Image"), trans. Jennifer Bajorek, Cambridge: Polity Press.

[이 글에서 참고한 스티글레르의 논문]

2013b, "Social Networking As a Stage of Grammatization and the New Political Question", Talk at the UnLike Us #3 Conference.

2010b, "Memory", eds. W.J.T. Mitchell & M. Hansen, *Critical Terms for Media Studies*,

Chicago: The University of Chicago Press, pp. 64~156.

2009b, "The Carnival of the New Screen: From Hegemony to Isonomy", eds. P. Snickars & P. Vonderau, *The YouTube Reader*, Stockholm: National Library of Sweden, pp. 40~59.

2003b, "Technics of Decision: An Interview", *Angelaki: Journal of the Theoretical Humanities*, 8(2), pp. 151~168.

2. 그 밖의 참고문헌

이재현, 2014, 「SNS와 소셜리티의 위기」, 김우창 외, 『풍요한 빈곤의 시대: 공적 영역의 위기』, 민음사, 249~285쪽.

Auroux, Sylvain, 1994, *La révolution technologique de la grammatisation*, Liège: Mardaga.

Derrida, Jacques, 1967, *De la Grammatologie*, Paris, Édtions de Minuit.

Gille, Bertrand, 1978, *Histoire des techniques,* Paris: Gallimard.

Hansen, Mark, 2006, *Bodies in Code: Interfaces with Digital Media*, New York; London: Routledge.

6장 | 테크노사이언스에서 '사물의 의회'까지

브뤼노 라투르의 기술철학

홍성욱

라투르, 행위자 연결망 이론, 기술

프랑스 STS[1] 학자 브뤼노 라투르Bruno Latour는 인문사회과학 전 분야를 통틀어서 현존하는 가장 영향력 있는 학자 중 일인이다. 이는 그가 지금까지 출간한 책의 목록만을 봐도 잘 드러난다. 그는 신학으로 박사학위를 받은 뒤에 미국 소크 연구소Salk Institute에서의 참여 관찰을 토대로, 과학 실험실과 과학의 실행에 대한 매우 독창적인 연구를 담은『실험실 생활』(with Woolgar, 1979)을 출판함으로써 학계에 화려하게 등장했다. 이 책은 영국 STS 학자인 울가Steve Woolgar와 함께 집필한 것이다.

이후『실제 과학』(1987)과『프랑스의 파스퇴르화』(1988)를 출판해 과학과 사회에 대한 행위자 연결망 이론(actor-network theory, ANT)을

---

1 STS는 Science and Technology Studies의 약자로도, Science, Technology and Society(Studies)의 약자로도 사용된다. 여기에서는 과학 기술 지식의 사회적 속성이나 과학 기술과 사회의 관련성을 연구하는 전문 분야를 총칭하는 과학기술학을 STS라고 할 것이다.

정교하게 발전시켰다. 그리고 그는 관심을 근대성의 문제로 돌려서『우리는 결코 근대인이었던 적이 없다』(1993[2009])를 출판했다. 이 무렵에 그는 소위 '과학 전쟁'을 겪으면서 포스트모던 인문학자들에 의한 과학의 오용을 비난하는 과학자들의 표적이 되었다. 그렇지만 라투르는 이런 공격에 위축되지 않고 자신의 사상을 더 정교하게 다듬어서『판도라의 희망』(1999)을 출간했고, 정치 생태학political ecology에 대한 자신의 생각을 확장시켜서『자연의 정치』(2004)를, 곧이어 자신의 사회과학적인 입장을 정리한『사회적인 것 재조합하기』(2005)를 출판했다.

라투르는 STS 전공자로 자신을 소개하지만, 철학적인 주제에 대한 작업도 남겼다. 그는 자신에게 큰 영향을 준 프랑스 철학자 미셸 셰르Michel Serres와의 대담을 묶은『과학, 문화, 시간에 대한 대담』(with Serres, 1995[한국어 번역본은『해명』, 1994])을 출판했고, 2013년에는 인식론과 존재론의 전통적인 구분을 넘나드는 자신의 철학적 입장을 집대성한 대작『존재의 양식에 대한 탐구』(2013)를 저술했다. 2000년대 이후에 그의 관심은 행위자 연결망 이론의 통찰을 예술, 종교, 법률 쪽으로 확장해 보는 방향으로도 이어졌는데, 이런 시도의 일환으로 나온 책들이『사실숭배적 신의 근대 제식에 대해서』(2009),『환희, 혹은 종교적 발화의 고통』(2013),『법 만들기』(2009),『아이코노클래시』(eds. with Weibel, 2002),『사물을 대중적으로 만들기』(eds. with Weibel, 2005),『파리: 안 보이는 도시』(with Hermant, 2006) 등이다.

이런 영향력 있는 저술들을 한 사람이 했다는 것도 놀랍지만, 이런 저술들이 라투르의 저술의 일부라는 사실은 더 놀랍다. 이 영문 저술의 목록에 불어로 출판되었지만 영어로 번역되지 않은 저술 목록을 합치면 라투르의 책의 목록은 훨씬 더 늘어난다. 또 그는 학계에 상당한 영향을 미친 논문들을 수십 편 이상 출판했고, 최근에도 과학 논쟁과 관련된 웹사이트를 만들어서 집단 지성을 실험하는 등 새로운 학문적 시도를 끊임없이 진행하고 있다. 라투르 이전에『과학혁명의 구조』(Kuhn, 1962)를 저술한 토마스 쿤Thomas Kuhn이 과학사와 과학철학이라는 학문 분야를 소수가 관심을 가진 학제적 분야에서 당당한 전문 분야로 주목받게 했다면, 라투르의 작업들은 과학 기술과 사회의 관계를 연구하는 STS가 독자적인 방법론과 철학을 가지고 현대 사회의 여러 특성들을 분석하는 중요한 전문 분야로 주목받게 만들었다. STS는 현대 위험 사회가 파국으로 빠지지 않게 하는 조타의 역할을 하는 학문으로 평가받고 있는데, 그는 다른 어떤 학자들보다 이런 평가를 이끌어 내는 데 큰 기여를 했다.

그런데 라투르에 대해서는 긍정적인 평가만 있는 것이 아니다. 라투르는『실험실 생활』에서 소크 연구소 과학자에게 노벨상을 안겨 준 TRF라는 호르몬이 '구성되었다'고 주장했다. 이런 주장은 그에게 '비실재론자'라는 딱지를 달아 주었고, 과학자들은 과학에 대해서 잘 모르는 인문학자인 그가 황당한 주장을 일삼는다고 비난했다. 또 라투르의 행위자 연결망 이론은 기술technology과 같은 비인간 행위자들nonhuman actors을 인간 행위자와 대칭적으로 보아야 한다고 주장하면서 이들에게 행위성agency을 부여하는데, 이런 급진적인 주장은 사회구성주의 STS 학자들과 전통적인 기술철학자들의 비판의 대상이 되었다. 비판자들은 비인간 행위자들의 행위성은 인간의 행위성과 결코 동일한 것이 아니며, 비인간의 행위성은 라투르 같은 분석가가 마치 비인간이 행위성을 갖는 식으로 사건을 서술한 결과에 불과하다고 논박했다.

기술technology은 비인간 행위자의 핵심적인 부분이지만, 전부는 아니다. 그의 철학적·사회학적 논의에는 세균, CO_2, 인쇄된 이미지, 출판된 논문 등 우리가 기술이라고 부르기 힘든 다양한 비인간 행위자들이 등장한다. 그렇지만 라투르의 사상에서 기술이 차지하는 위치가 중요한 것 또한 사실이다. 무엇보다 기술은 인간에게 영향을 미치는 비인간 행위자 가운데 핵심적인 지위를 차지한다. 기술은 인간이 자연적인 재료를 가공해서 만든 비인간이기 때문에, 자연과 인간 사회를 가로지르면서 이 중간에 혼종적인 공간을 창출하는 존재이다. 라투르는 파리의 혁신적인 전철 프로젝트의 실패를 둘러싼 논쟁을 분석해서 『아라미스』(1996)라는 책을 저술했고, 과속방지턱, 안전벨트, 자동문 폐쇄기, 열쇠와 같은 기술을 예로 들면서 기술에 대한 ANT의 논의를 발전시켰다(홍성욱, 2008, 2010; Latour, 1999, 2002). 이런 분석들은 그 자체로도 흥미롭지만, 비인간의 행위성이라는 ANT의 논쟁적인 개념을 파악할 수 있는 열쇠가 되기도 한다.

서구의 전통적이고 지배적인 인식론과 존재론 모두에 도전하는 라투르의 사상을 짧게 요약하는 것은 거의 불가능하다. 또 라투르 자신이 여러 차례에 걸쳐서 언급했고 그의 사상을 분석한 연구자들도 대부분 동의하듯이, 그의 개념이나 이론에 일관된 통일성이 있는 것도 아니다. 그렇지만 비인간, 혹은 비인간 행위자라는 개념이 라투르의 사상을 관통하는 핵심적인 개념인 것은 분명하다. 비인간 행위자의 행위성이라는 ANT의 논쟁적인 개념에 접근할 수 있는 가장 좋은 방법은 기술에 대한 그의 분석을 따라가 보는 것이다. 그의 복잡한 사상 체계의 실타래를 풀어 주는 열쇠로서 기술을 사용할 수 있다는 것이다. 혹은 이 역의 이해도 도모해 볼 수 있다. 비인간에 대한 ANT의 논의를 분석하다 보면 그의 기술관의 요체를 파악할 수도 있다. 이 글에서는 이러한 두 가지 방법을 다 사용하면서, 라투르의 기술, 비인간, ANT를 종합적으로 이해할 수 있는 몇 가지 '그림'을 제시해 볼 것이다.

과학적 사실의 구성에서 테크노사이언스로

라투르가 스티브 울가와 함께 저술한 『실험실 생활』은 1979년 출간 직후부터 STS 학계에 화제를 뿌렸다. 이 책에서 제시한 실험실과 실험에 대한 분석은 실험실에 대한 첫번째 인류학적인 연구였고, 이후 STS 학계에 일련의 비슷한 연구들을 촉발시켰다. 이 연구 전체를 통해 가장 흥미롭고 논쟁적이었던 주장은 소크 연구소에서 발견해서 노벨상을 수상한 TRF라는 호르몬이 '구성되었다'는 것이었다. 라투르와 울가 이전에도 사회구성주의자들은 우생학, 통계학, 양자역학 같은 과학 이론에 대해 사회적 구성이라는 주장을 하곤 했다. 그런데 라투르와 울가는 TRF에 대한 '이론'이 사회적으로 구성되었다고 주장한 것이 아니라, TRF라는 '실재'가 구성되었다고 주장했다. 이런 주장은 소크 연구소의 발견 이전에는 TRF라는 것이 존재하지 않았다고 간주하는 반실재론적인 것이었다(Latour & Woolgar, 1979).

라투르와 울가의 이런 반실재론에 대해서는 STS 학계 안팎에서 많은 비판이 쏟아졌다. 당시 STS는 과학을 '제도'institution로 보는 제도주의 과학사회학을 비판하면서, 과학이 사회적으로 구성되었다고 주장하는 일군의 과학사회학자들이 새로운 흐름을 만들어 가고 있던 시점이었다. 이들 사회구성주의자들은 '에든버러 학파'라고도 불렸고, 이들의 작업은 '과학지식의 사회학' 혹은 '스트롱 프로그램'Strong Program이라고도 불렸다. 라투르와 울가의 해석에 대해서 사회구성주의자들은 설령 TRF에 대한 이론 자체는 사회적인 영향하에 구성될 수 있지만, TRF 자체는 이미 존재했었다고 보아야 한다는 주장을 폈다. 소크 연구소의 연구자들은 TRF를 발견하기 위해서 엄청난 양의 돼지 머리를 실험 재료를 사용했는데, 이런 유기체에 존재했던 미량의 TRF가 실험 과학자들의 실험을 통해서 발견되었다고 보는 것이 상식적으로도 더 타당한 것처럼 보였다. 시스몬도Sergio Sismondo 같은 STS 학자는 반실재론의 성향을 가진 라투르의 구성론이 사회구성주의를 오히려 더 취약한 것으로 만든다고 지적했고, 해킹Ian Hacking 같은 과학철학자는 라투르와 울가의 논의가 비실재론을 제창하고 있으며, 따라서 당시 많은 과학철학자들이 수용한 실험 실재론experimental realism과는 합치되기 힘들다고 분석했다(Sismondo, 1993; Hacking, 1988). 더 극단적으로, 1990년대 중반 이후에 벌어진 '과학 전쟁' 기간 동안에 포스트모던 인문학에 대해서 비판적이었던 과학자들은 이런 반실재론이 과학에 대해서 무지한 인문학자들의 헛소리라고 싸잡아 비난했다.

라투르는 1986년에 『실험실 생활』의 재판을 내면서 스트롱 프로그램 식의 사회구성주의와 결별했다. 그는 『실험실 생활』의 원 부제였던 "과학적 사실의 사회적 구성"을 "과학적 사실의 구성"으로 바꾸었다. 그렇지만 라투르는 재판에 새로 수록된 글에서나 이후 출판된 글에서 TRF가 구성되었다는 자신의 주장을 철회하거나 수정하지 않았다. 오히려 그는 과학 전쟁을 거친 뒤에 저술한『판도라의 희망』에서 '실재의 구성'에 대한 자신의 입장을 더 정교하게 개진했다. 간단히 말해서, TRF를 발견된 것으로 보거나, 혹은 이에 대한 이론만이 사회적으로 구성된 것으로 보는 입장은 과학을 누적적인 지식의 진보로 보는 오래된 실재론과 공명할 수밖에 없다는 것이다(Latour, 1999). 즉, TRF가 과거에도 존재하고 있었지만 이것이 1960년대의 특정 시점에야 발견되었다는 주장은, 그것에 대한 이해와 이론이 사회적으로 구성되었건 그렇지 않았건 간에 종국에는 과학의 역사가 점점 더 많은 자연의 비밀을 우리에게 드러내는 역사였다는 주장으로 이어진다는 것이다.

소박한 실재론자들도 과학이 자연의 일부에 대한 부분적인 이해를 제공한다고 생각한다. 그렇지만 이들은 과학이 그 자신이 포섭하는 대상을 점점 더 넓혀 왔고, 그 분석과 이론도 점점 더 진리에 가까워졌다고 이해한다. 그런데 과학이 포섭하는 영역이 커지고 참된 설명이 늘어난다는 식의 단선적이고 누적적인 과학관은 토마스 쿤 이래로 STS에서 비판하고 배격하기 위해서 노력했던 것이었다. 쿤은 패러다임의 전환 사이에 공약 불가능성이라는 간극이 존재한다고 하면서 이런 단선적이고 누적적인 과학관을 넘어서려고 했고, 사회구성주의자들은 과학이론이나 설명에 사회적 요인들이 포함된다는 식으로 이런 과학관을 극복하려고 했다. 그런데 라투르는 쿤이나 사회구성주의만을 가지고는 이런 전통적인 과학관을 온전하게 극복할 수 없다고 보았다. 패러다임을 도입하거나 이론이 사회적으로 구성되었다고 주장해도 결국 세상을 구성하는 과학적 존재자들이 늘어났고, 이에 대한 이론이나 이해는 점점 더 늘어나고 있다는 입장에서 온전히 결별할 수는 없기 때문이었다.

라투르는 실재론은 물론 사회구성주의도 과학의 발전이나 진보는 누적적이면서 필연적이라는 결론을 낳을 수밖에 없다고 보았고, 이런 이해와는 다른 더 급진적인 이해의 방식을 제창하려고 했던 것이다.

라투르의 입장을 이해하기 위해서 전자기파electromagnetic wave의 발견을 생각해 보자. 전자기파는 1888년에 독일의 물리학자 하인리히 헤르츠Heinrich Hertz에 의해서 발견되었다. 헤르츠는 실험실에서 전자기파를 만들어 내기 위해서 고전압의 전류를 사용해서 축전기에 전기 에너지를 축적한 뒤에, 이를 스파크spark 방전을 통해서 공기 중으로 발산시켰다. 그는 이렇게 발산된 에너지가 전자기파의 형태로 공기 속에 퍼졌을 것이라는 확신을 가지고 있었고, 눈에 보이지 않는 전자기파를 검출하기 위해서 독특한 측정 기기를 고안해 냈다. 물론 그가 이런 확신을 가질 수 있었던 것은, 그로부터 20년도 더 이전에 영국의 물리학자 맥스웰James Clerk Maxwell이 전자기파를 이론적으로 예측했고, 이런 맥스웰의 전자기학을 헤르츠가 받아들였기 때문이었다. 결국 헤르츠는 맥스웰의 이론적인 예측 이후에 그가 얻을 수 있던 여러 가지 기술적인 요소들을 결합해서 전자기파의 발견이라는 업적을 이루었다. 헤르츠의 발견 이후에 곧 이를 응용한 마르코니의 무선 전신이 나왔는데, 이 둘을 비교해 보면 거의 차이가 없음을 알 수 있다. 둘 다 그들이 얻을 수 있던 이론적, 실험적, 기술적 요소들을 결합해서 과거에는 없던 새로운 과학적 현상과 실용적 기술을 만들어 냈던 것이다.

헤르츠의 전자기파 실험에는 물리학 이론만이 아니라 수많은 기술적technical 요소들이 포함되어 있었고, 마르코니의 무선 전신에는 맥스웰과 헤르츠의 전자기 이론이 녹아 있었다. 이런 과정을 생각해 보면, 과학적 사실의 발견이라는 것이 이를 가능케 한 기술적 요소들과 무관한 것이 아니며, 그 역도 마찬가지임을 알게 된다. 다른 예를 생각해 보자. 왜 전자electron가 19세기 말인 1897년 영국 케임브리지 대학 캐번디시 연구소의 J. J. 톰슨Joseph John Thomson에 의해서 발견되었는가? 톰슨은 당시 맥스웰의 이론적 작업에서 발생하는 기묘한 불일치를 알고 있었고, 고진공 음극선관과 고전압 발생기를 자유롭게 쓸 수 있었으며, 전류의 정전기, 전자기 작용을 이해하고 있었다. 톰슨은 이런 요소들을 결합해서 전자의 효과를 측정했다. 이런 요소들이 없었던 18세기 말의 유럽에서는, 혹은 이런 요소가 없었던 19세기 말의 중국에서는 전자가 발견될 수 없었다.

왜 1960년대 소크 연구소에서 TRF가 발견되었는가? 당시 소크 연구소는 TRF의 효과를 검출하는 매우 정교한 분석 기기assay를 만들어서 가지고 있었고, 다른 연구소와의 경쟁 속에서 이 검출기가 드러낸 피크peak들을 TRF의 존재로 해석하고 그 화학식을 유도해 냈다. 당시 다른 연구소와의 경쟁이 없었다면? 당시 소크 연구소 연구원들이 소지했던 분석 기기가 덜 정교한 것이었다면? 아마 TRF는 그 시점에서 발견되지 않았을 것이다. 라투르의 해석에 의하면, 과학을 통해 우리가 무엇을 새롭게 알아낸다고 하는 것은 거의 항상 우리가 그 무엇을 새롭게 만들고, 조작하고, 분석하고, 이용하는 기술적 행위와 함께 진행된다. 이런 기술적 요소들이 존재하지 않았을 때에 전자기파, 전자, TRF가 존재했다고 얘기하는 것은 역사적으로 시대착오적이며, 철학적으로 보수적인 실재론으로 귀결된다는 것이 그의 입장이다.

라투르는 'TRF가 1960년대에 발견되었다면 그 이전에도 존재했다'는 실재론의 서술은 이 발견을 가능케 한 기술적인 면들을 전혀 고려하지 않은 상태에서 나올 수 있는 서술이라고 본다. 즉 과학 연구에서 물질적인 요소들과 조건들을 떼어 내고 생각해야만 이렇게 생각할 수 있다는 것이다. 반면에 연구자들이 특정한 기술적 조건들을 갖추면서 비로소 TRF의 존재와 그 특성을 알게 되었다고 생각하면, 과학적 발견을 위해서는 특정한 기술적 배치assemblage가 선행되거나 병행되어야 한다는 것을 알 수 있다. 조금 더 정확하게 말하자면, 과학적 발견과 기술적 배치는 공동 구성된다고 할 수 있다. 이렇게 보는 것은 과학이 진보하지 않는다는 것이 아니라, 과학의 진보가 기술적 배치에 결정적으로 의존한다고 보는 것이다. 라투르는 이런 의미에서 과학적 사실과 기술적 인공물은 공동 구성된다고 주장한다. 그는 이런 과학-기술의 혼종을 '테크노사이언스'technoscience라고 불렀다(Latour, 1987).

테크노사이언스는 라투르가 1987년에 출판한 『실제 과학』Science in Action에서부터 사용하기 시작한 신조어이다. 일반적으로 17세기 이후 근대과학에서 실험적 방법론이 사용되기 시작하면서 과학과 기술의 경계가 점차 불분명해졌고, 19세기 후반에 이르면 과학과 기술의 상호 작용이 빈번해졌다는 사실은 잘 알려져 있다. STS 학계에서는 이러한 현상을 놓고 우리가 세상에 대해서 '아는 방식'way of knowing과 '행하는 방식'way of doing이 점차 섞여서 이를 분리하기 힘들어졌고, 20세기 어느 단계가 되면 후자가 전자를 압도하게 되었다고 해석한다. 이렇게 과학-기술의 경계가 흐려지고, 행하는 방식의 우위가 확보되면서 우리가 알던 과학science이 테크노사이언스가 되었다는 것이 일반적인 해석이다(Barnes, 2005). 그렇지만 라투르의 입장은 이보다 좀더 급진적이다. 그는 과학과 기술의 경계가 아니라, 과학적 사실과 기술적 인공물의 경계가 불분명해졌음을 주장한다. 자연에 대한 사실은, 혹은 한 발 더 나아가서 자연이라는 실재는 기술적 배치가 만들어 낸다는 것이 그의 주장이다. 이런 의미에서 과학의 여러 존재자들, 실재는 구성된다.

기술이 우리가 사는 사회의 일부를 구성한다는 점에는 이견이 없을 것이다. 그런데 기술이 과학적 사실의 구성에 결정적인 요소라면, 과학에는 항상 우리 세상의 일부가 들어간다. 그리고 이 결과들은 또다시 세상으로 유입된다. 과학은 사회구성주의자들이 주장하듯이 사회적인 이데올로기나 이해관계가 결합하기 때문에 사회적으로 구성된 것이 아니라, 기술적 배치에 의존한다는 의미에서 사회적 산물이다. 테크노사이언스는 그 자체가 자연과 사회의 혼종으로 이루어진 '잡종'이다. 그것은 불완전하고 부족하게 만들어져서 점차 확장되면서 안정화된다. 그러다가 기술적 배치가 다시 불안정해지면, 여기에 의존하는 테크노사이언스 역시 불안정해진다. 그렇지만 과학에 대해서 논하는 많은 이들은 과학이 '자연'에 대한 절대적으로 참된, 객관적, 보편적 지식이라는 점을 강조한다. 라투르는 이런 과학이 과학 교과서에나, 혹은 일부 과학철학자와 과학자들의 관념 속에만 존재하는 과학이라고 간주하면서, 이런 과학을 종종 '대문자 과학', 즉 Science라고 불렀다. 반면에 실험실에서 만들어지는, 그리고 철학적으로 더 흥미로운 '실제 과학'science-in-action은 항상 테크노사이언스인 것이었다.

테크노사이언스와 근대성의 두 기둥

테크노사이언스는 실험실에서 만들어진다. 실험실의 유무는 과학자를 다른 전문가들, 예를 들어 변호사, 정치학자, 철학자와 구별하는 가장 중요한 요소이다. 라투르는 실험실에서 인간과 비인간의 힘겨루기가 진행되어, 그 결과 인간과 비인간 사이에 새로운 동맹, 새로운 네트워크가 만들어진다고 보았다. 실험실에서 만들어진 인간-비인간의 네트워크는 실험실 밖으로 나오기도 한다. ANT에서는 이 과정의 핵심을 실험실에서 새롭게 만들어진 인간-비인간의 혼종이 기존의 인간-비인간의 네트워크의 일부를 끊거나 느슨하게 만든 뒤에, 기존의 인간이나 비인간을 새로운 네트워크로 초대해서 이들과 자신들 사이에 새로운 연결을 창출하는 것으로 묘사한다. 여기서 핵심적인 과정은 새로운 인간-비인간의 동맹이 기존의 인간이나 비인간들의 이해를 대변한다는 것을 설득시키는 것이다. ANT는 이 과정을 '번역'translation, '매개'mediation 등 여러 가지 용어로 부른다. 그 핵심은 새로운 네트워크를 만들고, 확장하고, 대변하고, 안정화하는 것이다.

이렇게 만들어진 새로운 네트워크는 그 자체가 테크노사이언스의 일부이자 우리 사회의 일부가 된다. 까다로운 비인간들을 인간에게 의미를 지닌 존재로 '길들이는' 과정을 담당하는 사람이 과학자와 기술자이다. 이런 의미에서 이들은 혼종적인 네트워크로 구성된 현대 사회의 권력의 핵심을 쥐고 있다. 따라서 비인간을 길들일 수 있는 과학 기술과 과학 기술자를 누가 통제하는가라는 문제는 현대 사회의 권력의 중심적인 문제이다. 기존에 권력을 장악한 사람들이 이를 계속 장악할 것인가, 아니면 이를 시민이 통제할 수 있는 영역으로 이전시킬 것인가의 문제는 권력과 정치의 문제, 민주주의의 핵심 과제이다. 현대 과학과 사회의 접점에서 발생하는 여러 문제들은 인식론의 문제이면서 동시에 정치의 문제이다.

라투르가 ANT 이론을 정교화하던 1980년대 중엽에 과학사학자 섀핀Steve Shapin과 셰이퍼Simon Schaffer는 『리바이어던과 진공 펌프』(Shapin & Schaffer, 1985)라는 논쟁적인 저작을 출판했다. 이들은 이 책에서 17세기에 진공 펌프를 만든 영국의 자연철학자 보일Robert Boyle이 진공을 만드는 실험의 방법론적인 성격을 놓고 정치철학자 홉스Thomas Hobbes와 벌인 논쟁을 분석했다. 당시 '실험은 사실을 만든다'는 새로운 실험적 사유 스타일style of reasoning에 동의한 자연철학자들이 이를 받아들이지 않은 정치철학자 홉스와의 논쟁에서 승리하고 홉스를 자연철학자의 공동체 밖으로 쫓아내는 데 성공했다. 그런데 섀핀과 셰이퍼의 주장은 이 과정이 실험의 설명적 우위에서 비롯된 것이 아니라, 자연철학자와 온건한 성직자와 법률가들 사이에 맺어진 사회적 안정을 위한 동맹에서 비롯되었다는 것이었다. 홉스는 지식에 정치적인 성격이 있다고 주장하던 사람이었는데, 사회적 동맹을 통해 얻어진 보일의 자연철학의 승리는 (논쟁에서는 홉스가 패배했을지라도) 결국 '홉스가 옳았다'는 사실을 보여 주는 것이었다.

섀핀과 셰이퍼는 이 과정에서 보일이 세 가지 종류의 기술을 사용했다고 분석했다. 첫번째는 진공 펌프와 같은 물질적material 기술이었다. 보일은 진공 펌프의 유리 위에 뚜껑을 만듦으로써, 이 속에 여러 가지 물건들을 넣었다 뺐다가 할 수 있게 했고, 이런 제작은 진공 펌프를 통한 다양한 실험을 가능케 했다. 그렇지만 당시 진공 펌프는 항상 공기가 새는 문제를 안고 있었고, 이런 문제 때문에 논란이 끊이지 않았다. 두번째 기술은 문예적인literary 기술이다. 이는 실험 보고서를 사용해서 실험을 직접 목격하지 않은 사람들을 설득하는 기술인데, 보일은 이를 위해서 실험의 아주 자세한 세부 사항은 물론 잘못된 실험까지도 모두 상세히 기술하는 수사학을 사용했다. 실험을 직접 목격하지 않았어도, 보일의 논문을 읽으면 마치 실험이 눈앞에서 재연되는 효과를 만들어 냈던 것이다. 마지막 기술은 자연철학자들이 다른 자연철학자들이나 이들의 과학적 지식을 대할 때 사용하는 실험가의 관습들, 즉 사회적social 기술이었다. 당시 자연철학자들이 공유한 사회적 기술의 정수는 '실험은 사실을 만들어 낸다'는 공통된 합의였다. 이에 동의하는 사람들과는 협력적인 상태에서의 논쟁이 가능하지만, 이 명제에 동의하지 않는 홉스와는 과학적인 논쟁이 불가능했다. 보일은 이 세 가지 기술을 능수능란하게 사용했던 사람이었다.

라투르는 이 책에 대한 서평을 쓰면서 기묘한 점에 주목했다. 섀핀과 셰이퍼는 사회적 동맹이 자연철학 지식을 만들었다고 주장했다. 그런데 이들이 사회구성주의적인 설명을 위해서 끌어들인 '사회'라는 것은 대체 무엇인가? 보일이 속한 사회에는 이미 진공 펌프라는 기술이 포함되어 있지 않은가? 진공 펌프는 사회인가 아니면 자연철학인가? 테크노사이언스는 과학과 기술의 혼종이며, 사회와 자연의 상호 작용을 매개하면서 이 둘의 경계를 허물어뜨리는 존재이다. 그런데 보일은 과학(자연철학)과 사회를 엄밀하게 분리했다. 반면에 홉스는 사회가 철학에 영향을 미친다고 생각했지만, 진공 펌프를 고려하지 않았다. 진공 펌프는 혼종적인 테크노사이언스 그 자체였는데, 이를 고려하지 않은 자연철학은 사회와는 아무 관련이 없이 마치 자연에 대해 보편적이고 절대적인 지식을 만들어 내는 것이 되었고, 이를 포함하지 않은 사회는 테크노사이언스와 무관한 사회가 되었다.

라투르는 이런 인식을 발전시키고 추상화시켜서 이 과정이 근대의 '헌법'Constitution의 두 가지 중추적인 과정이라고 보았다. 이 중 첫번째는 자연과 사회, 과학과 문화를 엄격하게 분리하고, 자연은 초월적인 transcendent 대상으로, 사회는 (우리의 경험적 지식의 범주 내에 있다는 뜻에서) 내재적인immanent 대상으로 구분하는 것이었다. 자연에 대한 지식인 과학 역시 초월적인 것이 되었고, 사회에 개입하는 정치는 항상 사회를 쉽게 바꿀 수 있는 내재적인 것으로 간주했다. 라투르는 이런 구분을 정화purification라고 명명했다. 이 정화의 과정이 지금까지 우리가 근대의 문제라고 주목했던 것이었다. 주체와 객체의 분리, 이성과 상상력의 구분, 자연과 사회의 분리, 1차 성질과 2차 성질의 구분 등, 지금까지 근대가 낳은 문제라고 지적되었던 것들은 모두 이 정화의 과정의 줄기이자 가지였다. 두번째는 이런 구분의 베일 뒤에서, 마치 진공 펌프와 같은 테크노사이언스의 혼종들이 많이 만들어지고, 이 혼종들의 네트워크가 팽창하기 시작했다는 것이었다. 이 두번째 과정이 라투르가 번역translation이라고 부른 과정이었다(Latour, 1993).

그의 논의의 핵심은 자연과 사회의 엄격한 분리, 과학과 문화(정치)의 엄격한 분리가 번역의 과정, 즉 테크노사이언스 같은 혼종들이 만연하게 된 과정을 보지 못하게 했다는 것이었다. 근대를 비판한 사람들은 사회와 자연이 엄격하게 분리되어 있다는 점에 주목하고, 이를 근거로 자연에 대한 과학 지식의 몰가치성을 비판하거나 혹은 자연법칙을 원용해서 사회와 문화를 비판했다. 이들은 이런 정화의 과정 뒤에 번역의 과정이 숨어서 진행되고 있다는 점을 인지하지 못했는데, 번역의 과정 때문에 사실 정화 과정의 분리가 확연하게 일어난 적은 실제로 존재하지 않았다. 자연에 대한 지식에는 항상 사회적인 것들이 포함되었고, 사회에는 기술과 같은 테크노사이언스가 사회의 요소요소들을 강하게 결합시켜 주고 있었다. 자연에 대한 지식은 우리가 생각하는 것만큼 초월적이지 않았고, 사회도 우리가 생각하는 것만큼 내재적이지 않았다는 것이다. 이런 사실을 인식하면 우리는 '근대였던 적이 한 번도 없었다'는 통찰에 도달할 수 있다. 근대를 비판해서 탈근대로 넘어가는 것이 옳은가 아닌가를 논할 것이 아니라, 근대였던 적이 한 번도 없음을 먼저 인식해야 한다는 것이 라투르가 제시한 방향이었다.

그렇다면 대체 무엇이 문제가 되는가? 왜 현대 사회의 테크노사이언스에 대한 STS의 분석이 필요한가? 혼종적인 네트워크의 확장은 테크노사이언스가 낳은 바람직한 결과라고 볼 수 있었지만, 이런 혼종들이 과학과 사회의 분리라는 강력한 장막 뒤에서 기하급수적으로 늘어났기 때문에 이것들이 우리 사회와 인류의 미래에 위협이 되기 시작했다. 원자력, 이산화탄소 같은 온실가스, GMO, 나노 기술, 합성 생물학, 유전자 편집, 환경 문제, 산성비, 핵폐기물 처리장 같은 현금의 문제들은 근본적으로 테크노사이언스와 사회가 공동으로 생산해 낸 혼종들이다. 라투르는 이런 문제들을 '우려의 문제'matter-of-concern라고 불렀다. 우려의 문제들이 엄청나게 늘어난 상황이 지금 우리가 해결해야 하는 가장 시급하고 어려운 문제가 되었다는 것이 그의 진단이다. 이는 '사실의 문제'matter-of-fact를 다루던 전통적인 '과학'Science이나 인간만의 사회적 갈등을 다루던 정치로는 해결이 안 되는 문제였다(Latour, 2004b). 이를 다루기 위해서는 과학과 정치, 사실과 가치의 구분을 넘나드는 새로운 정치적 제도가 필요했다.

이런 라투르의 실천적 전략을 기존의 기술철학이 제시하던 실천적 전략과 상당한 차이가 있었다. 특히 그의 생각은 기술에 대해서 상당히 영향력 있는 철학적 관점을 제시했던 하이데거의 기술관과 극과 극이라고 할 수 있을 정도로 달랐는데, 이 주제는 조금 더 자세히 살펴볼 필요가 있다.

라투르와 하이데거: 기술의 본질은 무엇인가?

라투르에게 기술과 같은 비인간은 새로운 번역, 혹은 매개를 가능케 함으로써 네트워크를 만들거나 확장시키는 존재이다(Latour, 1994, 1999). 새로운 기술을 통해 우리는 과거에는 가능하지 않았던 방식으로 사람들이나 사물들과 관계할 수 있다. 또 기술은 우리에게 과거에는 가능하지 않았던 새로운 행동을 가능케 한다. 우리는 무기로 사람을 쉽게 살해할 수 있고, 인터넷으로 수많은 정보를 쉽게 얻을 수 있으며, 비행기 덕분에 하늘을 날 수 있다. 게다가 기술은 우리에게 특정한 도덕적이고 정치적인 입장을 부여한다. 과속방지턱은 사람들에게 속도를 줄이게 강요하면서, 사람이 많은 아파트 단지나 아이들이 다니는 학교 근처에서는 속도를 줄이는 것이 '올바른' 행동이라는 점을 계속 각인시킨다. 마지막으로 기술은 권력의 작동을 더 손쉽게 만들어 준다. 원자력 발전소는 소수의 몇몇 테크노 엘리트들에게 권력을 집중시키면서, 기존의 엘리트 정치-산업-학계의 복합체가 가진 권력을 강화한다(Sayes, 2014).

물론 기술이 만들어 내는 결과가 항상 일정하거나 고정되어 있는 것은 아니다. ANT가 지적하는 흥미로운 점은 인간-비인간의 이종적인 네트워크가 상당히 변덕스럽고, 와해되기 쉽다는 사실이다. 인간은 특정한 목적을 위해 기술을 사용하지만, 이런 과정에서 기술이 다른 요소들과 결합해서 의도와는 다른 엉뚱한 결과를 낳을 수도 있다. 또 꽤 공고해 보이는 네트워크도, 몇 개의 요소들이 엇나가면서 잘 작동하지 않고, 심지어 와해될 수도 있다. 따라서 네트워크를 유지시키는 데에는 그것을 만드는 데에 필요한 노력 외에 다른 여러 노력들이 필요하다. ANT에서 논하는 이종적인 네트워크는 철조망처럼 고정된 것이라기보다는, 이어졌다 끊어지고, 커졌다가 작은 것들로 분해되는 형태로 그 모양을 쉽게 바꾸는 것이다. 네트워크는 마치 유체fluid와 비슷하거나 리좀rhizome과 비슷한 것이며, 이런 네트워크의 질서는 조정, 협력, 타협, 설득 등의 작업을 통해 유지된다(Mol, 2010).

그렇지만 이런 모든 속성에도 불구하고, 라투르는 기술에 대해서 긍정적이다. 왜냐하면 기술은 그 자체의 행위성을 통해서 새로운 네트워크, 새로운 가능성들을 만들어 내기 때문이다. 라투르에게 기술과 같은 비인간에 행위성을 부여한다는 것은 인간의 행위성에 대한 의문을 제기하는 효과가 있다. 라투르 식으로 생각하면 과거에 인간만이 가지고 있다고 생각한 자유 의지, 의도, 행위성 등은 고립된 인간만이 가진 속성이지, 실제 세상 속에서 다른 인간들이나 비인간들과 연결되어 살아가는 사람들의 속성이 아니라는 것이다. 인간은 본질essence이나 본성nature을 가진 존재가 아니라, 연결망 속에서 여러 가능성들을 가진 존재들이다. 비슷하게 생각하면, 기술에 본질essence이 있다는 생각도 실제 세상 속에서 다른 기술이나 인간과 관계를 맺으면서 존재하는 기술에 대한 논의라기보다는, 추상적인 기술, 혹은 철학자들의 관념 속에만 존재하는 기술에 대한 논의에 불과하다고 볼 수 있다.

잘 알려져 있다시피, 독일의 철학자 하이데거는 기술의 본질에 대한 논의와 함께, 기술에 대해 매우 비관적이고 비판적인 철학을 발전시켰던 사람이다(Heidegger, 1977). 하이데거는 기술의 본질이 우리가 일상생활에서 접하는 기술이나 우리가 흔히 '기술적인 것'the technological이라고 부르는 것들과는 아무런 관계가 없다고 주장했다. 그는 대신에 세상을 바꾸려는 뜻이 기술의 본질이라고 주장했는데, 좀 더 구체적으로 그는 기술이 자연이나 사람을 인간에게 유용한 것으로 변형시키려는 의지라고 보았다. 하이데거는 이를 함축하기 위해서 Gestell이라는 단어를 만들었는데, 이는 기술이 세계에 대한 인간의 태도를 '틀 지우고' '몰아세우고' '닦달하는' 것을 함축하는 개념이었다. 발전소가 세워지기 전에 라인 강은 인간에게 다양한 방식으로, 그리고 총체적으로 의미를 지니는 존재였지만, 발전소가 세워진 뒤에 강은 인간에게 유용하기만 한 대상으로 바뀌었다. 기술은 자연을, 그리고 심지어는 인간까지도 인간에게 유용한 존재로만 탈바꿈시키는 억압적인 의지인 것이다. 하이데거는 이런 기술의 힘이 거대한 산맥처럼 강력한 것이어서 우리가 쉽게 바꿀 수 없는 것이라고 생각했고, 이를 극복하는 유일한 방법이 기술적으로 세계를 보고 접하는 방식에서 멀어져서 '시학'poetics을 실천하는 것이라고 주장했다.

라투르가 이런 입장에 동의하지 않으리라는 것은 자명하다. 실제로 라투르는 『우리는 결코 근대인이었던 적이 없다』(1993)에서부터 『판도라의 희망』(1999)에 이르기까지 하이데거의 기술철학을 강한 어조로 비판했다(Khong, 2003). 라투르에게는 기술에 본질이 있다고 보는 하이데거의 출발점도, 그 본질이 몰아세움Gestell과 같은 것이라는 그의 기술철학도, 이를 극복하는 방법이 기술을 멀리하고 시학을 끌어안음으로써 가능하다는 하이데거의 실천적 결론도 수용하기 힘든 것이었다. 우선 라투르의 관점에서 볼 때 기술의 가능성은 다른 기술이나 인간과의 연관(네트워크) 속에서 만들어지는 것이며, 따라서 기술에 한 가지 불변하는 본질이 있다고 하는 것은 어불성설이었다. 또 특정한 기술이 특정한 조건 하에서 우리에게 몰아세우는 관계를 강요할 수 있겠지만, 이것이 모든 기술에 내재하는 본질이라고 볼 수는 없었다. 기술은 인간과 관계를 맺음으로써 새로운 매개, 새로운 행위, 새로운 도덕과 정치를 가능하게 하는 것이기 때문이다. 따라서 기술의 문제는 시학으로 회귀한다고 해서 해결될 수 있는 것이 아니었다. 라투르에게 문제 해결을 위한 실천은 기술이 포함된 네트워크를 민주화함으로써, 엘리트 과학 기술자와 관료만이 아니라 더 많은 행위자들을 이 네트워크에 관여하게 만듦으로써 가능한 것이었다.

이렇게 라투르는 하이데거와는 전혀 다른 기술철학을 제창하고 있는 것처럼 보이지만, 최근 이 둘의 관계에 주목한 연구자들은 라투르와 하이데거의 유사성을 지적하기도 한다. 기술의 매개적인 역할을 강조한 라투르의 논의를 따라가 보면 기술적 매개가 인간의 삶과 사고를 결정하는 데 없어서는 안 될 존재라는 것을 알 수 있는데, 이는 기술의 본질essence이 근대인에게 심원한 영향을 준다는 하이데거의 서술과 크게 다르지 않다는 것이다. 이런 의미에서 라투르와 하이데거는 '대칭적' symmetrical 관계에 있다고도 볼 수 있다(Riis, 2008). 심지어 하이데거에 우호적이고 라투르에 대해 비판적인 연구자는 라투르의 기술적 매개나 네트워크의 건설과 같은 과정이 사실 하이데거가 비판한 근대 기술의 본질, 즉 특정한 방식의 몰아세움에 다름 아니라고 주장했다. 라투르는 하이데거를 비판하고 극복한 것 같지만, 이렇게 보면 라투르의 기술철학은 하이데거가 비판했던 기술적 몰아세움의 하나의 양상, 즉 하이데거가 비판한 근대성의 범주 내에 속하는 기술적 의지의 하나의 예에 불과하다는 것이다(Kochan, 2010).

사실 라투르의 기술철학은 하이데거에 빚진 것이 적지 않다. 그 자신이 오래 전에 얘기했듯이, 라투르가 채용한 테크노사이언스라는 단어는 하이데거로부터 온 것이었다. 또 하이데거는 고대 그리스에서 기술techne과 시학poiesis이 '무엇을 만들다'라는 의미의 공통의 어원을 가지고 있다고 지적하면서 플라톤 이후 이들의 분리를 비판했는데, 이런 통찰은 라투르에 의해서도 채택되어 사용되기도 했다. 그렇지만 하이데거가 몰아세움을 강조하는 기술의 독재를 세상에 대한 시학적인 관계 맺음을 통해 극복해야 한다고 보았던 반면에, 라투르는 사물의 또 다른 측면을 드러내면서 하이데거와는 다른 실천적 전략을 제시했다. 그것은 사물thing이라는 단어가 예전부터 정치와 밀접한 관련을 갖는 용법으로 사용되었다는 사실인데, 이런 인식은 우리가 이 글에서 논할 마지막 주제인 '사물의 정치'Dingpolitik, Politics of Things에 대한 논의로 이어진다.

사물의 정치와 사물의 의회

라투르는 사물thing의 어원에 정치적인 함의가 들어 있음을 지적한다

(Latour, 2005). 유럽에서 처음으로 의회를 세운 아이슬랜드 의회의 이름은 알씽Althing이었고, 스칸디나비아에서는 자유인들이 법을 만들던 장소를 씽스테드Thingstead라고 불렀다. 영국의 의회의 초기 이름은 씽월Thingwall이었으며, 아일랜드의 더블린에는 같은 장소를 씽모트Thingmote라고 불렀다. 사물이 그 어원에서 사람들의 집회를 의미했다는 사실은 사물이 인간들 사이에 새로운 갈등을 만들어 내고, 이런 갈등을 해결하기 위해서 사람들이 모여 토의하고 법률을 제정했다는 역사적 과정을 암시한다. 그렇지만 시간이 가면서 사물이라는 단어에서 의회라는 의미는 점차 사라졌고, 지금 우리가 알고 있는 대상 혹은 객체object의 의미만이 남게 되었다. 이 과정은 인간의 의회에서 사물에 대한 관심이 사라졌던 과정과도 일치했다.

사물에서 분리되어 독자적으로 진화한 인간 사회의 의회는 20세기에 들어서 대략 다음과 같은 두 가지 특성을 가지게 되었다. 그중 하나는 시민 대 대표representatives의 구분이 확고해졌다는 것이다. 시민은 자신들을 대변하기 위해서 대표를 선발해서 의회로 보내는데, 한 번 뽑힌 대표들은 시민을 대변하기보다는 자신들만의 공간에서 자신들의 독자적인 논리에 따라서 정치 활동을 한다. 시민은 자신들의 의견이 잘 반영되지 않는 정치에 무관심해지고, 이는 정치인들에게 더 많은 권력을 안겨주는데, 이런 한계를 극복하는 방법으로 최근에는 참여민주주의의 확대가 주목의 대상이 되고 있다. 또 다른 특징은 의회에서의 정치적 결정 이전에 전문가들이 사실에 대해서 합의를 한다는 것이다. 원자력발전소의 수명을 연장하는 결정을 내리기 위해서는 관련 전문가들이 이 안정성에 대해서 검토하고 결정을 내리는 일이 선행되는 식이다. 여기에서 전문가들이 사실에 합의하는 과정은 시민은 물론 정치인들의 간섭 없이 진행되어져야 한다고 믿어진다. 정치적 간섭이 없는 것이 사실에 대한 결론을 왜곡되지 않게 이끌어 내리라는 믿음 때문이다. 그런데 문제는 이 사실에 대한 합의 과정이 이미 사실과 정치가 얽혀있는 대상에서 사실만을 억지로 분리해서 진행되는 경우가 많다는 것이다. 라투르의 용어를 빌리자면 전문가들은 '우려의 문제'를 '사실의 문제'로 환원시켜서 다룬다는 것이다.

시민과 대표 사이의 괴리, 사실을 결정하는 과정과 정치적 판단을 내리는 과정 사이의 괴리라는 이중의 괴리를 극복하기 위한 정치적 방안이 '사물의 의회'Parliament of Things이다(Latour, 1993; 2004a). 사물의 의회는 근대적인 헌법이 아니라 인간-비인간의 네트워크를 직시하는 비근대적인non-modern 헌법을 따른다. 그리고 사물의 의회는 과학에 의해 사실을 먼저 다루고 정치에 의해 가치가 결정되는 구양원제old bicameralism가 아닌, 이를 극복하고 만들어진 신양원제new bicameralism에 기반하고 있다. 이 신양원제의 첫 의회는 청원하는 존재들의 청원을 받아들여 '우리가 얼마나 많은가' 혹은 '우리가 누구인가'라는 질문에 답을 하는 회의이다. 이 문제가 중요해진 이유는 지금까지 근대적 의회에서 '우리'에는 항상 인간만이 포함되었고 비인간들은 배제되었기 때문이다. 전 지구적인 생태계의 문제를 해결하기 위해 필요한 의회에서는 인간만이 아니라 비인간도 '우리'에 포함되어야 한다. 이산화탄소, 산성비, 열대림, 방사능, 지구와 같은 비인간도 자신들의 대변자를 바라는 훌륭한 행위자인 것이다. 그 뒤에 두번째 의회에서는 '우리가 어떻게 함께 살아갈 수 있는가'라는 절박한 문제를 논하게 된다. 이 새로운 양원제에서는 사실을 논하고 가치를 고려하는 식이 아니라, 각각의 의회에서는 사실과 가치가 한꺼번에 고려된다.

이 의회의 구조를 조금 더 자세히 살펴보면 다음과 같다. '우리가 얼마나 많은가'라는 문제는 두 단계를 거치면서 그 답이 찾아지는데, 첫 단계가 이루어지는 방은 다양한 비인간을 포함한 이종적 행위자들을 의회로 진입할 수 있게 해주는 '놀람의 방'이다. 두번째 논의는 이러한 행위자들의 의미와 중요성에 대한 새로운 언명들을 평가할 수 있는 '자문의 방'에서 이루어진다. 이 두 과정은 아직 확실한 합의가 이루어지지 않은 영역에 속하기 때문에, 여기에서는 불확실한 존재자들과 상충하는 가치를 쉽게 배제하지 않는 태도가 중요하다. 이렇게 해서 '우리가 얼마나 많은가' 혹은 '우리가 누구인가'에 대한 답을 찾으면, 세번째 '위계의 방'으로 옮겨갈 수 있다. 위계의 방에서는 새로운 행위자들의 의미와 중요성에 대해 우리가 받아들인 언명들을 기존의 언명들과 비교하면서 그 위계적인 순서를 정한다. 이렇게 해서 낯선 행위자들에 대한 새로운 언명들이 기존의 언명들에 비해서 가치와 중요성이 떨어지지 않으면, 이는 우리가 심각하게 고려해야 하는 대상이 되어 옆방이자 마지막 방인 '제도의 방'으로 옮겨진다. 여기에서 규제나 법률 같은 새로운 제도가 만들어지고, 논쟁이 마무리되면서 새로운 존재자들과 인간은 잘 확립된 복합체를 다시 만들어 내는 것이다(현재환·홍성욱 2012).

이러한 논의의 장에서 처음부터 끝까지 다루는 문제는 '사실의 문제'가 아닌 '우려의 문제'이다. 라투르의 논의에서 찾아볼 수 있는 통찰은, 인간에 의한 인간만을 대변하는 정치는 성공하기 힘들며, 과학과 정치를 분리하고 사실과 민주주의의 가치를 분리해서 생각하는 것 역시 실패할 수밖에 없다는 것이다. CO_2 같은 비인간 행위자를 논의의 장에 대변해서 포함시켜야 하는데, 과학 기술자들만 이런 비인간들은 대변하는 것은 아니다. 사실과 가치가 혼재되어 있기 때문에, 이런 논의를 주도해 나가는 전문가들의 범주에는 정치인과 과학 기술자만이 아니라, 철학자, 경제학자, 예술가, 그리고 국경을 넘나들 수 있는 외교관이 포함되어야 한다. 그리고 CO_2는 이런 전문가 그룹에 의해서만이 아니라 농부, 시민, 주부, 노동자, 자본가에 의해서도 대변되어야 한다. 결국 이러한 상이한 이해관계를 지닌 사람들이, 혹은 이들의 견해와 입장이 정치적 숙의의 장에 일찍부터 포함이 되어야 한다는 것이 그의 해석이다. 사물의 의회에서는 모든 논의의 장에서 과학적 사실과 정치적 가치를 함께 고려하면서 광의의 전문가들과 시민이 토론을 통해 합의를 만들어 갈 수 있으며, 이렇게 할 때만이 기후 변화와 같은 불확실한 위험의 문제를 이겨 낼 수 있다는 것이 라투르의 결론인 것이다.

　사물의 의회에 대한 논의는 추상적이지만, 이를 구현하고 있는 구체적인 기제들을 생각해 보면 훨씬 사물의 의회를 더 잘 이해할 수 있다. 지금 각국은 시민들이 참여해서 전문가들과의 토론을 통해 과학 기술이 낳는 위험을 극복하고 정책의 중요한 방향을 결정하는 합의 회의Consensus Conference, 기술 영향 평가, 시나리오 워크숍, 시민 법정 같은 제도를 운영 중이다. 최근에는 시민들이 중심이 되어 기술과 인문사회과학의 결합을 통해서 지역 사회의 문제를 해결하는 리빙 랩Living Lab도 확산되고 있으며, 프랑스와 일본의 경우에 난치병 환자와 그 가족들이 특정한 연구를 지원하고 이에 대한 새로운 지식을 만들어 가는 환자 공동체 운동도 활발히 진행된다. 이런 모임에서는 시민과 전문가가 함께 참

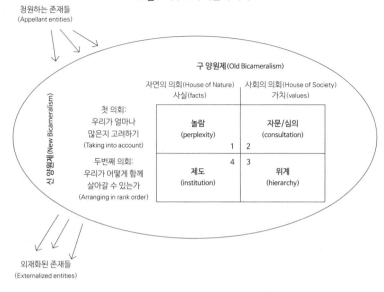

그림1 라투르의 사물의 의회

여해서 서로의 지식과 경험을 합쳐서 세계에 대한 새로운 이해와 실천을 끌어내고 있다. 사물의 의회는 현대 과학 기술에 대한 무조건적인 거부와 열광적인 포용의 두 극단 사이에서, 숙의의 공간을 만들면서 테크노사이언스의 혼종들이 만들어지는 양상을 조절하는 기제이다. 라투르의 사물의 의회는 먼 곳에 있는 추상적인 개념이 아니라, 지금 이 순간에 현대 과학 기술이 낳은 문제를 해결하기 위해 만들어져서 작동하고 있는 다양한 제도에서 그 맹아적 형태를 발견할 수 있는 것이다.

미래 사회를 위한 라투르 기술철학의 의미

기술로 돌아가 보자. 앞서 얘기했지만 라투르는 기술의 본질을 상정하지 않는다. 그의 입장은 변하지 않는 기술의 본질이 존재한다고 보기 보다는, 기술의 속성이 관계에서 결정된다고 보는 것이다. 인간과 기술 모두 순수하지 않으며, 인간의 속성이 다른 존재들(기술과 다른 인간들)과 맺는 관계로 정의되듯이, 기술의 속성도 다른 존재들(다른 기술들과 인간들)과 맺는 관계로 정의된다. 기술 같은 비인간은 인간과 혼종적인 네트워크를 만드는데, 그 과정에서 기술도 변하고 인간도 변한다. 기술은 인간의 의도를 예상치 못했던 방식으로 바꾸고, 인간이나 기술이 독자적으로는 불가능하다고 생각했던 것을 가능케 하며, 인간에게 특정한 형태의 행동을 강요하거나 이런 행동에 익숙해지도록 유도하기도 한다. 복잡한 인간-기술의 네트워크는 안정화되어 우리가 의심 없이 사용하는 블랙박스 같은 것으로 작동하기도 한다. 마키아벨리가 얘기한 '군주'Prince 같은 인물이 이런 인간-기술의 네트워크를 통제하는데, 1980년대 초엽부터 지금에 이르기까지 라투르의 일관된 입장은 이 '군주'의 힘을 소수의 힘 있는 자들로부터 시민 대중으로 확산시켜야 한다는 것이었다.

라투르는 기술 같은 비인간 존재들이 우리가 근대의 특성이라고 간주한 자연/사회의 분리, 과학/정치의 분리, 주제/객체의 분리에 도전한다고 주장한다. 더 나아가서 그는 비인간들의 역할에 주목하면, 이런 엄격한 경계의 배후에서 이런 경계를 넘나드는 혼종적인 주체와 객체들의 수가 엄청나게 늘어났고, 따라서 '우리는 결코 근대인이었던 적이 없다'는 것을 알 수 있다고 한다. 우리가 근대라고 불렀던 시기의 진짜 문제는 실제 존재하지 않았던 자연/사회, 과학/정치, 주체/객체의 구분이 아니라, 테크노사이언스의 혼종적인 존재들이 너무 많이 늘어나서 이것들이 현대 사회의 정치적 문제의 대부분이 되어 버렸다는 것이다. 라투르는 이런 문제를 해결하기 위해서 비인간들을 정치의 장으로 불러들임으로써 '사물의 정치'를 해야 한다고 주장한다(Latour, 2005). 인간만이 아니라 사물까지도 대변하는 대변인들을 정치의 장에 포함시키는 것이 라투르의 '사물의 의회'이다. 그는 이 사물의 의회가 제대로 작동하기 위해서는 전문가에 의해서 사실이 결정된 뒤에, 시민과 이들을 대변하는 정치인에 의해서 정치적 결정이 내려진다는 오래된 '구 원제'를 버리고, 과학과 가치, 사실과 정치가 한 공간 속에서 작동하는 '신양원제'를 채택해야 한다고 역설한다.

라투르는 21세기 테크노사이언스의 시대에 우리가 과거로 회귀하지 않으면서도 계속 나아갈 수 있는 길을 대략적이나마 제시해 준다. 이런 라투르 사상의 요체는 기술철학에 있다기보다는 비인간의 철학에 있다고 봐야 할 것이다. 그렇지만 그의 ANT에서 기술이 작동하는 방식은 비인간이 작동하는 방식과 정확하게 동일하다. 기술은 새로운 네트워크를 만듦으로써 새로운 가능성을 열어 주지만, 이를 위해 기존 네트워크를 해체하기 때문에 기존에 잘 진행되고 성취되던 것들을 무력화하고 소멸시킬 수 있다. 그렇지만 넓게 보아 기술은 과거에는 가능하지 않았던 새로운 행위, 새로운 목표, 새로운 가능성을 제공해 준다. 물론 지금 왜곡된 근대적 구분 때문에 생긴 혼종적 존재들이 우리를 골치 아프게 만들고 있지만, 라투르의 시각은 이런 문제의 해결을 포함한 인간-기술의 미래가 낙관적이라는 쪽에 더 가깝다. 다만 우리가 과거의 자연/사회의 이분법을 버리고 비인간 존재들을 시민 대중이 참여하는 사물의 의회라는 새로운 정치적 과정에 지속적으로 포함시킨다면 말이다.

참고문헌

1. 이 글에서 참고한 브뤼노 라투르의 저술

1979(with Steve Woolgar), *Laboratory Life: The Social Construction of Scientific Facts*, Sage: London.

1987, *Science in Action: How to Follow Scientists and Engineers through Society*, Cambridge, MA: Harvard University Press.

1993, *We Have Never Been Modern*, Cambridge MA: Harvard University Press.

1994, "On Technical Mediation: Philosophy, Sociology, Genealogy", *Common Knowledge* 3, pp. 29~64.

1999, *Pandroa's Hope: Essays on the Reality of Science Studies*, Cambridge, MA: Harvard University Press.

2002, "Morality and Technology: The End of the Means", *Theory, Culture, & Society*, Vol. 19, pp. 247~260.

2004a, Politics of Nature: How to Bring the Sciences into Democracy. Cambridge, MA. Harvard University Press.

2004b, "Why Has Critique Run out of Steam? From Matters of Fact to Matters of Concern", Critical Inquiry, Vol. 30, pp. 225~248.

2005, "From Realpolitik to Dingpolitik or How to Make Things Public", eds. Bruno Latour & Peter Weibel, *Making Things Public Atmospheres of Democracy*, pp. 14~41, Cambridge, MA: The MIT Press.

2. 그 외의 참고문헌

현재환·홍성욱, 2012, 「시민참여를 통한 과학 기술 거버넌스: STS의 참여적 전환 내의 다양한 입장에 대한 역사적 인식론」, 『과학기술학연구』 12권 2호, 33~79쪽.

_____, 2008, 「기술은 인간처럼 행동한다: 라투어의 새로운 기술철학」, 이중원·홍성욱 외 지음 『필로테크놀로지를 말한다』, 해나무, 124~153쪽.

_____, 2010, 「인간과 기계에 대한 '발칙한' 생각: ANT의 기술론」, 홍성욱 엮음, 『인간, 사물, 동맹』, 이음, 125~154쪽.

Barnes, Barry, 2005, "Elusive Memories of Technoscience", *Perspectives on Science* 13, pp. 142~165.

Hacking, Ian, 1988, "The Participant Irrealist At Large in the Laboratory", *British Journal for the Philosophy of Science* 39, pp. 277~294.

Heidegger, Martin, 1977, "The Question Concerning Technology", trans. William Lovitt, *The Question concerning Technology and Other Essays*, New York: Harper Colophon Books, pp. 165~186

Khong, Lynnette, 2003, "Actants and Enframing: Heidegger and Latour on Technology", *Studies in History and Philosophy of Science* 34, pp. 693~704.

Kochan, Jeff, 2010, "Latour's Heidegger", *Social Studies of Science* 40, pp. 579~598.

Mol, Annemarie, 2010, "Actor-Network Theory: Sensitive Terms and Enduring Tensions", *Kölner Zeitschrift für Soziologie und Sozialpsychologie* 50, pp. 253~269.

Riis, Søren, 2008, "The Symmetry between Bruno Latour and Martin Heidegger: The Technique of Turning a Police Officer into a Speed Bump", *Social Studies of Science* 38, pp. 285~301.

Sayes, Edwin, 2014, "Actor-Network Theory and Methodology: Just What Does It Mean to Say That Nonhumans Have Agency?", *Social Studies of Science* 44, pp. 134~149.

Shapin, Steven & Schaffer, Simon, 1985, *Leviathan and the Air Pump: Hobbes, Boyle and the Experimental Life*, Including a Translation of Thomas Hobbes, Dialogus Physicus De Natura Aeris, Princeton, NJ: Princeton University Press.

Sismondo, Sergio, 1993, "Some Social Constructions", *Social Studies of Science* 23, pp. 515~553.

7장 | **테크노젠더와 몸의 미학**

도나 해러웨이의 사이보그

이지언

제2의 기계 시대: 철학과 몸의 문제

21세기는 디지털 시대로 포스트휴먼/트랜스휴먼적 상황의 시대이다. 디지털 기술은 제2의 기계 시대를 의미하며 이는 증기 기관으로 대표되는 산업 혁명기인 제1의 기계 시대와는 전혀 다른 철학적 의미를 가진다. '인간이란 무엇인가', '나는 누구인가'라는 전통적인 철학적 주제로부터 제2의 기계 시대는 '어디까지가 나인가'라는 새로운 철학적 문제를 촉발한다. 영혼을 빼고 모두 바꿀 수 있다는 '인체 대체 시대'에 우리 앞에 당면한 생명과 그에 대한 철학의 문제가 대두되었다. "국제당뇨병연맹은 세계 당뇨병 환자가 2013년 3억 8200만 명에서 2035년 5억 9200만 명으로 늘어날 것으로 추산하고 있다. 당뇨병의 근원적 치료 방법은 인슐린을 분비하는 다른 사람의 췌장이나 췌도를 이식하는 것이지만, 기증자는 턱없이 부족하다. 현대 과학은 '이가 없으면 잇몸으로 산다' 대신 '이가 없으면 새로 이를 만드는' 세상을 가능케 했다. 췌도 기증자가 없으면 동물에게서 얻거나 인공으로 만드는 식이다. 몸이 고장 나면 그 부분만 바꿔 쓰는 '인체 대체 시대'가 다가오고 있다."[1] 미니 돼지의 장기를 사람에게 이식하는 기술에서부터 3D 프린터로 대체용 신체 제작을 하는 기술에 이르기까지 생물학적·기계적 측면에서 인간의 몸은 큰 변화를 겪고 있다. 인간과 기계의 공존 및 갈등은 앞으로 더욱 첨예한 문제로 대두될 것이며 인간조차도 어디까지 인간이라고 할 수 있을지에 대한 존재론적·윤리적 문제가 지속적으로 대두될 것이다.

예를 들면 아무리 기술이 발전하더라도 인간만이 가진 능력은 남아 있을 것이라는 신념에 대한 것인데, 지금까지는 기계에 비교하여 인간의 고유성이나 유일성에 대한 확신을 가져왔다. 기계에 대비하여 인간의 고유한 능력에 대한 예로는 '모라베크의 역설'Moravec's Paradox이 있다. 한마디로 인공지능은 인간의 모든 것을 뛰어넘을 수 없다는 것으로 인간과 같은 오감을 가진 컴퓨터를 만드는 것은 어려운 반면 숫자 계산이나 회계 처리 등은 인간을 뛰어넘는 능력을 가졌으며, 반대로 인간은 오감의 사용이 매우 쉽지만 컴퓨터에 비해서 연산 능력은 부족하다는 내용이다. 즉, 인간의 지각적·감성적 영역의 고유성에 대해서 기계는 넘어설 수 없다는 전제를 가지고 있는 내용이다. 하지만 많은 과학적 예측들은 곧 모라베크의 역설을 무색하게 하는 스스로 학습하는 인공지능 딥러닝Deep Learning을 통해 스스로 학습하고 진화하는 인공지능이 나올 수 있을 것이라고 입증하고 있다. 딥러닝은 '심층 신경망'DNN, Deep Neural

---

1 『조선일보』, 2015년 5월 30일. http://news.chosun.com/site/data/html_dir/2015/5/29/
2015052901934.html.

그림 1 영화 『엑스 마키나』의 포스터

Network을 의미하는 것으로 1950년대에 나온 '인공 신경망'ANN, Artificial Neural Network을 발전시킨 것이다. 딥러닝과 깊은 연관이 있는 인공지능은 인간의 뇌에서 구성되는 시각 정보 처리 과정을 모방한다. 인간이 필요로 하는 인공지능의 발전은 인간과 기계의 구분마저 모호하게 만들고 있다. 인공지능 로봇과 사이보그Cyborg는 주체가 누구냐에 따라 구분되는데, 사이보그는 인간이 주체이며 인공지능 로봇은 뛰어난 지능과 능력을 가진 기계라는 점에서 다르다. 영화 「엑스 마키나」(2015)는 튜링테스트를 통과한 여성형 인공지능 '에이바'를 통해서 인간과 로봇 간의 감정과 소통, 그리고 거짓말이 진정 가능한지에 대한 인간존재의 실존적 문제를 제기한다. 고대 그리스의 극에서 사용되었던 연출 기법인 데우스 엑스 마키나Deus Ex Machina는 '신의 기계적 출현'을 의미한다. 연

극의 진행에서 도저히 해결되기 어려운 상황을 극적으로 해결하기 위해 사용되었던 장치로서 극의 정점에서 기계 장치를 이용하여 상황을 해결하였다. 어쨌든 인간과 기계의 소통에 대한 문제는 앞으로도 지속적인 화두로 대두될 것이다. 3D 프린터로 만들어져 대체되는 장기, 기계로 대체되는 손이나 발, 관절, 인공 심장 등 인간의 몸을 대체하고 있는 다양한 기술은 생물학적 인간에서 기계와 합성된 인간의 모습으로 변모해 감으로써 어디까지 인간이라고 볼 수 있을지 질문하게 한다.

2015년 4월 근육이 마비되는 병으로 시한부 인생을 살고 있던 30대 러시아 과학자 발레리 스프리도노프Valery Spiridonov는 카나벨로Sergio Canavero 박사에 의해 몸을 이식하는 수술을 받기로 약속한다. 이것이 의미하는 바를 다음과 같이 해석할 수 있을까? 스프리도노프가 생각하는 자신은 머리, 두뇌의 존재 여부라고. 이에 대한 철학적 사고 실험이 있다. 이 사고 실험은 미국의 철학자 힐러리 퍼트넘Hilary Putnam이 데카르트의 '악마 가설'을 철학적 회의주의 논쟁으로 전개한 아이디어인 '통 속의 뇌'brain in a Vat라는 것으로, 영화 「매트릭스」의 시나리오에 중요한 영향을 미친 것으로 알려져 있다. 물론 이것은 인식론적 문제의 틀에서 제기된 것이었지만 결국 우리가 '나'라고 할 때의 인식 문제, 즉 두뇌라는 신체가 최소의 나라는 규정을 할 수 있다는 생각을 해볼 수 있다.

그렇다면 제2의 기계 시대라고 할 수 있는 디지털 시대에 인간의 몸은 어떤 의미를 가질 수 있을 것이며 철학은 그에 대해 어떤 논의를 진행할 수 있을까? 필자는 이에 대하여 몸과 기술과의 관계에 대한 철학적 고심을 한 도나 해러웨이Donna Haraway, 1944~의 사이보그 논의가 인간의 새로운 존재론에 대한 의문을 구체화하고 또 어떻게 미래의 인간상을 생각해 볼 수 있을지 통찰을 제공할 수 있다고 생각한다.

해러웨이의 사이보그에 대한 논의를 테크노젠더Technogender라는 개념으로 설명해 보고자 한다. 테크노젠더는 기술과 사회적 성의 구분을 결합해 필자가 만든 용어로, 디지털 기술 시대의 젠더 문제 역시 기술과 밀접한 관련이 있다는 것을 주장하는 개념이다. 테크노젠더는 포스트휴먼이라는 개념과 함께 설명할 수 있다. 현재 옥스퍼드 대학의 인류미래연구소Future of Humanity Institute의 소장이자 철학자인 보스트롬Nick Bostrom은 포스트휴먼을 다음과 같이 정의한다. "나는 '포스트휴먼'을 포스트휴먼의 능력을 가진 존재로 규정한다. 포스트휴먼 능력이란 기술적 의미에서 새로운 인간 존재로서 최고의 능력을 성취하는 것을 의미한다"(Bostrom, 2008: 104). 보스트롬은 포스트휴먼에 대해 세 가지 차원으로 설명하고 있는데, 첫째로 건강이나 수명에 대한 연장에 대한 관심으로 능동적이고 생산적으로 건강해야 할 것을 제안한다. 둘째로 인지 능력의 증강에 관심을 두면서 기억, 추론과 같은 일반 지능이 계속적으로 증진되어야 하며 다양한 영역 ──예를 들면 예술, 영성, 수학 등──에도 지속적으로 발전이 있어야 하는 상태를 지향한다. 셋째, 감정의 영역으로 삶의 영역에서 잘 즐기는 것을 중요하게 생각한다. 그리고 사람들과 정서적으로 교류하고 반응하는 능력의 증가로 규정한다. 이 중에서 필자가 주목하는 부분은 세번째 감정의 영역으로, 인간의 감성과 지각이 사이보그와 어떻게 연결되는지 질문한다. 따라서 제목에서 볼 수 있듯이 '몸의 미학'에서 미학은 예술을 포함하여 인간의 지각과 감정까지 아우르는 철학적 개념임을 밝힌다.

디지털 시대의 미학과 철학의 문제가 어떻게 포스트휴먼 시대의 사이보그라는 개념을 해석할 것인가가 이 글에서 다루어질 것이다. 그렇다면 해러웨이의 사이보그 개념이 왜 중요한가?

첫째, 해러웨이의 논의는 포스트모던 담론과의 연결을 통해서 논쟁점이 구성되었음에도 불구하고, 현재 포스트휴먼 논의에서도 충분히 발전 가능한 이론들로 구성되어 있다는 점이다. 그중에서 중요한 개념은 사이보그이다. 이것은 해러웨이의 논문 「사이보그 선언문: 20세기 말의 과학, 기술, 그리고 사회주의적-페미니즘」, 「상황적 지식들: 페미니즘에서의 과학의 문제와 부분적 시각의 특권」을 중심으로 살펴볼 수 있다. 이 두 논문은 『유인원, 사이보그, 그리고 여자』에 수록된 것으로 1978년에서 1989년 사이에 쓰인 에세이를 모은 책이다. 이 저서는 인간의 몸과 기술/기계의 결합 지점에 대한 많은 논쟁점을 야기한다. 둘째, 테크노젠더에 대한 논의이다. 이것은 페미니즘과 연결하여 『겸손한_목격자@제2의_천년.여성인간©_앙코마우스™를_만나다』를 중심으로 다룰 것이다. 여기서는 주체와 객체의 전통적 문제가 어떻게 사이보그의 논쟁점 안에서 변화를 겪는지 정체성의 문제로 논의할 것이다. 즉 자기와 타자간의 인식과 오인에 대한 이야기가 병행될 것이다. 셋째, 해러웨이의 연구의 방법론에 대한 논의도 언급하겠다. 해러웨이는 과학적 논의를 하나의 은유로 보는 관점을 확대하여 찰스 퍼스Charles. S. Peirce에게서 영향받은 기호학적semiotic 방법론을 사용한다. 퍼스의 기호학은 삼원적 관계triadic relationship를 통해 구성되는데, 이것은 전통적인 이분법이나 이항대립을 지양하는 근거가 되며, 윌리엄 제임스William James가 말했던 개선론meliorism과도 밀접한 관련을 가진다고 생각한다. 개선론은 중용의 입장과 유사한데, 어느 한쪽에 치우치지 않고 비판적 부분을 받아들이고 개선하면서도 목적을 성취할 수 있기 때문에, 이분법적 방법론을 벗어나는 하나의 대안이라고 생각할 수 있다. 이를 통해 해러웨이는 몸, 즉 육체의 문제를 결합하면서 유전자 물신주의에 대한 비판을 자본주의적 이해관계와 결합하여 본다. 또한 해러웨이는 포스트모던 방법론에서 중시하는 '차이'의 개념을 과학적 용어인 '회절'回折, diffraction을 통해 설명한다. 회절이란 파동이 장애물 뒤쪽으로 돌아 들어가는 현상으로 파동이 입자로는 갈 수 없는 영역에 휘어져 도달하는 현상을 가리킨다. 일상 생활의 예로 담장 너머 사람의 모습을 볼 수 없을지라도 그 목소리를 들을 수 있는 현상과 같은 것이 있다.

해러웨이는 논의의 틀을 '기술과학'이라는 용어로 사용하고자 하는데, 이것은 브뤼노 라투르가 과학 연구에 기술과학이라는 단어를 공통적으로 사용한 것에서 채택했다(해러웨이, 2007[1997]: 121). '기술과학'이라는 개념을 제시하는 계기는 통념적으로 기술이 과학보다 하위 개념으로 이해되고 있다는 점에 주목하는 해러웨이의 통찰에 있다. 이용어를 통해서 두 개념의 관계는 수평적이 된다. 또한 과학이 세속화되고 있는 상황이 드러나게 된다. 해러웨이에 의하면 라투르는 세계를 움직이는 강력한 소재지, 소위 실험실의 '내부'가 모든 종류의 자원들을 동원하고 재형성하여, 자신의 범위를 '외부'까지 확장함으로써 구성된다고 해석한다. 라투르는 기술과학이 분쟁을 일으키는 것이라고 보고, 기술과학이라는 용어를 통하여 '과학'과 '사회'가 밀접한 관련이 있음을 주장한다. "나는 이제부터 '기술과학'이란 단어를 사용하여 과학 내용이 아무리 더럽고 예기치 못한 것 혹은 이질적인 것으로 보이더라도 그것들과 연결된 모든 요소들을 묘사할 예정이다"(해러웨이, 2007: 121)

라고 선언하는 라투르의 언급을 인용하면서 해러웨이는 자신의 연구에서 자본주의적 이해관계나 페미니스트, 좌파적 과학 연구에 라투르와 일치하는 면도 또한 반대하는 면도 있다는 점을 밝힌다. 무엇보다 해러웨이는 사이보그에 관해서 기술과학에 인간과 비인간의 놀라운 잡종이 있다는 사실을 넘어서 이것이 누구를 위해 그리고 어떻게 작용하는지 묻는 것이 인식론적·정치적·감성적(필자가 보기에는 미학의 문제에 관련하여)으로 강력하다고 생각한다.

도나 해러웨이와 사이보그

도나 해러웨이는 미국 산타크루스에 있는 캘리포니아 대학의 의식사 History of Consciousness 및 페미니스트 연구학 교수이다. 해러웨이는 대학에서 생물학, 철학, 문학을 전공했고, 예일 대학원에서 학위 논문을 쓸 때에도 순수한 생물학에 관한 것이 아닌 '20세기 유기체론에서 사용된 은유들'에 관한 일종의 생물철학, 즉 인문학적 견지에서 본 생물학에 관한 주제를 연구했다. 인문과학과 자연과학을 복수전공한 교육적 배경이 그녀의 학문적 특성을 이루게 되는데, 이것은 그녀가 여러 학문을 횡단하는 자유로운 연구를 할 수 있는 환경에 안착할 수 있는 동력이 된다. 그녀의 작업은 인간-기계, 인간-동물의 관계에 대한 기여뿐 아니라 생물학, 철학, 영장류학을 교차시켜 논쟁을 만들어 내었다. 또한 해러웨이는 페미니스트 이론가이자 화가인 린 랜돌프Lynn Randolph와 협업(1990~1996)을 하기도 했다. 특히 이들의 작업은 페미니즘, 테크노사이언스, 정치적 의식, 다른 사회적 이슈에 관련하여 탁월한 성과를 보였으

그림 2 린 랜돌프,
「겸손한 목격자」
(출처: http://www.lynnrandolph.
com/ModestWitness.html)

며, 해러웨이의 책인 『겸손한 목격자』에서 이미지와 서사적 구성을 형성하기도 했다. 해러웨이는 과학과 기술 연구의 영역에서 네오맑시스트나 포스트모더니스트라기 보다는 포스트젠더리스트Postgenderist라고 불린다. 여기서 '포스트'는 기술과 밀접한 관련이 있는데, 필자는 이에 대해 테크노젠더라는 용어를 제안한 바 있다.[2] 기술과 인간이 결합된다는 의미를 담는 이 용어를 중심으로 해러웨이의 '사이보그를 위한 선언문: 1980년대의 과학, 기술 그리고 사회주의적 페미니즘'을 보기 전에 해러웨이가 말한 '사이보그'가 무엇을 의미하는지 살펴보자.

---

2 세계여성철학자대회, 2014.6. 스페인, 알칼라 데 에나레스 대학에서 언급. XV International Association of Women Philosophers(IAPh) Symposium, 26, Jun, 2014. University of Alcala, Spain.

사이보그는 사이버네틱cybernetic과 유기체organism의 합성어로, 미국 컴퓨터 전문가인 맨프레드 클라인스Manfred E. Clynes, 1925-와 미국 정신과 의사인 네이선 클라인Nathan S. Kline, 1916-1982의 논문 「사이보그들과 우주」(1960)에 등장한 용어이다. 원래 사이보그는 우주에서도 생존할 수 있는 인간을 만들기 위해 구상되었다. 이들에게 시도된 첫 사이보그는 화학 약품에 지속적으로 노출되도록 삼투압 펌프를 이식한 하얀 쥐였다. 이 쥐는 삼투 펌프를 이식한 형태로 자동 제어의 인간-기계 체계를 위한 실험의 일환으로 제작되었다. 인터넷의 탄생과 마찬가지로 이 프로젝트 역시 제1, 2차 세계대전을 거치면서 군사적 목적으로 진행된 것이며, 냉전 이후 자본주의의 가속화로 인해 인간의 사이보그화가 빠른 속도로 발전되었다. 인간을 유기체와 기계의 합성물인 사이보그로 만드는 것은 컴퓨터 시스템이다. 우리는 디지털 시스템을 통해 새로운 공간인 사이버스페이스나 시간 개념을 경험하며 살고 있다. 사이버스페이스라는 용어는 소설가 윌리엄 깁슨William Gibson이 『뉴로맨서』(1984)에서 최초로 사용했다고 알려져 있다. 이 용어는 인간이 스스로의 의식을 컴퓨터와 연결하여 들어갈 수 있다고 상상한 공간인 데이터스케이프datascape를 지칭하기 위한 용어이다. 이것은 사이버스페이스, 사이보그, 인공지능과 같은 새로운 과학적 이슈를 다룬 장르인 사이버펑크cyberpunk라는 장르를 탄생시키기도 했다. 1990년대 이후는 '사이버컬처'라는 용어로 사용되기도 했다. 오늘날 사회, 의식, 권력, 부, 사회적 불평등의 문제와 같은 정치경제적 문제 전반을 다루고 있는 사이버컬처는 사이버스페이스에서의 인간의 실질적 삶을 의미한다. 사이버컬처에서 중요해지는 이슈는 우리의 미래에 대한 새로운 기술 윤리이다. 즉, 인간

복제의 문제나 유전자 조작 등 인간의 존엄성을 제고하게 하는 다양한 영역들이 중요한 문제로 대두된다. 「사이보그 선언문」은 이러한 사이버 컬처를 통해 파생되는 문제점과 위험성을 다루고 있다.

이처럼 사이보그는 새로운 인류의 양상으로서 이를 다루는 개념인 '사이버네틱스'를 생각해 볼 수 있다. 사이버네틱스는 사이보그의 탄생을 야기한 학문이며 인문, 사회과학, 자연과학, 기계공학을 융합하는 학문의 근원이라 할 수 있다. 사이버네틱스는 1948년 노르베르트 위너 Norbert Weiner가 생명체와 기계와의 커뮤니케이션에 관한 학문을 지칭하기 위해 만들어 낸 용어이다. 이 개념은 위너가 자신의 저서 『사이버네틱스, 혹은 동물과 기계에 대한 통제 및 커뮤니케이션』(1948)을 통해 선보였고, 이 책을 좀더 대중들이 이해하기 쉽게 저술한 『인간에 대한 인간적 활용: 사이버네틱스와 사회』(1950)를 통해 널리 알려지게 되었다.

해러웨이가 1985년에 「사이보그 선언」을 발표한 이후, 사이보그에 대한 담론은 기술과학 시대의 새로운 정치적 주체로 대두하게 된다. 해러웨이의 기여는 사이보그 선언 이후 페미니즘의 영역에서 사이보그의 문제가 심화되었을 뿐만 아니라 나아가 보편적인 인간의 문제로 확장되었다는 점이다. 사이보그가 중요한 용어가 되는 것은 기술과학과 인간으로 구분하기 불명확한 상황에서 인간이 삶을 설명할 수 있는 언어로서 유용하다는 지점에서이다. 사이보그는 임의적으로 1세대에서 3세대까지 구분해 볼 수 있는데(임소연, 2014), 1세대 사이보그는 사이버네틱스 과학의 산물로서의 사이보그이고, 2세대 사이보그는 해러웨이의 「사이보그 선언」을 통해 재탄생한 사이보그이다. 1세대 사이보그가 혼성적인 상태 그대로의 사이보그를 의미한다면 2세대는 새로운 주체이자 기술과학이 만드는 새로운 언어로서 사이보그이다. 3세대는 사이보그 자체를 넘어서 기술과학과 인간이 관계를 맺음으로써 정치적 행위로 나아가는 단계로서 사이보그이다.

사이보그 선언문 : 20세기 말의 과학, 기술, 그리고 사회주의적-페미니즘

이번 절에서는 해러웨이의 「사이보그 선언문」을 다루려고 한다. 선언의 첫번째 장인 "집적 회로the integrated circuit 속의 여성들을 위한 공통 언어라는 아이러니컬한 꿈"에서 해러웨이는 바로 이 선언문이 페미니즘, 사회주의, 맑시즘에 입각한 유물론에 충실한 정치 신화를 세우고자 한다는 점을 명백히 한다. 해러웨이는 여기서 사이보그에 대해 다음과 같이 설명한다.

> 사이보그는 사이버네틱 유기체이며, 기계와 유기체의 잡종이자 사회적 실재의 창조물인 것 같이 허구의 창조물이다. (…) 우리의 시대이며, 신화적 시기인 20세기 말에 위치한 우리들은 모두 기계와 유기체의 이론화되고 제작된 잡종인 키메라chimera이다. 요컨대 우리들은 사이보그이다. 사이보그는 우리의 존재론이다. 사이보그는 우리에게 우리의 정치를 준다. 사이보그는 어떤 역사적 변형의 가능성도 구성하는 두 개의 결합된 중심인 상상력과 물질적 실재의 응축된 이미지이다. '서양'의 과학 및 정치의 전통들 ──인종차별주의적이고 남성-지배적인 자본주의의 전통, 진보의 전통, 자연을 문화 생산의 자원으로 전용하는 전통, 타자의 반영으로부터 자아를 재생산하는 전통 등──속에서 유기

체와 기계 간의 관계는 경계 전쟁이었다. (…) 사이보그는 서양의 의미에서 어떤 기원도 갖고 있지 않다. 이것은 '최종적인' 아이러니이다.

— 해러웨이, 2002: 266~269

사실 사이보그는 메리 셸리Mary Shelley의 『프랑켄슈타인』Frankenstein 에서도 그 아이디어를 찾아볼 수 있듯이 문학적 상상력으로부터 시작되었다고 해도 과언이 아니다. 이처럼 미학적 아이디어는 언제라도 현실화될 수 있는 잠재성을 가지고 있으며 하나의 중요한 은유로서 작용한다. 사회적 실재는 우리가 체험하는 사회관계들, 우리의 가장 중요한 정치적 구성물, 세계를 변화시키는 허구 등이다. 해러웨이는 국제적 여성운동들은 앞서 언급한 사회적 실재들을 드러내고 발견했으며 나아가 '여성 경험'을 구성했다고 본다. 이러한 경험은 가장 중요한 정치적 유형의 허구이자 사실로서의 경험이다. 따라서 사이보그는 20세기 말 무엇이 여성의 경험으로 간주되는가를 변화시키는 허구 및 체험된 경험의 문제로 환원된다.

해러웨이는 사이보그가 정치적인 맥락에서 이해되어야 한다는 근거가 군사주의나 가부장적 자본주의에 있다고 말한다. 이것은 과학 기술이나 자본주의의 발전이 가부장적 사회에서 발전되어 왔기 때문일 것이다. 발전이라는 이름 아래 인간 종과 외부 세계의 경계가 점점 허물어지고 있다는 것이 해러웨이의 생각인데, 그녀는 이 붕괴 현상을 세 가지로 구분한다. 첫째는 생물학의 영역으로, 인간과 동물 간의 경계가 흐려진다는 것이다. 생물학이나 진화론은 최근 두 세기 동안 삶과 사회과학 사이에 극심한 논쟁을 불러일으켰다. 두번째는 유기체로서 동물~인간과 기계 간의 구분이다. 20세기의 기계는 인간의 필요에 의해 만들어진 도구였지만 현재의 기계들은 인간의 존재 자체를 모호하게 하는 물리적 상황으로 바뀌어 가고 있다. "자연적인 것과 인공적인 것, 정신과 육체, 자기-발전적인 것과 외부에서 계획된 것, 그리고 유기체와 기계에 적용되었던 여러 다른 구별들 사이의 차이를 철저히 모호하게 만들었다"(해러웨이, 2002: 272). 세번째 구별은 두번째 구별의 하부 집합으로서 비물리적인 것과 물리적인 것 사이가 아주 모호하다는 것이다. 선언의 첫번째 장을 정리하자면 해러웨이는 우리가 전통적으로 자연 그 자체라고 규정했던 인간(구체적으로 여성)이 동물이나 기계와 그 경계가 모호하게 되었다는 것을 주장하고, 이에 대한 윤리적·미학적·사회적 통찰이 요구된다는 점을 언급하고 있다.

두번째 장 "분열된fractured 정체성들"에서 해러웨이는 미국 좌익과 미국 페미니즘의 최근 역사에서 보이는 분열에 대해 논의한다. 즉 우리가 현재 사용하는 젠더, 인종, 계급의식이라는 단어들이 식민주의와 같은 모순적 사회 현실로부터 어쩔 수 없이 나올 수밖에 없었다는 것이다. 해러웨이는 유색인, 특히 흑인 여성의 문제를 언급함으로써 백인 페미니즘의 모순을 극복하고자 한다. 그녀는 페미니즘을 무조건 옹호하지 않고, 페미니즘 내의 모순까지 섬세하게 드러냄으로써 풍자적 의미로 다음과 같은 분류를 시도한다.

사회주의적 페미니즘-계급의 구조//임금노동//소외

노동, 유추 개념으로 재생산, 확장 개념으로 성, 추가 개념으로 인종

급진적 페미니즘-젠더의 구조//성적 전용//대상화

성, 유추 개념으로 노동, 확장 개념으로 재생산, 추가 개념으로 인종

— 해러웨이, 2002: 287

이러한 분류는 사회주의적 페미니즘의 개념을 보여 준다. '진보된 자본주의'에 대한 반성으로서 제시된 맑스주의의 차용은 적어도 서양의 지배 구조에 대한 문제점을 드러내는 데 기여할 것이라고 해러웨이는 믿는다.

세번째 장 "지배의 정보과학"에서 해러웨이가 주장하는 정치적 개념의 뿌리는 산업 자본주의가 창조하는 것과 유사한 세계 질서 체계 속에서 계급, 인종, 젠더의 성질이 근본적으로 변화하고 있다는 데 있다. 해러웨이가 제시하는 아래의 도표는 1985년에 출판된 것으로서 생물학을 인공지능학적 명령-통제 담론으로 이해하고, 유기체들을 '자연적-과학 기술적 지식 대상들'로 이해하려는 노력을 보여 준다(해러웨이, 2002: 290의 각주 15). 이 중에서도 시뮬레이션, 커뮤니케이션 공학, 스트레스 관리, 인공두뇌학, 사이보그 시민권, 유전공학, 로봇공학과 같은 아이디어들은 오늘날 실제로 실현되고 있으며 중요한 화두가 되고 있다. 특히 '의사소통 강화'와 같은 항목은 오늘날 세계화·지구화에 따른 소통과 갈등의 문제를 예견한 것이라고 볼 수 있다.

재현	시뮬레이션
부르주아 소설, 리얼리즘	과학소설, 포스트모더니즘
유기체	생물의 구성요소
깊이, 원상 그대로의 상태	표면, 경제
열	소음

임상학적 실천으로서의 생물학	기록으로서의 생물학
생리학	커뮤니케이션 공학
소집단	하부 체계
완전성	최적화
우생학	개체군 통제
퇴폐, 『마법의 산』	퇴화, 『미래의 충격』
위생	스트레스 관리
미생물학, 결핵	면역학, AIDS
유기적 노동 분화	인간공학/노동의 인공두뇌학
기능적 전문화	모듈 구성
생식	복제
유기적 성 역할 전문화	최적의 유전 전략들
생물학적 결정론	진화적 무기력, 구속들
공동체 생태학	생태계
인종적 존재 사슬	신-제국주의, UN 인본주의
가정/공장에서의 과학 경영	세계적 공장/전자 주택
가족/시장/공장	집적 회로 안의 여성들
가족 임금	비교 가치
공과 사	사이보그 시민권
자연/문화	차이의 장
협동	의사소통 강화
프로이트	라캉
성	유전공학
노동	로봇공학
정신	인공지능
제2차 세계대전	별들의 전쟁
백인 자본주의적 가부장제	지배의 정보과학

해러웨이는 여성들의 실제 상황이 생산/생식의 세계적 체계, 그리고 지배의 정보과학이라고 불리는 커뮤니케이션의 세계적 체계 속으로 통합/착취되는 것으로 보면서, 아리스토텔레스 이후 '서양'에서 담론을

명령해 온 유기적으로 위계 질서적인 이원론들이 페미니즘 분석 안에서 여전히 지배적인 것처럼 진행되어 왔다고 분석한다. 이러한 분석을 사이보그 기호학이라는 방법론으로 풀어내면서 해러웨이는 커뮤니케이션 기술과 생물공학들biotechnologies은 우리의 모듈을 다시 제작하는 중요한 도구들이라고 생각한다(해러웨이, 2002: 293). 해러웨이는 과학 기술결정론을 지양하고 인간의 역사적 체계 안에서 인간과 기술의 관계를 논의해야 한다는 입장을 고수한다. 첫 장에서 언급한 '집적 회로 속의 여성'이라는 구상은 여성이 기술과학 및 사회와 매우 밀접한 관계가 있다는 데 착안했다. 하지만 해러웨이는 "과학과 기술이 신선한 권력의 근원을 제공할 뿐 아니라 우리에게 분석과 정치 행동의 신선한 근원들이 필요하다는 사실 또한 보여 주어야 한다"(해러웨이, 2002: 296)는 라투르(Latour, 1984)의 의견을 수렴하고 있다. 앞으로 기술에 기반한 사회적 네크워크가 사람들간의 인종이나 성, 계급 등을 새롭게 볼 수 있게 하고, 그 경계를 흐리게 할 수 있다는 것이다. 앞서 해러웨이가 언급했듯이 커뮤니케이션 기술과 생물공학들이 우리의 몸을 다시 구성하는 중요한 도구라면 여성의 몸이 '시각화'와 '중재'intervention 양자에 경계를 새롭게 구획할 수 있는 가능성이 있다고 주장한다.

네번째 장인 "가정 밖의 가사경제"나 다섯째 장인 "집적 회로 속의 여성"을 통해 "과학을 하는 새로운 집단들은 지식, 상상력, 실천의 생산 속에서 어떤 종류의 구성적 역할을 할 수 있는가? 이 집단들은 어떻게 진보적인 사회적·정치적 운동들과 연합될 수 있는가? 우리를 분리시키는 과학적-기술적 위계질서를 가로질러 여성들을 함께 묶기 위해 어떤 종류의 책임이 구성될 수 있는가? 반-군사적 과학 시설 전환 운동 집단들과 동맹을 맺는 페미니즘적 과학/기술 정치를 발전시킬 수 있는 방법들이 있을까?"(해러웨이, 2002: 303)를 질문하면서 해러웨이는 유색 여성을 포함한 여성이 진보적 정치에 개입할 수 있는지 타진한다. 발전된 기술 사회에서 여성의 역사적 지위는 어떻게 변할 것인가? 해러웨이가 주장하듯이 과학과 기술의 사회 관계들이 인간에 대한 해석을 새롭게 할 수 있다면 당연히 여성에 대한 지위도 달라질 것이고, 지금까지 서양의 체계와 질서에서 규정되어 왔던 여성의 문제를 기술과 사회의 관계를 통해 새로운 관점으로 바라볼 수 있는 가능성을 제시하게 될 것이다.

마지막 장인 "사이보그: 정치적 정체성의 신화"에서 해러웨이는 린 랜돌프의 1989년 유화 작품인 「사이보그」를 제시하고 20세기 말 정치적 상상력에 대해 알려 줄 정체성과 경계에 대한 신화로 마무리한다. 놀랍게도 해러웨이는 "성 산업과 전자 조립에 고용된 젊은 한국 여성은 고등학교로부터 모집되었고, 집적 회로를 위해 교육받았다. 읽고 쓰는 능력, 특히 영어 능력은 '싸구려' 여성 노동을 다국적 기업들에게 매우 매력적으로 만든다"(해러웨이, 2002: 312)라며 한국 여성에 대해 언급을 하고 있다. '유색 여성들'은 과학에 기반을 둔 산업을 위해 선호되는 노동력이며 진정한 여성들로 세계적 성 시장, 노동 시장, 생식 정치 등이 이들을 위해 일상생활 속에서 만화경 같은 변화를 만든다는 것이다.

해러웨이는 글쓰기의 중요성을 말하면서 글쓰기가 사이보그의 탁월한 기술이라고 주장한다.

사이보그 정치는 언어에 대한 투쟁이며, 완전한 의사소통에 대항하는 투쟁이자, 모든 의미를 완전하게 번역하는 유일한 코드, 즉 남근중심주의의 교리에 대항하는 투쟁이다. 이것이 바로 사이보그 정치가 동물과 기계의 비합법적 융합 속에서 기뻐하고, 소음을 고집하고, 오염을 옹호하는 이유다. 이는 남자와 여자에 대해 의문시하고, 즉 언어와 젠더를 발생시키도록 상상된 힘의 구조를 전복시키며, 그럼으로써 '서양'의 정체성, 자연과 문화, 거울과 눈, 노예와 주인, 몸과 정신 등의 재생산 구조와 모드들을 전복시킨다. '우리들은' 처음부터 사이보그가 되겠다고 선택하지는 않았지만, 선택은 '텍스트들'을 보다 넓게 복제하기에 앞서 개개인들의 재생산을 상상하는 자유주의적 정치와 인식론을 수립한다. (해러웨이, 2002: 315~316)

해러웨이는 사이보그 문제가 젠더와 관련하여 정치적 문제를 야기시킨다고 보았으며, 이것은 서양의 전통적인 관념에 정면으로 도전하는 것이라고 주장한다. 글쓰기와 더불어 이미지에 대해서 해러웨이는 리들리 스콧Ridley Scott의 영화 「블레이드 러너」Blade Runner의 복제 인간 레이첼을 언급하면서 사이보그 문화의 두려움, 사랑, 혼란의 이미지를 말한다. 영화의 비유를 통해서 낸 결론은 도구와의 연결 관계에 대한 우리의 감각이 증대된다는 것이다. 그녀는 페미니즘 과학 소설의 사이보그 괴물들을 언급함으로써 여자, 인간, 인공물, 한 인종의 일원, 개체적 실체individual entity, 혹은 몸 등등의 지위들을 매우 의심스러운 것으로 만든다. 해러웨이는 사이보그가 등장하는 배경에 대해 위험 사회를 전제하지만 사이보그들의 이미저리imagery에 대해서는 위험하거나 적대적인 태도를 취하기보다는 보다 긍정적인 역할로 본다. 해러웨이에게 인간의 몸, 특히 여성의 몸은 권력과 정체성을 보여 주는 지도이다(해러웨이,

2002: 323). 하나의 몸으로써 사이보그는 권력과 정체성을 드러내는 새로운 청사진이 되는 것이다. 해러웨이가 보기에 이 새로운 피조물은 이원론을 넘어설 수 있는 가능성이다. 필자는 해러웨이가 사이보그 이미지에 대해 언급하는 부분이 중요하다고 생각한다. 궁극적으로 해러웨이는 사이보그 이미지가 이질적인 피조물로서가 아니라 하나의 은유이자 실재로서 기술 시대를 살아가는 우리에게 '인간이란 무엇인가'를 반성하게 하는 중요한 기제이자 개념이 된다고 생각하는 것 같다. 실제로 해러웨이는 사이보그 이미지가 자신의 논문에 두 가지 결정적인 논쟁을 제공한다고 보았다. 첫번째는 보편적이고 총체적인 이론이라는 신화에 얽매여 있다면 변화하는 현실을 바라보기 어렵다는 것이고, 두번째는 "과학과 기술의 사회 관계들에 책임을 지는 것은 반-과학적 형이상학, 과학 기술의 악마 연구를 거부하는 것을 의미하며, 그럼으로써 타자들과의 부분적 연결 관계 속에서, 그리고 우리의 모든 부분들과의 의사소통 속에서, 일상생활의 경계를 재구축하는 숙련된 임무를 포용하는 것을 의미한다"(해러웨이, 2002: 324)는 점에서 중요한 논쟁점을 제공한다는 것이다.

해러웨이가 말하는 사이보그는 일종의 테크노젠더로서 이제까지 편견으로 답습되어 왔던 인간이라는 종에 대한 새로운 분석을 시도할 수 있게 하고 특히 인종, 젠더, 자본의 역학 관계에 대한 새로운 지형도를 구성할 수 있도록 돕는다. 해러웨이는 기존의 서양의 학문이나 과학 체계, 특히 이원론을 통해서는 새로운 우리의 몸을 설명할 수 없고, 또 왜 그러한 몸이 되었는지 왜 앞으로 사이보그가 되어 가는지 설명할 수 없다고 본다. 결국 서양 문화에서 말하는 '여신'의 개념보다는 다양한 맥락을 드러내는 사이보그 이미지를 통해서 여성/인간의 새로운 모습을 통찰할 수 있다고 생각한다.

겸손한 목격자로서 사이보그 가족들

해러웨이는 미래 세계에서 기술생명권력technobiopower(해러웨이, 2007: 15)[3]이 매우 중요할 것이고, 또 인간 존재를 크게 변화시킬 수 있을 것이라는 것을 예견한다. 해러웨이가 규정하는 '기술생명권력' 시대는 유전공학 실험이 성공한 1970년대로 추정된다. 「사이보그 선언문」이 수록된 『유인원, 사이보그, 그리고 여자』(1991)에서 여성과 유인원을 언급했고, 『겸손한 목격자』(1997)에서는 여성인간ⓒ과 앙코마우스™, 유전자, 태아, 흡혈귀를 다룬다. 여기서 흡혈귀는 동양의 문화권에서 이해하기가 쉽지 않은 반면 유전자 변형이나 인공수정 및 성감별은 한국 사회에서도 익숙한 개념이다. 해러웨이는 유전공학의 다양한 양태에만 주목한 것이 아니라 인종차별의 상징으로서 흡혈귀라는 단어를 비유적으로 사용한다. 흡혈귀는 유럽 사회에서 부정적인 존재, 즉 유대인, 매춘부, 젠더 변태자, 외국인, 이민자들에 대한 총체적 비유이다.

『유인원, 사이보그, 그리고 여자』에서 유인원은 가부장적 사회에 존재하는 여성의 지위를 은유한다. 즉 자연종으로서 유인원이 아닌 인

---

3 이 용어는 미셸 푸코가 『성의 역사』(*L'histoire de la sexualité*)의 1권 『앎의 의지』(La volonte de savoir)에서 주장한 '생명권력'을 확장한 개념으로, 푸코는 과거 군주들이 군주의 권력을 특징짓는 특권의 하나로 생살여탈권(生殺與奪權)을 갖고 있었다는 점에 착안하여 '생명권력'이란 개념을 끌어내었다. 푸코는 이 저서에서 세월이 흐르면서 생명권력이 생살여탈권에서 생명을 관리하는 권력으로, 그리고 육체의 경영과 생명의 이해타산적 관리로 바뀌었음을 주장했다

간의 실험 도구로서 다루어지는 상황을 빗댄 것이다. 여성성을 넘어서 인간의 차원으로 나아가야 한다는 것을 주장하기 위해 해러웨이는 여성 과학 소설가 마지 피어시Marge Piercy의 『여성 인간』Female Man을 통해 젠더에 대한 문제를 제기한다. 이 소설에는 네 명의 복제 여성이 나오는데, 그들은 각각 여자만의 세계에 살고 있는 미래의 여성, 남자들과 전투 중인 가까운 미래의 여성, 남자의 억압 속에 살고 있는 동시대의 여성, 남자의 사랑을 갈구하는 과거의 여성이다. 이 소설은 여성이 '인간을 대표'하도록 설정되어 있다. '여성인간©'은 해러웨이가 추구하는 인간으로서 여성의 새로운 정체성이며 이분법을 넘어선 정치적 젠더의 역할 수행자이다. 또한 여성인간©은 자연인으로서 여성이 아니라 사이보그인 여성이다.

해러웨이가 『겸손한 목격자』에서 제시하는 앙코마우스™는 유전자 복제 동물이며 유전자 이식 피조물로서 세계에서 첫번째로 특허를 받은 동물——쥐이다. 이 쥐는 생명에 특허가 가능해지는 법이 생겨난 후 자연을 상업화하고 상표를 붙일 수 있는 살아 있는 상품이 되었다. 즉 앙코마우스™는 상표가 붙은 '제품'인 것이다. 앙코마우스™은 암 발생률이 높아지도록 유전자가 조작된 생명체로, 인간의 삶을 증진시키기 위해 연구되었다. 이 동물은 유방암 치료 연구를 위해 유전자가 이식된 생쥐이다. 해러웨이는 자연과 상품의 경계가 사라지는 상황을 드러내고자 하였다. 하버드가 소유하고 있는 설치류 지적재산권이며 유전자가 이식된 유방암 모델로서의 앙코마우스™는 특허물로서 1988년에 시작되었다. 해러웨이는 앙코마우스™와 여성인간©을 이 시대의 겸손한 목격자로 보면서 이를 자신의 생각을 전달하는 존재라고 생각한다.

해러웨이에게는 '목격'이 중요한 개념인데, 왜냐하면 목격은 '보기', 즉 이미지와 관련이 있기 때문이다. 무엇인가를 본다는 행위는 곧 증언의 의미를 가지며 이러한 목격은 우리의 심적인 부분을 움직여 행동하게 하는 힘을 부여하기 때문이다. 또한 해러웨이가 사이보그와 겸손을 연결함에 있어서 겸손이 왜 필요한가에 대한 설명이 필요할 것이다. 해러웨이는 여성적/남성적 겸손을 의미하는 것이 아니라 기존의 여성적 의미가 아니라는 점에서 페미니즘적 겸손을 제시하면서 "그 겸손은, '물질적-기호적'인 실제 세계에서 차이를 만들려는 목표를 가진 채, 인종, 계층, 젠더, 성에 관한 문제들을 힘들게 교차시키도록 요구하는 기술과학 세계 속에 억류되어 있는 것과 관련이 있다"(해러웨이, 2005: 247)는 것을 명확히 한다.

궁극적으로 해러웨이가 앙코마우스™와 여성인간©을 통해서 말하고자 한 것은 이분법을 벗어나고자 하는 전략 중 하나였다. 특히 앙코마우스는 생명이 어떻게 기술화되어 가며 자연을 다시 프로그래밍하는지 명백하게 보여 주는데, 이는 자연/사회, 동물/사람, 인간/기계, 주체/객체, 기계/유기체, 은유/물질성 같은 이분법을 넘어선다. 사이버 기술은 여성/남성이 생물학적 신체를 초월하여 전통적인 여성/남성이라는 역사적 범주, 타자와 객체를 벗어나서 자신들을 재정의할 수 있는 가능성을 제시한다고 생각한다. 또한 젠더 차별과 불평등의 토대였던 자연과 생물학의 법칙이 그 권위를 상실한다. 인간의 몸은 다양한 기술로 변형되고, 다른 종의 희생/연구를 통해 생명을 연장시켜 나가는 상황을 통해 인간의 본질이 재정의 될 수 있는 가능성을 시사하는 것이다. 이제 사이보그화된 인간은 새로운 젠더 개념이 요구된다. 해러웨이는 2부

"의미론"의 3장 「가족의 재결합」에서 기술과학의 세계에 있는 이 두 존재에 대해 다음과 같이 요약한다(해러웨이, 2007: 248~251). 첫째, 유전자 복제 동물이자 유전자 이식 피조물인 앙코마우스와 여성인간은 유전 기술의 산물이며, 인간의 출산을 훌쩍 뛰어넘는 새로운 생식 기술의 결과물이다. 둘째, 이 둘은 모두 글쓰기 기술의 산물이다. 즉 과학 소설이라는 문학적인 출판 실천 중 하나이며, 실험실의 기록 실천 중 하나이다. 또한 이 두 존재는 상품으로 존재한다. 셋째, 앙코마우스와 여성인간은 성적 소수자들이다. 넷째, 앙코마우스와 여성인간은 모더니티와 계몽의 자궁 속에서 성장했지만, 그들의 존재는 그들의 기원인 매트릭스를 빗나가게 만든다. 모더니티 설화의 토대였던 인간과 자연 사이의 거대한 경계선, 그리고 추론적, 식민적, 인종적, 젠더화는 새롭게 구성될 시점이 되었다. 다섯째, 앙코마우스와 여성인간은 새로운 개념으로 기존의 인종과 여성의 담론을 넘어선 맥락에서 이해된다. 이렇게 여성인간과 앙코마우스의 정체성은 기술과학 사회의 새로운 정체성을 암시한다.

해러웨이가 말한 사이보그 가족들에 대한 논의는 오늘날 한국 사회에서도 적용될 수 있다. 저출산과 난임 부부의 증가로 인한 인공 수정 의료 산업의 발전이나 다문화 가정의 증가 등 단일 민족이라는 이념이 한 세기만에 그 지형도가 바뀌는 현상이 일어나고 있는 데에 해러웨이가 말한 사이보그 가족 은유를 적용할 수 있을 것이다. 물론 해러웨이가 좀더 세밀하게 다루고 있는 미국적 상황에서의 인종 문제를 우리가 완전히 이해하기는 쉽지 않을 것이다. 하지만 생물학적 문제와 정치적인 문제가 복잡하게 얽혀 있으며, 이러한 문제에 기술생명권력 시대라는 화두는 분명히 우리로 하여금 가까운 미래의 갈등적 상황을 바로 볼 수 있도록 인도한다.

테크노젠더와 몸의 미래에 관하여: 미학에 관한 관심

역사적으로 기계와 인간의 결합에 대한 동서양의 태도는 몸에 대한 인식에 따라 다르다. 조선 시대에는 유가적 전통의 영향으로 부모로부터 받은 몸을 보존하고자 하는 전통이 있었지만 오늘날 한국 사회는 아름다움과 젊음에 대한 관심으로 자신의 몸을 가꾸고 변화시키는 데 거부감을 갖지 않는다. 서양에서는 르네상스 시대의 레오나르도 다 빈치가 노트에 로봇 팔을 드로잉한 것을 볼 수 있는데, 그 정교한 표현이 놀랍다. 이러한 아이디어는 영국 레딩 대학 인공두뇌학과 교수인 케빈 워릭 Kevin Warwick에게서 극대화되는데, 그가 자신의 팔에 한동안 칩을 내장해 로봇으로 살아 보는 체험을 했던 실험이 그것이다.

소설에서 인간이 인간과 같은 피조물을 창조하는 내용을 담은 메리 셸리의 『프랑켄슈타인』(1818)이 있으며, 일본 애니메이션으로 한국에서도 방영된 바 있는 「은하철도 999」에서도 주인공 철이가 엄마를 대신해서 기계 몸으로 영원한 삶을 살기 위해 은하계를 여행하는 내용을 볼 수 있다. 미술에서는 스텔락Stelarc의 퍼포먼스 등이 중요하게 거론된다. 서양 고대 문화에서도 살펴볼 수 있듯이 영원한 아름다움을 지향한 고대의 사이보그로서 그리스 조각상 비너스를 예로 들 수 있다. 그리스 신화에 등장하는 피그말리온이 상아로 만든 조각상을 사랑하고, 아프로디테가 피그말리온의 염원을 받아들여 여인상을 사람으로 변화시킨 이야기에서도 볼 수 있듯이, 사이보그는 인간이 추구하는 다양한 욕구를 보여 준다.

몸이 사이보그화가 된다는 것은 편의상 두 가지 입장으로 나누어 볼 수 있다. 하나는 긍정적 입장으로서 첫째, 현대 문명의 특성상 몸의 사이보그화가 불가피하다는 점이다. 둘째, 인간의 더 나은 진보를 위해 기술이 필요 불가결하다는 점이다. 셋째, 인류 전체의 복지를 위해, 장애인, 노인, 사회적 약자를 위한 의료의 관점에서 긍정적이라는 점이다. 디스토피아적 관점은 첫째, 몸의 사이보그화가 인간의 실존적 조건에 위배된다는 점이다. 이것은 영화 「가타카」에서 그 예를 살펴볼 수 있다. 가타카GATTACA는 DNA의 염기 서열인 A, C, G, T로 만들어진 회사명으로서 유전자만으로 인간을 판단하는 미래 사회를 상징하는 것에 대한 영화이다. 둘째, 몸을 실험 수단으로 삼기 때문에 윤리적으로 문제가 된다. 셋째, 미래 세대에 대한 책임 의식에서 사이보그를 반대하는 것이 그것이다. 이때 해러웨이는 비판적 시각으로 사이보그를 옹호하며 정보 기술과 생식 과학에 주목하여 사이보그를 성평등의 문제까지 적용시킨다.

필자는 이렇듯 사이보그화되어 가는 미래의 인간 문명 속에서 테크노젠더 개념이 여성의 문제뿐 아니라 여성을 통해 인간 존재에 대한 다양한 문제들을 성찰하는 데 기여하기를 기대한다. 이러한 것을 성찰하고 반성할 수 있는 기제로 제시하는 것이 미학, 예술, 감각적인 영역이다. 미래에는 여성과 남성의 생물학적 특성을 구분하여 비판하는—예를 들면 성 역할—논의는 줄어들고, 다양해진 인간의 몸, 즉 기계와 결합된 몸이나 사이버 공간에서의 몸의 문제가 중요한 문제로 대두될 것이다. 특히 미래에는 임신, 출산, 양육, 교육, 직업, 군인, 의료 등 많은 분야에서 성을 중심으로 은밀하게 구분되었던 성차별, 고착 등의 경계가 흐려질 것이다. 이것이 의미하는 바는 고정된 성역할을 넘어 개인의 창의적인 능력과 생각이 앞으로 더욱 중요하게 될 것이라는 점이다. 그렇기 때문에 앞으로 복잡한 세상을 설명하는 젠더 개념으로 테크노젠더를 제시하는 것이다. 여기에 필자는 사이보그 미학 혹은 디지털 미학을 제안한다. 인간의 삶에 있어 창의적이고 감각적 표현은 가상 공간이나 인간의 변화된 몸에 확장되어 표현될 것이다. 이것은 단순한 미적 표현을 넘어서 문화적, 창의적, 예술적인 행동과 실천을 수반할 것이며, 중요하게는 인간의 자유와 윤리 간의 간격에 대해 생각할 수 있게 할 것이다.

여성의 문제는 '몸'과 연관되어 늘 담론화되어 왔다. 그러나 테크노젠더는 기계 사회인 포스트휴먼, 트랜스휴먼 시대에서 몸의 문제를 기술과 결합하여 새로운 윤리, 새로운 삶의 방식을 만들어갈 것이다. 이때 윤리의 문제는 더욱 중요해질 것이다. 윤리도 사회적 관계에서 성립되는 것처럼 젠더의 문제도 기술사회의 관계에 따라 성립될 것이며 우리는 앞으로 그것에 대해 논의할 준비가 되어야 한다. 테크노윤리가 테크노젠더 문제의 방향성을 제시한다면, 테크노젠더에 대한 깊고 다양한 생각을 가능하게 하고 비판 혹은 발전적 선견지명visionary을 가능하게 하는 것은 예술 행위, 즉 미학적 성찰이다.

현대 사이보그 예술가로 영국의 닐 하비슨Neil Harbisson을 들 수 있다. 그는 선천적 흑백 색맹으로, 뇌에 세 개의 구멍을 뚫어 디지털로 작동하는 안테나를 머리에 설치하여 색을 볼 때마다 각각의 색들이 소리로 뇌에 전달되어 인지할 수 있도록 설치했다. 영국 정부에서는 하비슨의 안테나가 달린 머리를 여권 사진으로 허용함으로써, 공식적으로 사이보

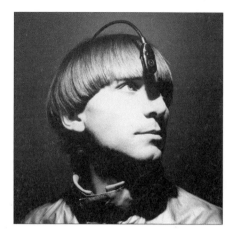

그림 3 사이보그 예술가 닐 하비슨

그화된 인간이 법적인 권리를 갖게 했다. 하비슨과 함께 활동하는 문 리바스Moon Ribas는 사이보그 무용가이자 사이보그 활동가이다. 리바스는 자신의 팔에 지진 감지 센서를 장착하여 신호가 올 때마다 무용의 안무를 변화하며 춤을 춘다. 리바스는 사이보그 재단의 창립자이자 예술 운동으로서 사이보그주의Cyborgism를 창안했다. 이들에게 있어서 사이보그 미학은 예술이자 정치이며 철학이 된다.

결론적으로 21세기 사이보그 시대에 인간의 존엄을 이야기할 수 있으려면 어디까지 인간이며 인간과 기계 간의 상생 혹은 갈등 관계에 대해 어떻게 규정할지, 또 윤리적 문제를 어디까지 적용할지 치열하게 논의해야 한다고 생각한다. 요즘도 100세 시대라고 하지만 앞으로 인간의 수명은 더 많이 연장될 것으로 보인다. 100살 이후의 삶을 살 수 있다면 나는 무엇을 하고 있을까? 아마도 포스트휴먼/트랜스휴먼 시대가 가속화된다면 인간은 생물학적으로 젊은 시절의 얼굴을 그대로 유지하고, 장기를 바꾸고, 여전히 건강을 유지하며, 혈관을 체크하는 몸속의 나노 로봇들은 늘 깨끗한 피를 유지하도록 도울 것이다. 자가 배양되는 치아로 늘 건강한 미소를 유지하며 치매나 뇌 질환은 큰 연구의 진척이 생겨 맑고 진취적인 정신으로 살아간다. 수명 연장의 시대! 아직 이것은 과정 중에 있는 이상적 시나리오에 불과한 것인가? 아니면 역기능과 많은 문제들로 인해 사회의 또 다른 갈등 요인이 될 것인가? 하지만 한 가지 확실한 것은 남녀의 생물학적 차이만큼이나 인간과 기계가 결합된 사이보그의 존재는 생물학적 차이 이상으로 인간 존재를 변화시키고 위협할 것이라는 점이다.

해러웨이의 논의를 통해서 포스트휴먼 시대의 인간의 몸이 어떠한 방식으로 정치의 문제로까지 확장될 수 있는지 논의해 보았다. 그리고 정치를 실천할 기술생명권력이 어떤 방식으로 사이보그화되어 가는지 생각해 보았다. 지금까지 논의를 바탕으로 해러웨이가 극복하고자 노력했던 서구의 이분법적 사고를 극복하기 위한 두 가지 전략을 정리하며 글을 마무리하고자 한다. 여기서 이분법을 벗어나기 위해서 해러웨이가 쓰는 첫번째 전략은 회절diffraction이라는 개념을 방법론으로 사용한 것이다. 회절은 물리학 용어로 좁은 틈을 통과한 빛이 분산되는 현상을 말하는데, 반사reflection 개념과 다르게 사용한다. 반사는 거울에 적용되는 개념으로, 상을 그대로 반사하여 복사하는 이미지를 만들어 내므로 사실상 원본과 큰 차이가 없다. 반면 회절은 실험을 할 때 빛이 퍼지는 효과를 활용하는 것으로 다양한 스펙트럼을 만들어 내어 다층적 측면을 설명할 수 있다. 해러웨이는 과학적 개념인 '회절'을 하나의 은유로서 현실에 적용한다. 그녀의 제자가 가정 분만을 하면서 그 상징으로 모자에 기저귀 안전핀을 착용한 것에서 아이디어를 얻어 이 용어를 사용하게 되었다. 처음에는 단순히 가정 분만과 안전핀의 관계에만 집중했지만 안전핀 자체를 분석하게 되면서 안전 규정 장치, 철강 산업, 플라스틱 산업이라는 다양한 범주를 분리해서 생각하고 연결할 수 있게 되었다는 것이다. 즉 자본이 형성되는 구조와 산업이 구성되는 역사 안에서 안전핀은 회절적 분석으로 볼 때, 다층적인 차원으로 하나의 사태를 볼 수 있게 된 것이다. 해러웨이의 두번째 전략은 기호학이다. 은유를 사용하는 해러웨이에게 기호학은 매우 유용한 틀이다. 해러웨이가 언급하는 기호학은 경험을 중시하는 찰스 퍼스의 기호학이 핵심적 내용을 이룬다. 이는 오직 유기체만이 기호 해석자라고 주장하는 찰스 모리스Charles Morris의 주장보다 훨씬 풍부한 내용을 제공한다. 퍼스의 기호학에서 경험은 중재를 통해 획득되기 때문에 기호 관계는 필연적으로 삼자적 관계triadic relationship에서 설명된다. 예를 들면 해러웨이는 컴퓨터를 행위자들 간의 공동체적 행위이며 결코 홀로 작업할 수 없는 공동의 세계라는 것을 기호학적으로 분석해낸다. 이는 인간 개개인의 몸이 기술과학의 세계에서 상황적 지식을 실천/정치적 행위를 촉발하도록 하는 것으로 해러웨이의 목적 중 하나이다. 이러한 실천은 읽고 쓰는 능력에 대한 믿음으로 해러웨이가 상황적 지식이라고 부르는 기술과학의 물질적-기호적 실천으로 도전하는 목적을 의미한다. 해러웨이에게 있어서 기술은 본질적으로 정치적이며 사회적으로 형성된다는 점에서 새로운 젠더 정치의 가능성을 볼 수 있으며, 이것은 미학적 실천과 밀접한 연결을 가진다.

참고문헌

1. 이 글에서 참고한 도나 해러웨이의 저술

1991, *Simians, Cyborg, and Women: The Reinvention of Nature*, London: Free Association Books[『유인원, 사이보그, 그리고 여자』, 민경숙 옮김, 동문선, 2002].

2003, *The Companion Species Manifesto: Dogs, People, and Significant Otherness*, Chicago: Prickly Paradigm Press, 2003.

2004, *The Haraway Reader*, New York: Routledge.

2005, 『한 장의 잎사귀처럼』, 민경숙 옮김, 갈무리.

2007, 『겸손한_목격자@제2의_천년.여성인간©_앙코마우스™를_만나다: 페미니즘과 기술과학』, 민경숙 옮김, 갈무리.

2. 그 밖의 참고문헌

에릭 브린욜프슨, 앤드루 맥아피, 2014, 『제2의 기계 시대: 인간과 기계의 공생이 시작된다』, 이한음 옮김, 청림출판.

임소연, 2014, 『사이보그로 살아가기: 과학 기술의 시대』, 생각의 힘.

이지언, 2014, 「로이 애스콧(Roy Ascott)의 디지털 아트를 통해 살펴본 '테크노에틱'(Technoetic) 개념」, *Trans-Humanities*, 7/2, 2014.

Balsamo, Anne M., 1995, *Technologies of the Gendered Body: Reading Cyborg Women*, Durham: Duke University Press.

Bostrom, Nick, "Why I Want to be a Posthuman When I Grow Up", *Medical Enhancement and Posthumanity*, eds. Bert Gordijn and Ruth Chadwick, New York: Springer, 2008.

Hayles, Katherine, 1999, *How we Became Posthuman: Virtual Bodies in Cybernetics, Literature, and Information*, Chicago: University of Chicago Press.

Kroker, Arthur, 2012, *Body Drift: Butler, Hayles, Haraway*, Minneapolis: University of Minnesota Press.

Latour, Bruno, 1987, *Science in Action: How to Follow Scientists and Engineers Through Society*, Cambridge: Harvard University Press.

8장 | 여성과 과학 기술 화해시키기

주디 와이즈먼의 테크노페미니즘

오경미

과학 기술과 여성: 유토피아와 디스토피아 사이에서

1) 과학 기술과 여성에 대한 통념

과학 기술이 없는 일상을 생각할 수 있을까? 아마도 불가능할 것이다. 과학 기술에 둘러싸여 있다고 해도 과언이 아닐 정도로 그것은 우리 일상 속으로 침투해 있다. 밥을 지어 먹는 일에서부터 다른 장소로 이동하거나 친구와 SNS를 통해 수다를 떨고 호감이 가는 이에게 마음을 전달하는 일 등 일상의 사소한 부분까지 우리는 과학 기술에 의존해 해결하고 있다. 공적인 영역 역시 다르지 않다. 인터넷이 연결된 노트북은 필자에게 필요한 정보를 제공하는 동시에 글을 작성하는 전반적인 과정에 상당한 도움을 준다. 손으로 작성해 물리적인 교통 수단을 통해 전달하던 편지는 이메일이 대체한 지 이미 오래되었다. 가상 공간에서 팀원들이 함께 서류를 작성하고 수정하는 것을 가능하게 하는 프로젝트 관리 서비스 어플리케이션은 공식적인 회의를 대체할 수 있는 수단으로 각광받고 있다. 또 트위터나 페이스북으로 대표되는 SNS를 통해 전세계 단위로 생산되는 대량의 정보를 실시간으로 수집할 수 있게 되었다. 과학 기술의 발전이 삶을 윤택하게 만들었는가는 논란의 여지가 있지만 현재 우리의 삶과 분리 불가능하다는 사실은 분명하다.

대상을 더 좁혀 보자. 과학 기술과 여성, 이 두 단어는 어떤 이미지를 연상시키는가? 한국에서 살아가고 있는 페미니스트로서 필자는 '김여사'를 떠올리게 된다. '김여사'는 자동차라는 기술 인공물을 다루는 능력이 미숙한 여성을 비하하기 위해 남성들이 만들어 낸 신조어이다. 김여사는 전등이 나가도, 브레이크가 닳아도, 심지어 타이어 패턴이 사라질 정도로 타이어가 마모되어도 알아채지 못할 정도로 기술에 무지하다. 이들의 '만행'을 비난하는 글들은 인터넷에서 쉽게 찾을 수 있다. 여성들은 스스로 자동차를 정비하는 글을 블로깅하며 김여사의 낙인에서 벗어났음을 증명하고, 남성들은 김여사를 '위해' 대신 자동차를 정비한 일화를 블로깅하기도 한다. 김여사를 대하는 여성과 남성들의 태도는 우리가 이미 여성들이 기술을 능숙하게 다루지 못하는 존재, 기술과 동떨어진 존재라는 것을 전제하고 있음을 반증한다.

그러나 이는 그릇된 통념일 뿐이다. 여성들의 삶 역시 과학 기술과 분리할 수 없으며 여성들이 기술을 능숙하게 다루지 못한다는 것 역시 편견일 뿐이다. 공적 영역으로 진출한 여성들은 남성들이 사회적 노동 수행 과정에서 사용하는 과학 기술 대부분을 공통적으로 사용한다. 가정에서는 어떠한가? 다양한 기능이 지속적으로 추가되는 세탁기는 복잡한 버튼들을 조작할 수 있어야만 사용 가능하다. 복잡해진 세탁 기능에 적응하지 못하는 남성들은 세탁기를 조작하는 데 큰 어려움을 겪는다. 기술 제어는 교육과 훈련의 결과이지 여성과 남성의 본성에 따른 능력 차이는 분명히 아닌 것이다. 사물 인터넷 통신 기술의 발달로 가사 기술품을 외부에서 원격으로 제어할 수 있는 여성도 증가하고 있다. 얼마 전부터 한국을 떠들썩하게 만들고 있는 여성 혐오적인 분위기와 이를 강하게 비판하는 동시에 여성과 남성의 불평등한 사회문화적 조건을 지적하고 개선을 요구하는 '메갈리안'[1]들에게, SNS는 사회적인 실천과 발언하기 위한 효과적인 수단이자 도구이다. 이러한 현실에도 불구하고 여성이 과학 기술과 친밀하지 못한 존재라는 인식은 쉽게 변하지 않는 듯하다.

이 논의는 단순히 여성이 과학 기술과 가까운 존재임을 의미하지 않는다. 과학 기술은 여성의 일상, 경제적 활동, 성 평등을 위한 사회적 실천에 이르는 다양한 행위를 매개하고 있다는 것을 보여 준다. 과학 기술이 여성의 삶을 어떻게 매개하고 있는지, 그것이 여성의 삶에 어떠한 영향을 미치고 있는지를 주디 와이즈먼의 테크노페미니즘을 통해 알아보는 것이 이 글의 목표이다. 여성과 과학 기술과의 관계에 대한 연구는 다른 입장을 견지하는 페미니스트들에 의해서도 이루어졌다. 와이즈먼

---

1 메갈리안은 중동호흡기질환인 메르스와 여성과 남성의 성역할 체계가 바뀐 이갈리아라는 가상의 국가에서 벌어지는 이야기를 다룬 게르드 브란튼베르그(Gerd Brantenberg)의 소설 『이갈리아의 딸들』(*Egalia's Daughters*)을 합성한 단어이다. 인터넷 커뮤니티 디시인사이드의 메르스 갤러리가 근원이다. 지난 6월 메르스 확진자와 비행기를 함께 탔던 한국 여성 두 명이 격리를 거부했다는 이야기가 언론에 보도된 후 이 여성들에게 '김치녀' 등의 혐오 발언이 쏟아졌다. 그 후 이 보도가 오보였다는 사실이 밝혀지자 여성 유저들이 남성들의 뿌리깊은 여성 혐오를 비판하는 과정에서 메르스갤러리가 만들어지게 되었다. 남성들이 여성을 혐오하고 비하하려는 목적으로 작성한 글 속 혐오의 대상을 여성에서 남성으로 단순 치환하는 '미러링'이 메갈리안들의 대표적이면서도 특징적인 대응 방식이다. 상세는 다음 기사를 참조하라. 임지영, 「'메갈리아의 딸들' 여성 혐오를 말하다」, 『시사IN LIVE』, 410호(http://www.sisainlive.com/news/articleView.html?idxno=23931).

은 이 입장들을 비판적으로 참조하면서 테크노페미니즘을 정립했으므로 이어지는 장에서는 이 논의들을 간략하게 살펴보고자 한다.

2) 과학 기술은 여성에게 유토피아인가, 디스토피아인가?

과학 기술과 여성의 삶이 밀접하게 연결되어 있는 것은 사실이지만 그것을 대하는 여성들의 관점과 태도는 양분된다. 과학 기술이 주는 혜택에 높은 가치를 부여하며 그 이점을 최대한 활용하는 여성들이 있는 반면, 생태계 혼란, 공기·대지 오염을 초래한 원인으로 과학 기술을 지목하며 그것을 전면 부정하는 여성들도 있다. 이렇게 양분된 관점과 입장은 페미니즘 내부에서도 동일하게 나타난다.

자유주의 페미니즘에 대한 반동으로 1960년대 출현한 급진주의 페미니즘의 한 갈래인 에코페미니즘은 후자의 입장을 취한다. 급진주의 페미니즘은 남성과 여성이 본질적으로 다르다고 전제하며, 남성의 지배에서 벗어나기 위해서는 가부장제하에서 구성된 성별, 성적 지위, 역할 및 기질을 제거하고 여성의 본질적인 여성다움을 회복해야 한다고 주장한다. 급진주의 페미니즘은 모성, 부드러움, 자연 친화적인 기질 등을 여성의 고유한 본질이라고 높이 평가하면서 여성성의 가치를 재발견하려 노력했다. 이러한 인식을 따르는 에코페미니스트들은 과학 기술이 본질적으로 남성적인 동시에 가부장적인 것으로 여성들을 착취하고 환경을 파괴하는 나쁜 수단이자 도구라고 생각한다. 남성 선호 사회에서 여아 낙태를 암묵적으로 허용하고 가능하게 하는 태아 감별 기술과 낙태 수술, 환경 파괴와 재앙을 초래할 수 있는 핵 발전 기술, 대량살상 무기 개발을 목적으로 전쟁에 동원되는 과학 기술 등은 폭력과 재앙

그 자체이다. 그렇기 때문에 에코페미니스트들은 과학 기술을 부정하고 파괴하여 자연의 상태로 돌아가야 한다고 주장한다. 에코페미니스트들은 과학 기술의 폭력성을 남성의 본성과 연결하고, 평화를 지향하는 여성의 감성적이고 자연주의적인 본성만이 이를 극복할 수 있는 유일한 대안이라고 보았다(미스 & 시바, 2000: 10~11). 에코페미니스트들에게 과학 기술은 디스토피아 그 자체이다.

과학 기술, 특히 디지털 혁명을 기반으로 출현한 사이버페미니즘은 에코페미니즘과 대척점에 있다. 사이버페미니스트들은 과학 기술의 발전과 디지털 혁명으로 젠더를 해체하여 가부장제적 권력 구조를 무력화할 수 있다고 생각한다. 도나 해러웨이는 사이보그 수사학을 통해 그 현실 가능성을 실험한다. 생물학적인 육체는 젠더, 인종, 생물종 간의 구분을 구획하는 경계 그 자체로, 그것은 아담과 이브로 시작되는 탄생 신화, 아담이라는 남성에 이브라는 여성이 종속되는 신화에 그 기원을 두고 있다. 그런데 과학 기술은 사이보그라는 기원 없는 혼종을 만들어 냈다. 인간의 신체를 확장하기 위해 발전시킨 기술과학으로 인간은 점점 기계가 되어 간다. 인간 유전자를 이식한 온코마우스는 유전학이라는 과학에 의해 동물과 인간의 경계를 흐린다. 기계화되어 가는 인간과 동물과 인간의 혼종인 온코마우스는 그런 점에서 모두 사이보그이다(현남숙, 2012: 49). 이종 간의 결합으로 탄생한 이 사이보그들에게는 인간이 가지는 기원 신화가 없다. 그렇기 때문에 남성이라는 주체와 여성이라는 타자를 만들어 내는 대립항, 자연/문화, 육체/정신이라는 이분법에서도 자유로우며 이 이분법을 교란할 수도 있는 것이다(해러웨이, 1997: 193~202). 또 사이버페미니스트들은 디지털 혁명이 만들어 낸 인터넷이라는 사이버스페이스의 가상성 역시 젠더 차이의 토대를 교란할 수 있는 가능성을 제공한다고 본다. 가상 공간에서는 물질적인 육체를 비가시화할 수 있기 때문에 자연적이고 생물학적인 신체를 탈피하는 것이 가능하다. 사이버페미니스트들에게 과학 기술은 여성을 해방시키는 유토피아이다.

과학 기술에 등을 졌던 에코페미니스트와 달리 사이버페미니스트들은 과학 기술을 긍정하며 그것과 화해를 이룬 듯 보인다. 그러나 이런 낙관적인 전망에도 불구하고 왜 현실은 변하지 않는가라고 주디 와이즈먼은 질문한다. 여전히 임노동 영역에서 여성과 남성의 임금 격차는 극심하고 가사 노동은 여성들의 몫으로 남겨져 있다. 사이버페미니스트들의 바람과 달리 젠더 차이는 없어지지 않았다. 그렇다고 에코페미니스트들처럼 과학 기술을 전면적으로 부정하는 것도 답이 될 수는 없다. 거듭 말하듯 과학 기술을 매개하지 않는 삶은 상상조차 불가능하기 때문이다.

주디 와이즈먼은 대척점에 서 있는 두 페미니즘이 간과했던 문제를 지적하면서 여성과 과학 기술의 관계를 새롭게 고찰한다. 와이즈먼이 보기에 에코페미니즘은 과학 기술의 설계와 디자인에 영향을 미치는 사회 집단과 네트워크의 문제를 간과했다. 기술을 설계한 주체가 올바르지 못하기 때문에 그 기술은 나쁜 기술이라고 하는 에코페미니즘의 기술결정론적 입장은 기술 설계자를 남성이라는 단일의 집단으로 간주하고 있으므로 일차원적이다. 단일자 남성만이 기술 설계에 개입하는 것이 아니다. 자본가, 과학자, 기술자, 국가 그리고 여성 역시 기술 설계에 관여하고 개입한다. 즉 기술은 서로 다른 이해관계로 맺어진 네트워크의 결과인 것이다. 이 과정에 관여하는 주체들 모두가 공통의 입장(여성들에게 배타적인 강한 남성성에 매몰된)을 내세운다고 보기 힘들다.

와이즈먼은 사이버페미니즘에서 가능성을 발견할 수 있지만 한계가 있다고 지적한다. 사이버페미니즘은 과학 기술의 운명은 언제든 바뀔 수 있다고 생각한다. 해러웨이는 사이보그가 "군국주의, 가부장적 자본주의의 서자"(해러웨이, 1997: 151)이지만 페미니스트 언어로 말하는 상상력을 통한 사이보그 이미저리로 기계, 아이덴티티, 범주, 관계, 공간과 스토리를 건설하면서 동시에 파괴할 수 있다(해러웨이, 1997: 209)고 주장했다. 와이즈먼은 사이버페미니즘의 이러한 시각이 기술에 있어서 젠더 권력 관계를 보는 새롭고 중요한 통찰력을 제공한 것은 사실이지만 새로운 기술을 물신화하는 위험을 감수하고 있다는 것을 가장 큰 문제로 지적했다(해러웨이, 1997: 167). 해러웨이의 주장은 수사학이나 담론에 의지하는 부분이 크며 그렇기 때문에 현실과의 직접적인 연계 가능성이나 사례를 거론하기에 한계가 분명하다. 가상현실에 잠재력이 있지만 이 잠재력이 현실과 연결되지 않는다면, 현실의 변화를 꾀할 가능성이나 여지를 마련해 주지 못한다면, 다만 희망으로 남을 공산이 크기 때문이다. 이 비판의 지점에서 유물론에 뿌리를 두고 있는 와이즈먼의 확고한 입장을 확인할 수 있다.

와이즈먼 역시 해러웨이처럼 과학 기술은 끊임없이 진화하고 발전하는 것이라 본다. 다만 그 변화는 사이보그 이미저리에 의한 것이 아니다. 그녀는 다종다양한 네트워크의 결합이 기술의 운명을 결정짓는 데 큰 영향을 미친다고 주장한다. 다양한 욕구와 이해관계가 충돌하고 경합하면서 이전에 특정한 목적으로 설계된 디자인이 새로운 모습으로 진화하는 경우도 있고, 진화하면서 다른 영역에서 또 예상치도 못한 주체들에 의해 쓰이는 경우도 발생한다. 기원이 없는 인공물은 없으며 존재하던 것을 바탕으로 새로운 기술 인공품이 배태된다. 즉 과학 기술 인공품은 생애 단계를 가진다는 것이다. 기술결정론은 이런 발전, 진화의 과정을 설명하기에 부족하다. 설계와 디자인 단계에서 매우 구체적인 목적에 의해 그 용도가 결정된다. 그 후 상호 작용하면서 재설계 디자인되는 과정을 거치면서 발전하거나 파기되는 것이 과학 기술 인공물의 운명이다. 중요한 것은 젠더 권력 관계가 이 기술 변화 과정에 관여하여 큰 영향력을 미친다는 것이다.

와이즈먼의 이러한 이론의 정립은 과학계에서 일어난 내부 변화에 힘입은 바가 크다. '패러다임의 전회'라는 용어를 우리에게 각인시킨 토머스 쿤이 1962년 출간한 『과학혁명의 구조』는 이 변화를 촉발시켰다. 쿤은 과학 분야가 패러다임이라는 구조를 반복하면서 발전한다고 보았다. 특정 과학 분야가 그 분야에 있어 의미 있다고 인식한 문제를 연구할 것을 합의하고 그에 적절한 이론이나 연구의 방법론을 고안하기 시작할 때, 답을 도출하기 위한 문제 풀이가 시작할 때 패러다임이 정립된다. 패러다임이 정립되었다는 것은 그들이 몰두했던 문제를 진리라고 생각하는 정상 과학 단계로 진입시켰다는 것을 의미한다. 그러나 시간이 흐르면서 기존의 패러다임으로 해결되지 않는 문제가 등장하게 되면 그 패러다임은 위기를 맞게 된다. 이 단계로 접어들면 두 패러다임은 경쟁을 시작하고, 그 분야에 혁명의 시기가 오게 된다. 두 패러다임 중 하나가 승리하게 되면 혁명은 끝나고 경쟁에서 승리한 패러다임 정립되면서 정상 과학의 위치를 차지하게 된다(쿤, 2013).

쿤의 패러다임 개념은 두 가지 측면에서 중요하다. 기존의 학계가 인정한 '정상 과학'을 의심하게 하여 과학이 객관적인 진리가 아님을 밝혀냈다. 또 과학이 객관적이고 합리적이고 이성적인 인간의 활동이 아니라 사회적이고 문화적인 활동이라는 인식적 전환을 이끌어 냈다. 과학이 사회적이고 문화적인 활동이라는 인식적 전환은 과학 기술이 사회적 환경에 의해 발생하고 변화한다는 과학 기술의 사회학적 연구로 이어졌다. 과학 기술에 대한 사회학적 연구는 기술의 발생과 변화를 우연적이고 이종적인 네트워크의 집합이 만들어 내는 과정으로 새롭게 해석한다. 이 네트워크는 다양한, 사회·문화·정치·경제적인 분야의 이해관계를 가진 집단으로 구성되며 이 집단의 서로 다른 요구사항들의 경합과 충돌로 기술이 만들어지고 발전하고 쇠퇴하기도 한다는 것이다 (와이즈먼, 2009: 55~67). 와이즈먼은 이 연구가 젠더의 문제를 간과하고 있다고 비판하며, 이 연구에 여성주의적 관점을 추가해야 한다고 주장한다. 이것이 테크노페미니즘의 골자이다.

왜 '테크노'페미니즘인가?

이쯤에서 짚고 넘어가야 할 문제가 하나 남았다. 주디 와이즈먼은 폭넓은 견지에서 과학 기술 분야를 분석 대상으로 상정하고 있음에도 불구하고, 테크노사이언스 페미니즘이라는 용어 대신 테크노페미니즘이라는 용어를 고수한다. 두 권의 주요 저서 『페미니즘과 기술』, 『테크노페미니즘』에서 그녀는 공통적으로 과학보다는 기술에 관한 논의에 더 많은 관심을 기울인다. 이유는 오늘날의 삶은 기술과 매우 탄탄히 접맥되어 있기 때문에 기술 없는 삶은 생각할 수 없고, 이는 기술이 점점 더 생활의 많은 부분을 매개하여 거의 대부분의 인간 행위가 필연적으로 기술을 경유하게 되었기 때문이라는 것이다(와이즈먼, 2009: 13~15).

사무 공간으로 들어온 컴퓨터와 인터넷은 업무의 형식을 바꾸어 놓았을 뿐 아니라, 사무 공간의 개념까지 바꾸어 놓았다. 재생산 기술의 발달은 가임기를 훌쩍 지난 여성들에게 임신과 출산의 기쁨을 안겨 주었다. 불임 부부의 경우에는 대리모를 통해 자녀를 얻는 일도 가능해졌다. 그러나 기술의 발전이 긍정적인 결과만을 초래하지는 않았다. 사무 공간 개념의 변화로 여성들은 가사 노동과 임노동을 병행할 수 있는 재택 근무를 선택하여 경제적인 활동을 하게 되었으나 이것은 여성의 노동 유연성을 심화하고 노동 부담을 가중시켰다. 대리모 출산은 전통적인 모성과 가족 개념에 입각한 옳고 그름의 윤리적 판단을 모호하게 만들었다. 와이즈먼은 기술 혁명으로 기술이 비약적으로 발전했음에도 불구하고 대부분의 영역에서 여성과 남성의 불평등한 지위가 좀처럼 개선되지 않고 있는 이유를 질문한다. 이를 위해서는 "여성과 기술의 관계 그리고 여성이 기술을 경험하는 방식에 관한 심층적인 탐구"(와이즈먼, 2001: 17), 즉 여성의 노동과 삶이 기술에 매개되는 방식을 고찰해야만 하는 것이다. 그렇지만 이 근거는 여전히 과학과 기술을 분리해야 하는 더 직접적인 이유를 제시하지 못한다.

과학과 기술을 독립적인 영역으로 간주한다는 말은 이전에는 과학과 기술을 독립적인 분야로 간주하지 않았다는 의미를 내포하고 있다. 20세기 후반으로 접어들면서 과학과 기술을 독립적인 영역으로 간주하기 시작했는데, 그 이전에 기술은 '응용과학', 즉 과학의 응용으로 위계화되어 있었다. 과학은 기술에 이론적이고 근본적인 영향을 미치지만 기술은 기껏 과학적 지식의 결과를 실현할 수 있는 기기를 제공하는 부차적인 것으로 치부되었던 것이다(홍성욱, 1994: 334~335). 20세기로 접어들면서 이 위계화를 의심하기 시작한 이들은 과학 지식이 기술에 영향을 미치는 것은 사실이나 그 기원이 반드시 과학에 한정된 것은 아니며(이정희, 2014: 258), 온전히 과학적 지식에 의존하는 것이 아니라 고유한 지식과 실천 방식과 제도를 포함하고 있는 독립된 분야(와이즈먼, 2001: 43)임을 다양한 사례를 통해 밝혀냈다. 오히려 기술은 제품의 창조에 관한 것이기 때문에 기술의 경우에 있어서는 지식, 실천, 제도의 문제가 과학보다 더 분명하고 명확하다는 것이다(와이즈먼, 2001: 43). 산업 혁명기 직물시장이 확대되면서 직물기술이 발전했고, 이 기술의 발전은 이것을 수송하는 철도와 기차 기술의 발달로 이어졌다는 분석(홍성욱, 1994: 336)은 이를 뒷받침한다. 기술을 과학과 독립된 분야로 간주하지 않고 과학의 자장 아래 놓인 하위 분야로 간주하면 기술 분석 과정과 범주에 과학을 필히 포함시켜야 하는 문제가 발생한다. 그렇게 되면 기술이 독자적으로 사회와 상호 작용하면서 변화하는 지점을 명확하게 설명할 수 없는 곤경에 처하게 되는 것이다.

　기술과 과학의 관계를 분리 내지는 상호 침투적인 관계로 간주하면서 와이즈먼은 기술의 세 가지 다른 층위를 도출한다. 먼저 기술은 일련의 제품들 그 자체를 통칭한다. 가사 기술 제품, 업무 수행에 필요한 컴퓨터와 같은 기계류 등을 그 예로 들 수 있겠다. 각기 다른 분야에서 일어나는 활동을 매개하는 이 기술 제품들은 끊임없이 발전하는데, 이 발전은 지식이 뒷받침되지 않는다면 이루어질 수 없다. 따라서 기술은 지식의 한 형식이기도 하다. 또 기술은 인간 활동의 일부분을 구성하며 이 활동에 따른 필요와 욕구에 따라 만들어진다. TV 시청은 텔레비전이라는 영상 매체와 동시에 이 매체를 통해 전달되는 시각 영상물을 시청하는 행위까지 포함한다. 이 활동에 따라 기술 인공물은 생산 단계에서 멈추는 것이 아니라 또 다른 필요와 욕구에 의해 진화하거나, 새롭게 만들어지거나, 불필요한 것으로 간주되어 사라지거나 한다. 그러므로 기술은 인간의 활동과 실천이기도 한 것이다(와이즈먼, 2001: 42~46).

기술을 독자적인 분야로 간주함으로써 기술 문화만의 독자적인 변화 지점을 살필 수 있게 되었다. 각각의 기술은 그것만의 생애 국면을 가지게 된다. 생애 국면은 정치, 경제, 사회, 문화적인 맥락에서 결정된다. 기술을 필요로 하고 그것의 개발을 욕망하는 주체들은 다종다양하며 제각각의 이해를 추구하는 개인 혹은 집단이다. 기술의 각 국면은 이 이해 집단이 형성한 네트워크의 개입으로 결정된다. 이 관점은 여성들이 기술의 각 국면에 어떤 역할이나 지위로 참여했는가를 볼 수 있게 한다. 와이즈먼은 임노동 영역, 가사 노동 영역, 재생산 영역을 구성하는 기술과 이 기술이 여성의 삶을 매개하는 방식을 살펴봄으로써 왜 기술이 비약적으로 발전해도 여성의 지위는 변하지 않는가라는 궁극적인 질문의 해답을 찾아 나간다. '테크노'페미니즘인 이유가 여기에 있다.

젠더와 기술의 상호 구성이 결정하는 기술 문화

1) 임노동 대체 기술, 노동의 성별 분업을 획정하다

로봇과 인공지능 기술이 비약적으로 발전하고 있다. 『블로터』 2015년

10월 21일자에는 독일, 영국, 오스트리아의 연구진들이 로봇과 인공지능 기술이 막대한 수의 일자리를 대체하여 적지 않은 수의 노동자가 일자리를 잃게 될 것이라는 암울한 연구 결과를 정리한 기사가 실렸다(「인공지능과 공유경제로 보는 노동의 미래」). 기계에 의한 노동력 대체는 현재에 국한된 상황은 아니다. 인간의 노동력을 기계로 대체하여 더 많은 이윤을 축적하기 위한 자본의 전략에 저항한 러다이트 운동은 이미 우리에게 익숙한 사건이다.

생산성 향상은 자본이 이윤을 높이기 위한 방법 중 한 가지일 것인데, 인간의 노동력으로 생산성을 극대화하기에는 한계가 있다. 인간은 일정 정도의 노동력을 생산 과정에 투하하면서 소진한 체력을 휴식을 통해 회복해야만 한다. 이 재생산 과정은 지속적으로 이윤 축적을 향상하는 데 걸림돌로 작용한다. 따라서 자본은 당연히 재생산 과정이 필요 없는, 인간 노동력을 대체할 수 있는 기술을 도입하여 이윤 축적을 극대화하는 방법을 꾀하게 되는 것이다. 이 과정에서 자본이 채택하는 기술은 해당 분야의 업무 성격과 노동력을 근본적으로 재편하기도 한다. 대체로 기존의 업무가 사라지면서 노동자들이 일자리를 잃는 현상이 발생한다. 이 때문에 자본의 냉정한 속성을 분석하고 이를 비판하는 연구와 이 변화를 매개하는 기술 연구들이 뒤따랐다.

와이즈먼은 이 연구들이 젠더의 문제를 결여하고 있다는 사실을 지적하며, 기술의 도입에 따른 노동 시장의 재편 과정을 테크노페미니즘의 관점으로 재구성한다. 이 문제는 여성이 임금노동 영역으로 진입하지 못하는 이유, 이 영역에서 여성의 노동력이 남성의 노동력보다 저평가되는 이유에 대한 원인 규명과 해결이라는 맑스주의·사회주의 페미니즘의 오랜 숙제와 연결된다. 이 두 갈래의 페미니즘에 뿌리를 두고 있는 와이즈먼의 시선이 같은 지점에 머무른 것은 당연하다.

영국의 인쇄업과 신문·출판업계에 신기술이 도입되는 지난한 역사는 노동 시장의 재편 과정을 잘 보여 준다. 당시 인쇄업계의 경영진은 강성한 숙련 노조 세력으로 골머리를 썩고 있었다. 숙련 노조는 활자를 활자판에 짜거나 배열하여 완성된 원고를 페이지로 만들어 인쇄하는 일을 하는, 식자공이라 불리는 노동자로 이루어진 조직이었다. 오늘날 인쇄는 컴퓨터로 작성한 원고를 디자인 과정을 거쳐 파일로 제작한 후 인쇄소로 넘겨 디지털 기기로 프린트를 한다. 이 과정에서 땀을 흘리는 육체적인 노동은 거의 발생하지 않는다. 그러나 컴퓨터가 출판 관련 업계에 도입되기 전 인쇄·출판 현장은 오늘날과 달랐다. 원고를 인쇄하기 위해서는 뜨거운 금속으로 활자를 만들고 이 활자를 활자판에 짜는 식자 과정을 거쳐야 했다. 활자 조판이 꽤나 무거웠고, 여러 공정을 거쳐야 했기 때문에 여러 인쇄 공정 중 이 식자기의 숙련도가 가장 높았고 임금도 이에 비례했다. 숙련 노조의 세력 역시 꽤나 강성했다(와이즈먼, 2001:76).

경영진은 신기술을 도입해 강성한 노조 세력을 약화시키거나 무력화하는 동시에 노동력 절감이라는 효과까지 얻으려 했다. 식자 기술을 생략할 수 있는 기술을 개발하면 식자 과정에서 필요했던 숙련된 기술과 육체적인 노동을 경감할 수 있었기 때문에 값싼 여성 노동력을 식자 노동 영역에 투입하는 것이 가능했다. 기술의 교체로 경영진은 노동력 교체, 강성 노조 와해, 노동력 임금 저하의 결과까지 예상할 수 있었다. 이 시기 금속 활자를 주조하는 공정을 뺀 라이노타이프linotype와 해터슬

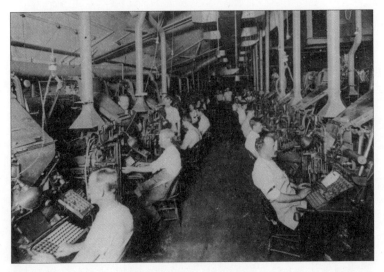

그림 1 1902년 『뉴욕 헤럴드』 식자실에서 식자공들이 라이노타이프로 식자하고 있는 모습이다. 라이노타이프는 키보드를 조작해 자동으로 글자들을 식자할 수 있도록 고안된 기계였다. 이 기계가 발명되기 전 식자공들은 직접 글자들을 하나씩 조판하는 과정을 거쳐야 했다. (출처: Wikimedia Commons)

리hattersley 식자기가 개발되었다. 그러나 남성 식자공들은 강하게 반발하며 끈질기게 기술 숙련 문화를 지속 가능하게 하는 기계인 라이노타이프를 채택했다. 기계는 어떠한 형태로도, 사용자가 누구든지 그에 알맞게 변형될 수 있었지만 식자공들은 의도적으로 자신들의 일자리를 위협하는 기술 채택을 거부했다. 라이노타이프는 기계식으로 활자를 배열할 수 있도록 만든 기계로 숙련공들은 기계에 일정 정도 의존하기는 하지만 활자를 배열하는 행위를 없애지는 않았다. 반면 해터슬리 식자기는 활자를 짜는 작업과 배열 작업을 분리한 기계로, 배열 작업은 어린 여성 비숙련 노동자를 염두에 두고 설계된 것이었다. 비숙련 노동력이 조판실로 진입하는 것조차 두려워한 식자공들은 해터슬리와 라이노타이프 기계 중 라이노타이프 기계를 채택했다. 이를 통해 여성들의 진입을 의도적으로 가로막고 숙련 노동자로서의 지위를 오랫동안 유지했다(와이즈먼, 2001: 76~104).

와이즈먼은 생산성을 증진시키기 위해 고안되고 발전된 기술, 즉 노동력의 절감과 대체 목적으로 생산된 기술의 발전과 그것을 둘러싼 경합을 젠더적 시각에서 분석함으로써 이 사안에 접근했다. 식자공 시기를 거쳐 쿼티 자판기가 개발되고 채택되는 오랜 과정을 분석 대상으로 삼은 것이다. 이 분석으로 노동력을 절감하기 위한 여러 선택지 중 가장 효율적인 선택지를 채택하는 자본의 전략, 신기술 도입으로 발생한 노동 재편 과정에서 일자리를 잃지 않으려 여성 노동력의 노동 시장 진입을 의도적으로 가로막는 남성 노동자들의 배타적 태도, 이 과정에서 일어나는 숙련 노동의 탈숙련화와 탈숙련화된 직종에 투입된 여성 노동력 그리고 그로 인해 여성 노동력의 가치가 평가 절하되는 과정이 잘 드러났다. 자본가와 남성 노동자들은 숙련 기술을 남성만의 것으로 간주했다. 남성 노동자들은 숙련 기술을 배타적으로 점유하여 여성들이 숙련 기술을 익힐 기회와 여성들이 신기술을 습득할 수 있는 기회를 끈질기게 고의적으로 박탈했다. 여성은 숙련 기술이 없는 노동인력으로 간주되었기 때문에 자본가들은 여성의 노동력을 평가 절하하여 값싼 노동력으로 '정당하게' 활용할 수 있었다. 자본은 숙련 노동을 탈숙련화할 수 있는 기술을 채택한 뒤 비/미숙련 노동자라고 여겨지는 여성들을 투입함으로써 여성 노동력의 가치를 절감하는 효과를 얻었던 것이다. 또한 남성 임노동자들은 노동 시장에서 여성이 임금 노동 영역에서 적합한 노동력으로 인정받지 못하도록 의도했기 때문에 결과적으로 그들은 자본가와 일종의 공모를 한 것이다. 임노동 영역에서 여성의 배제는 체계적이고 전략적으로 이루어졌다.

기술의 사회적 관계 고찰에서 계급적 측면과 젠더적 측면을 동시에 고려하여 와이즈먼은 기술의 설계와 도입, 채택 단계에서 드러나는 자본과 남성 노동자 간의 입장 차이와 경합을 발견했고, 이들이 여성을 이용하고 배제하는 방식을 밝혀냈다. 이는 임노동 대체 기술로 인해 노동 영역의 대대적인 재편이 일어나도 성별에 근거한 직종의 위계적 분배는 변함없이 유지되는 이유의 실마리를 찾을 수 있다는 점에서 의미가 있다. 신기술의 도입으로 생산 관계의 구성이 변하는 과정에서 계급 문제만큼 젠더 문제를 고려해야 하는 이유가 바로 여기 있다.

2) 가사 기술의 발전은 가사 노동의 해방과 동의어인가?

부엌이라는 공간을 채우는 다양한 가사 기술 제품 중 전자레인지가 원래 군대에서 사용하던 기술이라는 사실을 아는 사람은 많지 않을 것이다. 또 부엌에서 없어서는 안 될 제품 중 하나인 냉장고는 처음에 전기 제품과 가스 제품으로 설계되었다. 전자레인지는 어떻게 군대에서 가정으로 유입될 수 있었으며, 냉장고는 또 어떻게 전기 냉장고라는 단일의 형식으로 통합되었던 것일까? 이는 특정한 영역에서 다른 영역으로의 기술 이전과 그 후 기술이 채택되는 과정에 관여한 서로 다른 이해관계를 가진 네트워크들이 상호 작용한 결과이다.

냉장고가 전기 냉장고라는 형식으로 통합될 수 있었던 배경에는 미국 내 전력 산업의 이해관계와 그에 부응하여 제품을 개발할 수 있는 제너럴 일렉트릭General Electric의 기술적·재정적 자원 보유가 크게 작용했다. 이 두 거대 이해 집단의 이해관계가 부합했기 때문에 가스 냉장고는 쇠퇴하고 전기 냉장고가 채택될 수 있었던 것이다(와이즈먼, 2001: 180~182). 전자레인지는 군사용 레이더 기술을 연구하던 중 발명되었으며, 미 해군 잠수함에서 음식 준비용으로 개발되었다. 초기에는 비행사와 상업용 식당에서 이용되다가 이윤을 극대화할 수 있는 가정용 내수 시장 상품으로 재설계되었다. 이 과정에서 전자레인지의 크기가 작아졌고, 여성스러운 디자인으로 바뀌었다. 가정용 내수 시장 상품으로 개발되었을 당시에도 독신 남성이 주 소비자로 타게팅되었지만 전자레인지로 요리하기를 원하는 여성들의 수요에 의해 가정주부들의 기호에 적합한 디자인으로 탈바꿈되었다는 사실이 힉스와 콕번의 연구로 밝혀졌다(와이즈먼, 2001: 184; 2009: 61~62). 와이즈먼은 이 사례에서 기술적 진화가 실행과 사용 과정에서도 이루어진다는 점을 포착했다. 전자레인지를 포함한 가사 기술의 진화는 가정용품으로 전유하고자 한 주부들의 요구와 이를 추동한 가부장제적 이데올로기가 작동한 결과이다.

가사 기술의 발전 단계를 살펴볼 때는 전자레인지와 냉장고의 사례에서 확인할 수 있는 기술적인 발전의 국면보다 비기술적인 요인을 보다 중요하게 고려해야 한다고 와이즈먼은 주장한다(와이즈먼, 2001: 158). 가사 기술의 발전은 사회문화적인 영역, 즉 기술의 발전이 여성을 특정한 이미지로 구성해내는 가부장제적 이데올로기와 긴밀하게 맞물려서 돌아가기 때문이다. 비기술적인 요인이 사회 변화를 추동했고 그에 따라 기술이 발전하게 된다.

오늘날 우리에게 익숙한 가정주부 이미지가 구축된 뒤 가사 기술은 이 이미지를 전제하거나 이 이미지를 강화하는 방식으로 진화하기 시작했다. 남편을 보살피고 아이를 양육을 한다는 것은 단순히 요리하고 청소하는 것을 의미하지 않는다. 고른 영양을 충족시키는 식단을 짜면서도 가족 구성원의 입맛에 맞아야 하며, 바닥의 먼지와 오염물을 제거하는 동시에 보이지 않는 세균을 박멸해야 한다. 이런 기대는 이상적인 가정주부의 이미지를 각 분야의 지식을 고루 갖춘 준전문가의 수준에 부합하는 것으로 만들어 낸다. 서구에서는 20세기 초에 전개된 가정 과학 운동으로 이 이미지가 고착되기 시작했으며, 한국의 경우에는 1970년대 초 농촌에서 시작되어 전 국가로 확산된 새마을운동을 통해 이러한 가정주부의 상이 만들어지기 시작했다. 국가는 새마을부녀회, 어머니회 등의 다양한 여성 단체들의 결성을 장려했고 이 단체들을 통해 여성들을 대상으로 다양한 교육 관련 프로그램을 시행했다. 여성들은 과학적인 조리와 식단을 짤 수 있는 여성, 현명한 소비를 하는 여성 등 교양을 갖춘 동시에 가족 구성원의 건강과 가정의 경제를 관리할 수 있는 유능함을 갖춘 여성이 될 것을 요구받았다(문승숙, 2007: 133~134).

가사 기술은 이 같은 이데올로기가 만들어 낸 가정주부의 이미지를 강화하는 방향으로 발전한다. 1973년 주식회사 금성의 백조 세탁기 신문 광고에는 "경제적인 생활을 도와드리는", "시간을 벌어드립니다", "매일 간편하게 빨래를 할 수 있어 청결한 생활이 가능합니다"라는 카피와 함께 일에 지쳐 피곤한 모습이 아닌 산뜻하고 한가롭게 여유를 즐기며 뜨개질을 하는 모습의 임신한 젊은 여성이 등장한다. 1개월에 단돈 40원밖에 들지 않는 저렴한 유지 비용과 매일 빨래를 할 수 있고 손빨래보다 옷감이 덜 상한다는 장점들이 부가적으로 적혀 있다. 현명한 소비를 하면서도 가정 내 청결을 유지하는 여성의 이미지를 재현하고 있다. 현재의 가전 제품은 여성들이 가정 내에서 전문성을 더욱 강화할

그림 2. 1910년도 미국 일리노이주 벨비디어의 내셔널 소잉 머신(National Sewing Machine)사가 자사의 세탁기 홍보를 위해 제작한 엽서 이미지이다. 백색 드레스를 입고 세탁기를 작동하고 있는 여성의 반대편에 이 제품이 노동 시간과 수고를 덜어 행복한 생활을 만들어 줄 것이라는 글귀가 적혀 있다. 가사 기술 제품 판매를 위한 홍보 수사 전략이 크게 바뀌지 않았음을 알 수 있다. (출처: Wikimedia Commons)

수 있도록 돕는다. 스마트 기능을 추가한 냉장고는 보관 중인 식품의 유통 기한이나 요리 레시피를 체크할 수 있는 기능이 보강되었다. 또 미세먼지에 대한 두려움은 미세먼지를 완벽하게 걸러 내는 진공 청소기 필터의 성능을 끊임없이 개발·보완한 상품 출시로 이어진다.

이렇게 진화·발전한 가사 기술품들은 여성들에게 가사 노동 해방이라는 핑크빛 미래를 제시한다. 그러나 암울하게도 가사 기술 제품의 발전은 가사 노동에 투여되는 육체노동의 총량은 줄였을지언정, 가사 노동에 투여되는 시간은 줄이지 못했다. 가정주부들은 가사 기술로 인해 절감하게 된 전체 육체노동량과 시간을 다른 종목의 가사 노동에 배분해 투여한다. 현재 한국 사회 가정주부의 이미지는 1970년대보다 더 전문화되고 있다. 최상의 의식주 관련 서비스를 수행하는 것은 기본이며, 자녀를 더 좋은 대학에 보내기 위해 학교와 사설 학원의 선생님에 뒤지지 않는 정보력을 끊임없이 입수해야 하며, 불안한 경제 상황에서 하층 계급으로 전락하지 않기 위해 재테크에도 힘써야 한다. 급기야 주부 CEO라는 신조어와 담론까지 등장했다.

가사 기술 제품의 생성과 발전의 과정은 가정주부라는 성 역할 이데올로기가 강하게 결합하면서 이루어진다. 가사 기술 제품은 가정주부라는 특정한 여성의 삶을 매개하여 여성이 이 삶에서 벗어날 수 없도록 만든다. 누가 개발하고 누가 채택하는가, 채택 여부에 영향을 미치는 요소는 무엇인가라는 질문을 끊임없이 던지면서 가사 기술 제품의 개발 국면을 해석할 필요가 있다. 가정이라는 테두리가 허용하고 필요로 하는 행위를 매개하는 제품들만이 가정이라는 공간 안으로 들어올 수 있다(와이즈먼, 2009: 63). 주로 소비자의 위치에 있기 때문에 여성들이 다양한 가사 노동의 기술 제품을 선택할 때 행위성과 자율성을 획득할 수 있는 여지는 협소하다. 적극적으로 사용하지/소비하지 않음으로써 그것을 거부할 수 있으나 대부분의 여성들은 가정주부 이데올로기 및 모성 이데올로기와 협상을 벌이며 그것과 불화를 일으키지 않는 범주 내에서 통용될 수 있는 기술 제품을 선택하거나 선택하지 않는 경향이 크다.

미디어는 이런 기술 선택지들을 사용하는 여성들의 이미지를 사랑스럽고 현명하고 똑똑하게 그려 낸다. 아무리 최신의 기술을 선택해 사용한다고 해도 가정이라는 공간에서 확보한 전문성은 사회가 인정하지 않는다. 여전히 여성들은 재생산과 집안일을 하는 존재라는 인식을 벗어나지 못한다. 여성들이 최신의 기술을 선택하려는 가장 큰 이유는 그것이 가사 노동을 줄여 줄 것이라는 기대일 것이며, 이를 통한 가사와 사회 활동의 병행일 것이다. 그러나 이런 상황에 놓인 여성들 대부분은 노동 유연성이 큰 일시적인 직종을 선택하게 되는 경향이 크다. 이는 또다시 여성들의 노동을 미숙련, 비숙련으로 치부되는 악순환의 원인이 된다. 가사 노동과 임노동 영역은 이런 순환의 고리로 연결된다. 재생산과 집안일을 하는 존재라는 인식은 미숙련, 일시적인 직종에 종사하는 인력이기 때문에 노동력의 가치가 남성에 비해 떨어지는 것이 당연하다는 불합리성을 정당화한다. 가사 기술의 발전으로 인한 가정 내 여성의 종속화라는 아이러니는 임노동 영역에서의 성별 분업 위계화와 또다시 연결되는 문제인 것이다.

3) 누구를 위한 재생산 기술인가?

임신과 출산에서부터 넓게는 성적 자기 결정권과 직결되는 기술 문화에서 여성들은 어느 정도로 주도권을 행사하고 있을까? 다시 말해 원치 않는 임신을 예방하기 위해 피임약을 복용한다거나 성행위시 콘돔을 사용하는 등의 섹슈얼리티 통제 혹은 결정의 문제에서부터 임신과 출산, 낙태와 관련한 재생산의 문제에 이르는 영역에서 여성은 어느 만큼의 의사 결정권 혹은 행위력을 확보하고 있을까? 이 문제에 대한 여성의 의사 결정력과 행위력은 우리의 생각보다 훨씬 협소하다.

재생산 기술의 발전 역시 남성이라는 단일한 범주의 집단에 의해 이루어지지 않는다. 이 또한 이 기술에 관계된 여러 이해집단의 네트워크가 상호 작용한 결과이다. 재생산 기술은 임신과 출산 등 여성의 몸을 통해 이루어지는 생명의 재생산에 개입하는 기술이다. 따라서 산부인과, 생명공학 분야와 같은 전문 지식을 가진 집단이 네트워크의 한 축일 것이다. 재생산 기술, 생식 기술과 관련한 의료 기술은 국가의 구성원이자 자본주의 사회의 원동력인 노동력 생산의 문제와 직결되는 문제이다. 때문에 그 어떤 분야보다도 특정한 공동체의 사회, 문화, 정치, 경제적인 요인과 밀접하게 맞물린다. 이러한 요인들에 가장 민감하게 반응하는 이해 집단은 바로 국가이다. 국가는 네트워크의 또 다른 축을 구성한다. 또한 여성은 반드시 (남성과) 결혼을 하고 아이를 낳아야 한다는 혈연에 기반한 가족주의가 강한 사회에서 태어나 살아가는 여성에게 재생산의 문제는 개인적인 선택의 차원이라기보다는 모종의 압력에 더 가깝다. 특정한 사회적 통념에서 자유롭지 못한 다양한 입장의 사회 구성원들 역시 이 네트워크에 관여하고 있다. 이 네트워크의 상호 작용으로 인해 어떤 재생산 기술은 개발되었다고 해도 상용화되기까지 예상보다 더 많은 시간이 걸리기도 하고, 어떤 재생산 기술은 국가적 입장과 사회 구성원들의 정서와 맞지 않을 경우 폐기되기도 한다. 또 과거에 특정한 용도로 사용되었던 재생산 기술이 시간이 지나 그에 반대되는 목적에 활용되기도 한다. 여성의 몸은 국가 권력, 의료 기술 권력, 가부장제 이데올로기라는 다양한 이해관계를 가진 집단과 사회적 요인이 작용하는 네트워크의 거점이다. 이 장에서는 다양한 재생산 기술 중 현재 가장 대표적이며 중요하게 거론되는 불임 치료 기술을 한국의 상황에 한정하여 논의해 보고자 한다.

여성들의 섹슈얼리티와 재생산 결정권은 포괄적인 의미에서의 국가 인구 정책이나 재생산 의료 기술의 권력을 쥔 집단들의 영향력 아래에서 통제되어 왔으며 여전히 통제되고 있는 것이 사실이다. 한국은 1960, 70년대 강하고 부유한 국가 건설의 필요성을 주장하면서 인구 조절 정책을 실시했다. 정책적으로 피임약을 기혼 여성들에게 배포하거나 자궁 내 삽입하는 피임 기구를 시술하기도 했다(문승숙, 2007: 119~125). 여성들의 몸이 국가적인 차원에서 통제되고 관리되었던 것이다. 국가 정책적 차원에서 실시되며 발전되어 제도화되었던 재생산 기술은 오늘날 불임 시술을 위한 의료 기술로 변모해 재생산 영역에 개입하고 있다. 인공 수정artificial insemination과 체외 수정in vitro fertilization, IVF 기술은 불임을 해결하기 위한 일반적인 재생산 기술이다. 인공수정은 난자를 인위적으로 채취하는 기술이 발달하기 전의 기술로 정자와 난자가 결합할 수 있도록 정자를 인위적으로 여성의 자궁에 주입하는 것을 말한다. 그러나 난자를 인위적으로 채취하여 체외에서 수정한 뒤 이를 시험관에서 배양한 다음 배아를 난관에 이식하여 자궁에 착상시키는 체외 수정 기술이 가능해지면서 오늘날 재생산 기술은 체외 수정 기술로 대체되기에 이른다. 그런데 초기에 난자를 채취하는 과정에서 복강경laparocopy 기술이 널리 활용되었다는 점이 흥미롭다. 이 기술은 한국 정부가 가족 계획 사업을 통한 인구 조절 정책을 위해 실시했던 영구 피임 수술인 난관 결찰tubal ligation이라는 시술을 위해 활용한 것이었다(하정옥, 2012: 46). 동일한 기술이 정반대의 목적을 위해 활용된 것이다. 최근에는 호르몬 주사를 투여해 여러 개의 난자를 배출하도록 난소를 자극한 뒤 질 초음파를 통해 자궁을 관찰하면서 질을 통해 난자를 채취한다고 한다.

한국 정부는 2006년도에 OECD 국가 중 가장 낮은 출산율을 기록하게 되자 이 시기부터 출산 장려 정책을 실시하기 시작한다. 초반에는 출산 장려금을 지급했으나, 실효성 논란이 제기되자 불임 치료에 대한 지원으로 정책을 변경했다(김선혜, 2008: 30~31). 현재 정부는 임신이 되지 않는 상태를 불임이 아닌 난임으로 개칭하고(김선혜, 2008: 30) 출산율을 높인다는 목적하에 보건복지부를 통해 일정 소득 계층 이하 불임 부부를 위한 정책적 지원을 실시하고 있다. 정부는 출산 억제에서 출산 장려로 국가 정책을 변경하면서 재생산 기술에 개입하고 있는 것이다. 또한 앞서도 언급했듯이 임신·출산과 관련된 재생산 기술 중 불임을 해결하기 위한 의료 기술이 발전하는 과정에는 사회적 인식도 크게 작용한다. 혈연으로 맺어진 가족을 '정상적인' 가족으로 규정하는 한국의 사회적 분위기는 사회 구성원들에게 불임을 '치료'해서라도 가족을 구성해야 한다는 압력으로 작용한다.

정책적 변화와 사회적 분위기는 재생산 의료 기술 관련 산업이 비약적으로 발전할 수 있었던 것과 무관하지 않다. 1978년 영국에서 첫 시험관 아기가 탄생한 뒤 7년 후인 1985년 한국에서도 서울대 김윤석 교수의 연구팀에 의해 처음으로 시험관 아기가 탄생하게 된다. 그러나 당시 한국 사회는 이 기술을 가족적 가치관을 거스르는 비윤리적인 것, 위험한 것으로 여겼다. 이러한 사회적 인식에도 불구하고 기술 발전은 지속되었고 1988년 시험관 시술 성공, 1989년 대리모 임신 성공, 1994년 정자 직접 주입법을 통한 첫 시험관 아기 성공 등의 결과를 이끌어 냈다. 시간이 흐르면서 재생산 기술에 비관적이던 사회적 인식도 차차 사라지게 되고, 병원들은 분만 시술보다 불임 시술이 위험부담이 낮으면서도 더 높은 이윤을 창출할 수 있다는 사실을 깨닫기 시작한다. 이와 더불어 2006년 가시화된 저출산으로 인한 사회적 위기와 이를 해소하기 위한 정책적 변화가 재생산 기술 산업화에 정당성을 부여해 줌으로써 이 산업은 크게 발전하게 된다(김선혜, 2008: 25~33). 여전히 불임 시술에 소요되는 비용은 소득 수준이 높지 않은 가정이 쉽게 감당할 수 없는 수준이나 초기 시행 단계에 비해 보편화되었다고 볼 수 있다. 초기에 비해 불임 시술을 받는 여성들은 증가했으나 체외 수정의 성공률은 그에 비례해 높아지지 않았다. 서구에서는 30% 미만, 한국의 경우 2008년을 기준으로 임신율은 31.9%, 출산율은 25.5%로 경제적 비용과 육체적 고통, 감정적 소진을 고려했을 때 결코 높은 성공률은 아니라는 것이다(정인경, 2015: 24). 그럼에도 불구하고 불임 시술이 이렇게 보편화될 수 있었던 것은 재생산 기술을 통해 불임을 극복할 수 있다는 국가와 의료 기술 집단의 지속적인 수사적 전략과 이에 부응한 사회 구성원들 덕분일 것이다.

재생산 기술 역시 다종다양한 사회적 관계망의 결합으로 발전, 확산된다는 사실을 알 수 있다. 이 관계망에는 국가와 의료 기술 권력을 가진 전문가의 이해관계와 가부장적 이데올로기가 상호 작용하고 있다. 이러한 네트워크가 직조하는 재생산 영역에서 여성들은 결정권을 가지지 못하고 지속적으로 대상화되거나 소외되었기 때문에 행위력을 가질 수 없었다. 출산 억제와 장려 정책의 시행 과정에서 여성은 임신과 출산을 선택할 수 있는 주체가 아니라 국가 이해관계에 동원되고 관리되는 대상이었다. 재생산 의료 기술 산업 분야에서 여성들은 상품화된 이 기술을 소비하는 소비자이지만 의료 지식을 가진 전문가의 지적 권위에 끊임없이 소외당한다. 한편으로 재생산 기술이 여성들에게 또 다른 선택지를 준 것은 사실이다. 임신을 원하지만 다양한 이유와 조건으로 그것이 불가능했던 여성들에게 가능성의 기회를 준 것은 사실이다. 그러나 이것이 아내와 며느리로서의 역할에 충실해야 한다는 사회적 규범을 거스르지 않으려는 의도에서 기인한 것인지 온전한 여성 개인의 자율적 판단에 따른 것인지의 여부를 간과해서는 안 될 것이다.

과학 기술의 블랙박스 안으로:
여성과 과학 기술의 '진정한' 화해를 위하여

주디 와이즈먼은 과학 기술이 여성과 어떻게 관계를 맺는지를 살펴보기 위해 에코페미니즘의 기술결정론적 입장, 사이버페미니즘의 기술 애호증적 입장과 과학 기술의 사회적 구성주의 모두를 비판적으로 참조하면서 테크노페미니즘이라는 새로운 입장을 제시했다. 그녀는 과학 기술을 남성들의 권력 그 자체로 간주하기보다 오히려 결과로 해석해야 한다고 주장한다. 권력이라고 확정하게 된다면 남성과 기술이 맺고 있는 견고한 연관을 다루기 힘들어지기 때문이라는 것이다. 그래서 그 결과가 배태된 과정을 여성의 시각으로 살펴보아야 한다는 것이다(와이즈먼, 2009: 70). 과학 기술의 블랙박스는 이 네트워크들이 치열하게 경합을 벌이는 그 과정이 기록된 저장 장치를 의미한다.

그럼에도 불구하고 그녀가 말하는 페미니즘은 암울하기만 하다. 기술이 생산, 발전, 진화하는 매 국면에 연루되는 네트워크들이 어떤 이해관계를 가진 집단인지, 이들이 어떻게 경합을 벌이면서 특정한 기술이 채택되는지, 젠더의 문제는 이 과정에서 어떻게 개입되고 흔적을 남기는지를 아무리 살펴봐도 채택의 과정에 가부장적이고 남성 중심적인 이데올로기가 강하게 작용하고 있기 때문이다. 결과를 변화시키기 위해서는 블랙박스에 갇혀 보이지 않는 과정을 밝혀내 그 과정을 변경하는 수밖에 없다. 그러나 이 과정에서 여성들은 매번 자신들보다 더 강한 네트워크들의 집합에 의해 좌절당하고 만다.

그렇지만 와이즈먼은 그 해결책 또한 네트워크가 될 수 있을 것이라 전망한다. 여성들의 연대를 통한 사회 기술적 네트워크를 창안해야 한다는 것이다. 이 네트워크는 "지역적 행동주의라는 미시 정치"에서부터 "지구적 운동이라는 거시 정치"에 이르기까지 촘촘하면서도 방대해질 수 있다. 와이즈먼은 테크노페미니즘이 네트워크를 만들어 내는 과정은 기존의 네트워크와는 다른 차이를 만들어 내는 수단일 뿐만 아니라 오늘날의 세계에서의 행위와 변화의 본질을 다르게 이해할 수 있는 약속이라고 말한다. 그렇기에 테크노페미니즘은 아직 이루어지지 않은 미래의 것일 수 있다(와이즈먼, 2009: 195~200). 추상적이고 지나치게 낙관적인 면이 있지만 이 약속을 믿고 과학 기술과 새로운 관계를 맺기 위한 노력과 새로운 방식의 화해를 시도하다 보면 변화가 있지 않을까 기대해 본다.

참고문헌

1. 이 글에서 참고한 주디 와이즈먼의 저술

1991, *Feminism Confronts Technology*, University Park, Pa.: Pennsylvania State[2001, 조주현 옮김, 『페미니즘과 기술』, 당대].

1996, "Desperately Seeking Differences: Is Management Style Gendered?", *British Journal of Industrial Relations*, Vol. 34(3), pp. 333~349.

1996, "The Domestic Basis for the Managerial Career", *The Sociological Review*, Vol. 44(4), pp. 609~629

2004, *TechnoFeminism*, Malden, MA.: Polity[2009, 박진희·이현숙 옮김. 『테크노페미니즘』, 궁리].

2000, "Reflections on Gender and Technology Studies: In What State is the Art?", *Social Studies of Science*, Vol. 30(3), pp. 447~464.

2000, "Feminism Facing Industrial Relations in Britain", *British Journal of Industrial Relations*, 38(2), pp. 183~201.

2002, "Addressing Technological Change: The Challenge to Social Theory", *Current Sociaology*, Vol. 50(3), pp. 347~363.

2004(with Bill Martin), "Markets, Contingency and Preferences: Contemporary Managers' Narrative Identities", *The Sociaological Review*, Vol. 52(2), pp. 240~264.

2006, "TechnoCapitalism Meets TechnoFeminism: Women and Technology in a

Wireless World", *Labour & Industry: A Journal of the Social and Economic Relations of Work*, vol. 16(3). pp. 7~20.

2006, "New Connections: Social Studies of Science and Technology and Studies of Work", *Work, Employment & Society*, Vol. 20(4). pp. 773~786.

2. 그 밖의 참고문헌

김선혜, 2008, 「'불임치료산업'과 한국의 재생산 정치」, 연세대학교 대학원, 석사학위 논문, 30~31쪽.

다나 해러웨이, 1997, 임옥희 옮김, 「사이보그를 위한 선언문: 1980년대에 있어서 과학, 테크놀러지, 그리고 사회주의 페미니즘」, 홍성태 엮음, 『사이보그, 사이버컬처』, 문화과학사.

마리아 미스·반다나 시바, 2000, 손덕수·이난아 옮김, 『에코페미니즘』.

문승숙, 2007, 이현정 옮김, 『군사주의에 갇힌 근대』, 또 하나의 문화.

이정희, 2014, 「19세기 프랑스 과학과 기술의 관계: 과학과 기술의 중재자로서의 기계 엔지니어들」, 『역사와 경계』, 91권.

정인경, 2015, 「재생산 기술과 여성의 시민권」, 『오토피아』, 30권 1호, 경희대학교 인류사회재건연구원.

토마스 쿤, 2013, 김명자·홍성욱 옮김, 『과학혁명의 구조』(개정판), 까치.

하정옥, 2012, 「배꼽수술부터 줄기세포까지: 발전주의 성과에 가려진 여성의 몸과 공동체의 미래」, 『젠더와 문화』, 5권 2호, 계명대학교 여성학연구소, 46쪽.

홍성욱, 1994, 「과학과 기술의 상호 작용: 지식으로서의 기술과 실천으로서의 과학」, 『창작과 비평』, 22권 4호.

현남숙, 2012, 「사이보그 수사학에 나타난 몸의 형상화」, 『한국여성철학』.

강정수, 2015.10.21, 「인공지능과 공유경제로 보는 노동의 미래」, 『블로터』(http://www.bloter.net/archives/241535).

임지영, 2015.7.28, 『시사IN LIVE』, 410호(http://www.sisainlive.com/news/articleView.html?idxno=23931).

Cockburn, Cynthia, 1984, *Brothers: Male Dominance and Technological Change*, London: Pluto Press.

9장 | 기술의 민주적 합리화
앤드루 핀버그의 기술 비판과 대안적 실천

이광석

미국 출신이자 현재는 캐나다 사이먼 프레이저 대학 석좌 교수인 앤드루 핀버그Andrew Feenberg는 서구 신좌파 논의들에 기반해 '기술비판이론'을 전개해 온 기술철학자이다. 핀버그 기술철학의 가장 큰 특징은 기술의 사회적 맥락을 강조하는 기술철학의 구성주의적 접근에 덧붙여 기술의 민주적 실천과 체제 대안적 설계를 강조하는 데 있다. 구체적으로, 그의 논의는 그람시Antonio Gramsci의 네오-맑스주의적 시각에서 자본주의 권력에 의해 구축된 기술 헤게모니를 비판적으로 분석하고 이로부터 체제에 대항하는 기술적 대안들을 여러 갈래로 열어 놓고 있다는 점에서 실천적이다. 핀버그는 기술의 '양가성'ambivalence이란 개념을 갖고 실제 자본주의 기술의 대안적 설계에 대한 민주주의적 혹은 시민적 전망들을 고민하려 한다. 물론 기술 현상의 사례 소개나 해석의 방법론 측면에서 주로 전통적 분석에 머무르는 등 기술 연구에서 보자면 '올드 스쿨'의 느낌을 강하게 풍기지만, 기술 권력을 재설계하려는 다양한 기술 대안의 가치적 측면을 바라본다는 점에서 동시대 기술 민주화 현장 활동가들에게 충분히 실천적 영감을 줄 수 있다. 과학철학이나 기술철학에 집중하는 강단 학자들이 특정 기술의 해석학적 고증에 머무르는 반면, 핀버그의 고유한 장점은 맑스주의의 비판적 계보로부터 자본주의 기술의 설계와 적용에 대한 해석적 사유를 끄집어내고 그로부터 기술의 민주적 합리화를 구성하려 한다는 점에서 변화를 위한 실천이론적 자양분이 될 여지가 충분하다는 데 있다.

기술비판이론의 주요 테제들

하나, 기술은 불순하다
둘, 기술은 사회적이고 헤게모니적이다
셋, 기술은 장치의 집합이 아니라 환경에 가깝다
넷, 기술은 양가적이고 때로는 전복적이다

핀버그 기술비판이론을 구성하는 핵심 내용을 몇 가지 테제들로 정리해 보자. 첫번째, 기술은 '불순'하다. 이는 애초부터 기술이 순수하거나 순결하지 않다는 사회적 구성주의의 보편적 언명이다. 기술이 불순하다는 것은 이미 처음부터 어떤 기술이 생기고 발달하는 데는 다양한 사회문화적 맥락이 그 안에 각인되어 있다는 얘기이다. 그럼에도 불구하고, 기술의 순수성이나 자율성을 지당하다고 보는 논의가 인간 일상의 지배적인 담론으로 널리 퍼져 있다. 기술은 별 문제가 없는데 인간들이 이를 어떻게 쓰느냐에 따라 온순하기도 하고 포악해지기도 한다고 믿는 생각 말이다. 또 한편으로는 특정 기술이 우리 삶을 온전히 규정하거나 그 방향을 이끈다는 생각 또한 전염처럼 퍼져 있다. 예컨대, 국내 신문 저널리스트들은 미국식 디지털 '혁신'을 국내에 도입하고 적용하면 한국 사회의 정치적 퇴행성을 빠르게 흡수하거나 극복할 수 있다고 믿는 경향이 크다. 이들이 보기에 국내 기술 '혁신'의 방해물은 고루한 과거 체제의 찌꺼기들이요, 이를 극복하는 데는 실리콘밸리의 기술과 혁신 논리가 적격이라 보는 것이다. 즉 미국식 기술 도입과 혁신이 우리네 사회 민주화와 직접적으로 연결되거나 사회 변화의 동인이 될 수 있다고 보는 발상이다. 이는 우리의 이상향으로 설정한 선진국 기술을 통한 국내 혁신이 가능하다는 기술주의의 신기루이기도 하다. 이와 반대로, 기술이 사회문화적 영향 관계에 의해 구성된다는 사실에 동의하는 것은 기술의 사회 발생론적 계보학을 인정하는 것과 같다. 이를테면, 국내 기술 혁신은 우리의 정치 문화의 퇴행성과 맞물려 있고, 이의 개선 없이는 기술의 굴절과 퇴행이 자주 목격될 수밖에 없다는 것이 후자의 구성주의적 시각이다. 당연히 핀버그는 바로 후자의 논리에 기대어 기술의 발생학을 지켜본다.

두번째, 기술은 사회적이고 헤게모니적이다. 핀버그의 구성주의는 각각의 개별 기술들이 불순하다는 점에 동의하면서도 동시에 이들이 어떻게 사회 체제의 동력화된 기술로 그것들이 상호 결합해 작동하는가를 구조적 층위와 관계의 맥락을 통해 드러내고 있다. 즉 미시적 영역에서 어떻게 각각의 기술 구성이 유물론적으로 이루어지는지에 대한 해석과 동시에, 자본주의 체제 권력화된 기술의 헤게모니적 영향력에 더욱 관심을 둔다. 이후에 살펴볼 핀버그의 '기술 레짐', '문화 지평', '기술 편향' 등의 개념들은, 거시적 맥락에서 기술과 문화, 기술과 시스템이 어떻게 합일되는지, 그리고 구체적으로 그것들이 어떻게 특정 지배 그룹의 이해관계에 부합하는지를 보여 준다. 핀버그는 기술과 통치 권력이 합쳐지면서 특유의 기술 문화 권력을 획득하고 이 권력이 정당화하는 합리성의 기제를 비판한다.

세번째, 기술은 장치의 집합이 아니라 환경에 가깝다. 핀버그에게 이 명제는 기술이 자본주의의 전면화된 삶 자체와 동일시되어 가고 있다는 의미로 볼 수 있다. 기술이 환경에 가깝다는 것은 전일적으로 기술이 우리의 삶 안으로 파고들어 오고 문화와 일상이 되어 가고 있다는 맥락에서 파악된다. 더 일반적인 용례로 해석하자면, 이는 인간의 역사, 정치, 경제, 사회, 문화 등과 기술이 하나 되어 문명의 일체화된 구성 요소가 되고 있다는 점을 언명한다. 이는 환경화된 기술에 압도되어 변화를 포기하는 허무주의나 본질주의를 의미하는 것이 아니다. 오히려 핀버그는 이미 환경이자 문명이 된 기술을 바꾸는 비판적 실천 방식을 고민한다. 즉 그의 기술적 실천 테제는 체제의 지배적 쓰임새를 재설계하고 더 나아가 삶의 기획을 바꾸는 일과 연관되어 있다고 볼 수 있다.

마지막으로, 핀버그에게서 가장 주목할 만한 테제는 기술이 '양가적'ambivalent이고 때론 전복적이란 사실이다. 핀버그는 기술의 지배적 계기를 주의 깊게 포착하면서도 이의 전복적 가능성과 실천의 가능성을 상시적으로 염두에 두고 있다. 즉 기술이 체제를 위해 복무하기도 하지만, 관련된 인간 주체들은 같은 기술의 다른 경로들이나 지점들을 살펴보아야 한다고 주장한다. 그래서 기술적 대안과 관련해 핀버그는 개별 기술의 생성과 기원을 따지는 해석학보다는 자본주의 기술 설계의 민주적 합리화와 체제 대안적 설계를 주로 구상한다. 즉 특정 기술에 대한 미시 영역에서의 설계나 용도 변경을 넘어서서, 그는 본질적으로 자본주의의 도구 합리주의적 시스템을 벗어나 기술 민주주의를 내오는 것에 대해 고민한다.

기술비판이론

앞서 네 가지 테제가 핀버그의 기술에 대한 기본 관점을 설명한다면, 이론적으로 핀버그 논의의 핵심은 '기술비판이론'critical theory of technology이란 용어로 압축될 수 있다. 핀버그 기술비판이론의 핵심은 소위 자본주의 '합리성'에 대한 비판 테제이다. 특히 그의 스승인 허버트 마르쿠제와 비슷하게, 막스 베버Max Weber가 주장했던 자본주의의 기술(예측가능성과 통계 숫자)로 매개되는 관료주의의 합리성 테제를 그 또한 비판한다. 핀버그는 자본주의의 합리성이란 사회를 영위하는 인간들 삶과 활동에 대한 계산과 통제를 원활하게 하는 '도구적 합리성'이나 '형식적 합리성'에 불과하다고 본다. 즉 베버가 주장하는 바처럼 기술이 관료주의를 매개하면서 효율성이나 합리성이나 전문성을 증대한다고 하지만, 본질적으로는 자본주의 기술 합리성이란 이미 특정 권력을 위해 장치화하면서 조직의 위계와 억압적 통제 능력을 강화한다고 본다. 핀버그가 사용하는 '통제 자율성'operational autonomy은 바로 자본주의의 기술 합리성의 실체를 보여 주려고 고안된 개념이기도 하다. 통제 자율성은 특정 사회 권력이 기술을 통해 인간과 조직을 마음먹은 바대로 동원하고 통제할 수 있는 가용 능력을 말한다. 이는 기술로 매개되는 자본주의 합리성의 실체란 결국 특정 사회 권력의 이익을 정당화하는 통제 기제로 작동하고 있음을 지칭한다. 자본주의 사회가 이렇듯 기술로 매개된 효율성, 전문성, 합리성 등 지배적 기제들을 자본주의 관료주의적 합리성의 핵심으로 떠받들고 있지만, 실상 그 내용에는 기술 권력을 온존하게 하는 도구적 합리성이 자리하고 있다고 보는 것이다. 기술은 자본주의가 진전될수록 현대인들 각자가 체제의 도구적 합리성을 만들어 나가는 데 핵심 역할을 수행하고, 그럴수록 우리의 현실은 점점 보이지 않는 '쇠우리'iron cage 같은 족쇄의 틀을 구축하는 데 일조한다. 기술 관료주의가 암묵적으로 기술 장치들에 적용되는 규범을 현실 사회 조직과 개인에 적용하면서 위계적이고 계산된 통제 시스템이 사람들간 조직에 농밀하게 강제되는 것이다. 그래서 핀버그는 자본주의와 관료주의의 도구적 합리성과 반대되는 것으로서 '민주적 합리성'democratic rationality의 도입을 주장한다. 기술의 민주적 실천을 통해 야만의 일상 과정을 벗어나 진정한 기술 합리성을 복원하려는 그만의 기획이다.

핀버그의 기술비판이론에 깔린 기본 전제는 기술이 자본주의 체제를 위해 '환경화'한다고 믿는 것이다. 그러면서도 그는 다른 기술철학자들, 특히 하이데거(Heidegger, [1954]1977)나 엘륄(Ellul, 1964)의 '낭만적 반유토피아론'에 기댄 기술 비관론이나 허무주의를 경계한다. 이들 비관론자들은 기술을 인간 스스로 지어내고 유지함에도 불구하고 인간이 통제할 수 있는 영역을 넘어선다고 믿고, 더 나아가 기술 그 자체가 인간이 통제하려는 범주 너머에 있다고 본다. 이와 달리 핀버그는 오히려 기술이 인간을 총체적으로 관할한다고 보는 낭만적 반유토피아주의 혹은 허무주의와 결별하려 한다. 그는 기술결정론에 기댄 낙관주의만큼이나 하이데거나 엘륄의 비관주의에는 대단히 결정론적인 오류가 있다고 본다. 다시 말해 하이데거나 엘륄의 낭만적 반유토피아주의자들은 우리가 도저히 어떻게 경로를 뒤집거나 개혁할 수 없는, 지배적 기술에 대한 대안 자체를 만들 수 없고 그것이 전일적으로 우리를 옥죄고 있는 현실을 전제하기 때문이다.

핀버그는 오히려 소위 '좌파 디스토피아론'에서 기술비판이론의 정체성을 확보하려 한다. 그는 맑스를 위시해 마르쿠제 등 프랑크푸르트파 학파, 그리고 푸코의 기술 비판 논의를 통해 자본주의 기술의 비판적 의미와 맥락을 더 잘 확보할 수 있다고 바라봤다. 다소 거칠게라도 그가 말하는 좌파 디스토피아론이 지닌 장점을 보자. 먼저 맑스는 이미 자본주의적 생산의 기술 합리화를 잉여가치 생산의 중요한 기제로 분석했다. 그리고 프랑크푸르트파 학파에서는 마르쿠제가 기술관료주의적 합리성을 통해 이것이 근대적 체제 헤게모니를 형성하는 데 미친 역할을 논파했다. 푸코 또한 권력 형식으로서 기술을 매개한 통치 권력의 문제를 이미 비판적으로 논의한 바 있다(핀버그가 언급하는 푸코의 저작들은 그의 학문적 삶을 총괄하는 논의는 아니고 1980년대 논의를 주로 인용하고 있다).

핀버그가 보기에 좌파 디스토피아론은 이렇듯 자본주의 생산 합리성 기제(맑스), 기술의 체제적 동학(마르쿠제), 자본주의적 기술 권력(푸코) 등을 분석하며 자본주의 사회 기술의 본성에 대해 구체적으로 비판해 왔다. 그는 좌파 디스토피아론이 외형상 낭만적 반유토피아론마냥 구조적인 체제의 위력과 체제적 통제 능력을 부각하고 있지만, 국지적 상황과 역사 흐름에 따른 특수한 지배 개념을 분석 비판하고 상대적으로 기술 체제의 약한 고리들과 대안 가능성을 열어 두고 있다는 점에서 이와 크게 다르다고 본다. 다시 말해, 핀버그는 좌파 디스토피아주의가 오늘날 기술의 체계가 전일적인 시스템이 아니라 역사적 시점이나 상황에 따라 변동이 가능한 지배의 통치 시스템이라 보고, 그 안에서 기술의 설계와 상호 작용성이 끊임없이 역동적으로 진화해 나가는 모습을 살피려 한다는 점에서 본질주의나 비관론적 관점과는 다르다고 보는 것이다.

핀버그는 이념 지향적으로 좌파 디스토피아론을 옹호하면서도 기술에 대한 '양가성' 테제로 그의 정치적 탄력성을 확보한다. 그의 기술 양가성은 지배 구조와 저항이란 두 계기를 동시에 포착하고 있다. 먼저 좌파 디스토피아론, 혹은 (네오)맑스주의적 전통의 시각에서 보면, 기술은 체제 위계와 사회 모순을 계속해 온존하려 한다. 자본주의의 기술관료주의적 근대화 전략으로 인해 신기술이 도입되어도 이는 사회 위계를 위해 복무하고 재생산되는 경향이 크다. 다시 말해 새로운 뉴미디어 기술이 도입되어도 자본주의 도구적 합리성의 기제 속에서 그것들이 흡수되면서 지배와 종속의 체계적 진화 과정에 복무하게 마련이다. 이런 시각에서 보면 동시대 기술 정치경제 현실 또한 '인지자본주의'(현대인들이 흘리고 다니는 데이터와 정동의 부스러기를 통해 이윤을 수취하는 신종 자본주의 질서) 국면이 되더라도 지배의 시스템이 공고화되면서 기술을 통해서 새롭게 위계와 통제의 기제가 심화될 공산이 크다. 그럼에도 불구하고, 핀버그는 기술 양가성의 저항 혹은 해방적 계기를 늘 함께 관찰해 왔다. 기술을 통한 자본주의적 위계의 존속과 갱신을 통한 심화가 지배적인 경향이더라도, 기술의 민주적 합리화의 계기 또한 언제든 발생할 수 있다고 그는 강조한다. 이미 존재하는 사회적 위계와 통제를 침식하거나 틈을 벌리는 일이 늘 가능하고, 그 민주적 합리성을 추동하기 위해 새로운 기술의 쓰임새 또한 이루어진다고 보는 것이다. 베버가 말하는 기술관료주의적 합리성이 인간을 부품화하고 우리를 쇠우리에 가두는 효과를 발휘한다 하더라도, 좌파 디스토피아론에 기댄 민주적 합리화와 기술 민주주의적 실천에서 비극의 쇠우리로부터 탈출하는 방안을 마련할 수 있다고 보는 것이다. 이것이 바로 핀버그의 기술비판이론에 기댄 민주적 합리성의 테제이자 기술 실천과 대안의 길이다.

핀버그는 기술의 양가적 특성을 보다 구체화하기 위해 '기술 코드' technical codes란 개념을 끌어들인다. 기술 코드는 어떤 기술적 대상이 이러저러하게 사회적으로 정의되는 방식을 뜻한다. 이는 "어떤 문제에 대한 기술적으로 일관된 해결책 속에서 특정 관심 혹은 이데올로기를 실현"(Feenberg, 2001: 189)하고, "사회적 목표에 의거해 실현 가능한[기술적으로 작동 가능한] 기술 디자인들 가운데 선택하고 그 디자인 속에 그 [사회적] 목표를 실현하는 기준"(Feenberg, 2010: 68)이다. 현실적으로 '사회적으로 바람직한' 기준이란 범용의 기준을 뜻하는 것이 아니라 특정 '관심'의 실현과 맞닿아 있다. 기술 코드는 기술 편향의 문제를 자주 불러일으키고, 그래서 대체로 기술 코드는 디자인과 엔지니어링의 수준에서 지배적 사회 집단의 '관점'standpoint을 주로 표현한다(Feenberg, 1995: n23; 2010: 69). 기술 코드는 이렇게 위계의 온존, 기업가와 엔지니어 등 지배적인 이익 집단들에 의해 저항과 대안의 기획들이 크게 막혀 있는 모습을 띤다. 하지만 그의 기술 양가성 테제에서 본 것처럼 이 기술 코드들은 탈주의 내생성을 가지고 있으며 이 가능성은 늘 잠복해 있다. 이 가운데 대중은 지배의 고리에서 벗어나기 위해 저항적 실천을 능동적으로 고민한다. 이는 단순히 대중의 정치적 민주주의 실현에 대한 운동 전략과 전술뿐만이 아니라 기술로 매개되는 민주주의의 실현, 즉 '기술 민주주의'를 심화하고 확장하는 것을 의미한다.

구성주의: 기술 낙관론과 비관론을 넘어서

핀버그의 양가성 테제는 과학기술연구STS 학자들의 중심 논의를 이루는 '구성주의'constructivism에 많은 빚을 지고 있다. 핀버그의 구성주의는 기술 낙관론과 비관론적 관점 모두를 넘어서려 한다. 구성주의와 가장 멀리 떨어져 있는 기술 낙관론을 먼저 보자. 기술을 절대 중립적 인공물로 보고 사회의 변화 원인을 기술 그 자체에 기대는 미래학이나 디지털 혁신론 등이 기술 낙관론의 대표적 입장이다. 여기에 덧붙여, 역사적으로 맑스주의자들의 기술 생산력에 대한 기대감 또한 대표적 기술 낙관론으로 꼽힌다. 잘 알려진 바처럼, 역사적으로 소비에트 혁명가들에게 사회주의와 공산주의를 건설하는 데 핵심적인 동력은 '생산력으로서의 기술'이었다. 사실상 사회주의 국가 지도자들은 기술의 생산력 자체를 부정한 적이 없었다. 오히려 그것에 열광했다. 예를 들어, 여전히 북한의 조선중앙TV에서는 2016년에 발사한 장거리 로켓 '광명성'호를 "과학 기술의 쾌거"로 칭송해 마지않는다. 사회주의의 이상에서 보자면, 제국주의에 대항할 수 있고 일하지 않아도 누구나 삶을 윤택하게 살아갈 수 있는 사회에 대한 기대감을 떠받치고 있는 힘은 곧 기술 생산력이다. 기술을 매개해 사회 생산력이 엄청나게 확장되어야 궁극적으로 미래 코뮨 사회가 도래한다고 믿었다. 이 점에서 사회주의 혁명가들은 시스템으로서의 기술(체제)이 자본주의 통치와 지배 기제의 일부로 작동해 왔다고 실랄하게 비판했지만, 생산력으로서의 기술만은 미래 생산력 해방의 물질적 전제로 해독했다. 다시 말해, 역사적으로 20세기 초 혁명가들은 기술관료적 합리성 테제나 자본주의의 분업 체제, 생산관계 속에서 발현되는 자동화 기제들을 자본주의의 극복해야 할 대상으로 여겼지만, 기술을 통한 생산력 혁명은 결국 자본주의의 파국을 가깝게 할 것이라고 분리해서 보았던 것이다. 다른 한편으로 기술 비관론 또한 앞서 본 것처럼 구성주의와 한참 동떨어진 논의이긴 마찬가지다. 하이데거와 엘륄의 기술철학은, 기술이 인간의 통제 능력을 벗어나 기술 자체가 지배의 논리가 되면서 끊임없이 인간을 시종으로 전락시키고 그 스스로 절대자가 되는 상황을 초래한다는 전제를 깔고 있다. 기술 낙관론과 달리 기술 그 자체를 비판하고는 있지만 이런 허무주의적 관점들에서 대안의 희망이 그려지긴 어렵다. 인간이 만들어 낸 기술이 점차 인간의 쇠우리가 되고 족쇄가 되면서 그 스스로 벗어날 길을 난망하게 만드는 것이다.

핀버그의 시각은 이와 같은 기술 낙관론이나 본질주의적 비관론을 넘어서고자 한다. 그가 채택하는 구성주의는 기술 연구 내 주요 흐름들인 '기술의 사회적 구성주의', '기술의 사회적 형성론', '기술사회학', 라투르의 '행위자 연결망 이론' 등을 비판적으로 흡수하고 있다. 간단히 정리하자면, '기술의 사회적 구성주의'SCOT, Social Construction of Technology는 미시적 관점에서 기술 대상물들의 디자인이 어떻게 사회문화적으로 구성되어 왔고 진화해 왔는지에 대한 문화사적 연구에 해당한다. 핀치와 바이커(Pinch & Bijker, 1984)의 자전거 발전 연구는 이의 대표적인 연구

업적이다. 자전거의 바퀴 사이즈의 변화가 당시 사회 구성원들의 요구와 사회 정세와 맞물리면서 어떻게 오늘의 디자인 형태로 굳어졌는지를 역사 계보학적으로 살피고 있다. '기술의 사회적 형성론'Social Formation of Technology이나 기술사회학은 좀더 거시적인 시각에서 자본주의의 구조적인 생산관계와 사회 체제 속에서 특정 기술(체계)의 진화나 동학들을 사회 시스템적인 측면에서 비판적으로 분석한다. 예를 들어 브레이버만(Braverman, 1974)이 제기한 공장 노동자의 '탈숙련화' 테제, 메켄지(MacKenzie, 1984)나 노블(Noble, 1985)의 자본주의 생산 공정 속 수치 제어(NC) 공작 기계 등 특정 산업 기계 장치들의 선택과 진화가 어떻게 이루어져 왔는지를 보여 주는 논의들이 이에 속한다. 또한 갈수록 기술적 대상물(비인간 '행위소') 그 자체의 독립적 행위 능력과 이 기술을 선택하는 데 그 배후에서 벌어지는 사회적 동맹이라는 좀더 미묘한 구성주의의 측면을 보기 위해서, 핀버그는 라투르(Latour, 2000) 등이 주장했던 '행위자 연결망 이론'ANT의 논의를 가져오기도 한다.

핀버그의 구성주의적 연구 방향은 STS의 몇 가지 전제들에 영향을 받았다. 먼저 '해석적 유연성'Interpretative flexibility을 들 수 있다. 이는 관련 행위자들의 경쟁 속에서 계속해 '움직이며'in action '형성 중'in the making에 있는 기술 인공물(Latour, 1987)을 가정한다. 우리가 이렇게 특정 기술의 해석적 유연성을 인정하면 당대 사회의 특정 기술적 대상의 진화 과정 중 경쟁적 해석들이 무엇인지를 밝히는 것이 가능해진다. 해석적 유연성과 유사하게, 기술에 내재된 '급진적 잠재력의 억압 법칙'the law of the suppression of radical potential(Winston, 1998: 11) 또한 기술의 태생적 구성주의적 속성을 보여 주는 개념이다. 이 개념은 기술의 초기 발생 국면에

급진적 잠재력이 크지만 점차 경쟁이 사그라지고 표준화되면서 이를 되돌리기 어려운 상태로 가는 경향이 있다는 점을 보여 주기 위해 고안됐다. 완전히 고정되지 않은 기술의 급진적 잠재력은 대체로 구조적 설계에 의해 억압받으면서 안정적인 듯 보이지만, 그 반대쪽에서 관련 행위자들에 의해 끊임없이 재구성되는 협상의 진행 상황들이 기술 디자인을 항시 불안정한 상태로 둔다고 볼 수 있다. 하지만 보통 기술 디자인이 안정적 상태에 이르면 억압의 법칙이 강해져 그 코드를 뒤바꾸거나 되돌리기 어렵다. 예를 들어 다국적 기업에서 천문학적 돈을 들인 특정 기술의 디자인 표준화는 경쟁적 해석의 억압 과정의 산물이자 특정 기술이 전 지구적 시장에 독과점화하는 방식이라 볼 수 있다. 대체로 기술이 도입되는 시기에는 경쟁적 해석이 우후죽순 격으로 생겨서 논쟁적이지만, 한번 논쟁이 해결되면 빠르게 경쟁이 잦아들고 특정 디자인이 지배하는 경향을 갖는다. 즉 구성주의의 표현을 따르자면, 기술의 안정화는 더 이상의 '논쟁을 종결'rhetorical closure 짓고 '문제의 소멸' 상황을 만든다(Pinch & Bijker, [1987]2001: 44).

　　다음으로 '비결정성'indeterminism을 보자. 비결정성은 앞서 언급한 해석적 유연성과 연결되어 있다. 해석적 유연성으로 인해 과학 기술은 발전하면서 다양한 경로들을 마주하고 항시 대안들에 열려 있다는 점을 가정한다. 그와 같은 다양한 해석의 효과로 인해 비결정성이 도래한다. 과학 기술이 비결정적으로 대안적 경로에 열려 있다면 언제든 인간이 개입해 그 궤적을 바꿀 수 있는 가능성을 늘 가정해야 한다. 이 속에서 우리는 실천적 가능성이나 대안적 경로들을 볼 수 있고 그래야만 한다. 문제는 기술의 진로를 바꾸는 일은 최대한 기술 코드의 반영구적 닫힘

이 오기 전 단계나 결정의 전면화가 다가오기 바로 전 '국지적 결정'local determination(Scranton, 1994)이 조금은 남아 있는 시점에서 개입이 이루어져야 또 다른 잠재력이 열리고 새로운 경로들을 탐색할 수 있다고 볼 수 있다.

핀버그는 해석적 유연성 혹은 비결정성의 사례로 프랑스 '미니텔'의 경우를 꼽는다. 미니텔은 원래 프랑스 정부에서 기획한 인터넷 커뮤니케이션의 한 형태로 한국에서 보면 초기 PC통신 하이텔 모델과 흡사했다. 처음에는 정부 정책의 홍보나 국정 관심사 등을 각 가정에 보급된 단말기로 문자로 보급, 전송하려던 전자 표현 매체로 기획됐다. 그런데, 시간이 가면 갈수록 국민 대중은 이를 채팅, 만남, 섹스팅 같은 것들로 '용도를 변경'(해킹)하기 시작했다. 전자 시스템을 매개한 국가의 통치 욕망에서 각 가정에 배치했던 미니텔을 오히려 개별 국민 구성원들이 즉석 만남 등 사적인 용도로 해킹하면서 애초 기술의 용도가 크게 변경된 것이다. 이는 처음 미니텔을 동원한 통치 기제와는 다른 새로운 경쟁적 해석(해석적 유연성)이 덧붙여졌던 셈이고, 애초 정부가 의도했던 것과는 다른 대중의 자유로운 의사소통의 대안적 경로를 밟게 되었다 (비결정성).

마지막으로 꼽을 구성주의의 전제는 '과소결정'underdeterminism이다. 이는 기술적 원리만으로 그 설계를 결정하기에 충분치 않다는 말이다. 과소결정은 달리 말하면 기술 자체의 내적 메커니즘을 넘어서서 사회적 맥락들이 기술의 설계에 투과되어 있다는 뜻이기도 하다. 이로 인해 기술 자체가 정치화할 수밖에 없다는 점을 역설적으로 보여 주는 개념이다. 여기서 과소결정에 따라 기술이 '정치화'한다는 것은, 특정 지배

집단의 이해관계나 권력이 기술 디자인에 각인되고 위임된다는 것에 다름 아니다. 기술은 단순 보편의 인공적 대상물이 아니라 특정 계급, 계층이나 이해 당사자에 의해 기술의 내용이 채워지고 규정된다는 점을 강조한다. 예를 들어 기술철학자 보그만(Borgmann, 1992)이 인터넷의 초창기 국면을 바라보면서, 기존의 편지, 소포 등 감성에 기댄 커뮤니케이션의 물리적 수단들이 전자적 소통 방식에 의해 축소되거나 사장되는 것을 문제시한 적이 있었다. 핀버그는 그의 우려를 반박하면서, 하이퍼 지능에 기댄 인터넷 의사소통이 단지 기술만의 논리가 아니라, 향후 진화하고 새로운 사회적 맥락이 가미되면서(과소결정), 사회적으로 새로운 쓰임새와 기술적 변형을 만들어 낸다고 봤다(해석적 유연성/비결정성). 인간의 감성적인 의사소통이 주눅들거나 사라지면서 새롭게 전자화되는 경향이 비관적으로 보일 수 있지만, 사실은 새로운 것이 가질 수 있는 기술 민주적 의사소통의 예기치 않았던 새로운 사회 의미론 또한 짚어야 한다는 것이 핀버그의 주장이었다.

핀버그는 구성주의적 시각을 좀더 급진화하기 위해 이를 사회적 구성주의와 비판적 구성주의로 구분한 후, 후자의 입장에 서서 전자의 견해를 비판하려 했다. 즉 그는 기술의 사회 구성주의SCOT나 행위자 연결망 이론 등 '사회적 구성주의'로 통칭되는 시각이 기술의 구성과 발전을 바라보는 관점에 기여한 바가 대단히 크지만, 이 시각이 주로 특정 미시적 기술 인공물에 대한 문제에 국한하면서 계급과 사회 등 거시적이고 정치적인 맥락을 배제하는 약점을 지녔다고 판단한다. 오히려 그는 좌파 디스토피아론의 전통에서 기술 '비판적 구성주의'의 입장을 견지할 때만이, 말랑말랑한 문화사적 시각이나 사후적 해석주의에서 벗어나 특정 기술이 만들어지는 사회적 동학이나 이를 관통하는 구조적이고 역사적인 맥락을 비판적으로 볼 수 있는 안목이 생길 수 있다고 봤다.

기술 헤게모니: 기술 레짐, 편향, 그리고 지평

핀버그 기술철학 논의의 특별한 성과는 기술이 자본주의 통치 권력과 합쳐지면서 구성되는 지배적 속성의 묘사이다. 먼저 핀버그가 제시하는 '기술 레짐'technological regime 혹은 '기술 패러다임'은 특정한 기술의 총체, 이를테면 과학 지식, 공학적 실천, 공정 기술, 제품 특성, 숙련, 제도와 하부 구조 등이 모여 이루어진 물질과 담론의 기술 복합체를 지칭한다. 이는 기술을 사회적으로 어떻게 디자인할 것인가, 어떤 기술 체제를 사회적으로 일상화된 기제로 채택할 것인가에 대한 논쟁의 종결 상태에서 특정 기술적 총체를 지배 특권화한 상황을 지칭한다. 앞서 봤던 기술 코드는 기술 레짐과 기술 패러다임에서 보자면, 이의 하위 특징이나 양상을 일컫는다. 특정 기술이 사회의 레짐이나 패러다임이 되면서, 이후에는 그 '범례'exemplar에 의해서 연관 기술 디자인 결정이 이루어지게 된다. 기술 발전 특유의 '경로 의존성'을 만들어 내는 것이다. 이 경로 의존성은 국가나 지역 간에는 '헤게모니적 선례'hegemonic precedent로 작용하기도 한다. 예를 들어 미국 등 선진국에서 개발된 특정 기술 문화나 기술 정책·법이 후발국의 발전 경로를 규정하는 경우가 그러하다. 구체적으로, '냅스터'와 같은 미국 온라인 음원 공유 플랫폼의 저작권 법정 논쟁이 국내 '소리바다'의 법적 소송에서 유사한 사회적 결과를 낳았다. 즉 미 캘리포니아 이데올로기의 영향력 아래 작동하는 서구 법적 판례들이 국내 기술 문화의 기술 레짐이자 헤게모니적 선례가 됐던 것이다.

기술 레짐이 형성되어 구성된 기술의 총체들은 사회 내 구체적 형태의 '편향'Bias을 갖게 만든다. 기술이 현실 세계와 조응하고 '불순'해지는 것이다(이광석, 2014). 무엇보다 그 혼탁함과 편향은 특정 권력과 이익 집단이라는 자본주의적 질서와 결합하면서 더 거세진다. 핀버그는 누구보다 자본주의 사회에서는 기업가, 군사 관료, 테크노크라트, 기술직 임원, 엔지니어들이 일반 시민들에 비해 기술에 더 큰 영향력과 힘을 발휘하는 편향을 지적해 왔다. 이들 기술 파워 엘리트들이 기술을 특정 방향으로 채널화하고 자신들의 관심사를 기술 코드에 각인하거나 위임하는 방식으로 편향을 만들어 내고 권력의 비대칭성을 구성한다고 봤다. 덧붙여 핀버그는 기술 편향을 또 다시 '공식적 편향'과 '실질적 편향'으로 나누어 본다. 기술의 실질적 편향substantive bias은 눈에 잘 보이는 것, 예컨대 인종, 종교, 성차, 소수자 불평등 등 기술 레짐의 일부로 굳어진 합리적이지 못하고 반박을 불러올 수밖에 없는 편향에 해당한다. 그만큼 편향이 눈에 잘 띄다 보니 대중의 반발과 저항에 쉽게 직면한다. 반면 공식적 편향formal bias은 겉으로 보기엔 꽤 공정해 보이고 합리적이며 중립적으로 보이는 기술에 잠복해 있는 경우다. 중립적이고 합리적이고 공정한 것이 '편향'의 전제 조건이 될 때 일반인들이 이를 발견해 지적하기란 쉽지 않다. 실질적 편향이야 눈에 쉽게 드러났지만 공식적 편향은 그 반대의 상황이다. 우리가 현실에서 실제로 꼼꼼히 살펴보아야 할 지점은 바로 눈에 잘 띄지 않으면서 쉽게 방관하는, 기술 레짐이 구성하는 이 공식적 편향이라 할 수 있다.

자동화 공장의 어셈블리 라인을 예로 살펴보자. 이는 겉보기에 기술 효율적이고 중립적이고 합리적인 기술 장치로 보인다. 그런데 가만 들여다 보면 이 자동화 장치는 노동력 착취를 위한 기술적인 배치로 인해 공식적 편향을 보인다. 사실 어셈블리 라인의 공식적 편향을 발견하기 위해서는 이 기계가 언제 어디에 놓여 있는지가 중요하다. 다시 말해 그것을 '공식적 편향'으로 드러내기 위해서는 맑스의 진단에서처럼 어셈블리 라인이 "관계적으로 중립적 요소들로 구성된 (기술)시스템의 도입이더라도 시간, 장소, 방식에서 편견을 지닌 선택"(Feenberg, 2002: 81)이라는 점을 밝혀야 한다. 중립적 기술 장치로 보였던 것이 자본주의 공장 내 정해진 노동 시간 안에서 노동력의 상대적 잉여가치 추출을 위해 쓰였을 때 그 선택은 공식적 편향을 일으킨다. 즉 어셈블리 라인이란 고정 자본 투자와 배치를 통해 공장주는 노동자로부터 가동 효율성(더 빠른 생산 회전율)을 급격히 늘려 필요 이상의 가치를 착취하는 상황을 만들어 낸다. 찰리 채플린의 「모던 타임스」에서 볼 수 있는 것처럼, 중립적으로 보였던 어셈블리 라인이란 자동화 장치는 자본을 위한 공식적 편향에 의거해 작동하게 된다. 어셈블리 라인은 기능적으로 회전율을 높여 생산을 증가시키는 효율적 동기를 갖지만, 사회적 의미에 있어서 이는 자본주의 생산 기계가 되고 정해진 시간에 노동을 과잉 착취하는 방식을 도모하면서 편향적 기술로 돌변하게 된다. 결국 특정의 시간, 장소, 방식에서 작동하는 이와 같은 기술적 편견과 공식 편향을 찾아내는 작업이 핀버그가 중요하게 보는 기술비판이론의 과업이다.

기술의 편향에 이어 핀버그가 강조하는 바는 기술의 '양면 이론' double aspect theory이다. 어셈블리 라인에서 본 것처럼, 기술에는 기능(합리성 등)과 의미가 동시에 작동하고 있고 이 양자를 모두 봐야 한다고 말한다. 현대인의 일상 기술 경험은 그 기능적 합리성 논리, 즉 사회적 의미를 탈각하려 하는 논리에 지배당한다. 따져 보면 그 논리는 주로 엔지니어와 경영자에 의해 주조된 경우가 흔하다. 하지만 우리는 기술의 디자인에 순수의 '기능적 합리성'에 덧붙여 특정 맥락의 '사회적 의미'가 함께 혼재해 있음을 항상 깨달아야 한다. 겉보기에 중립인 기능적 합리성만을 본다면, 결국 사회적 삶 속 깊게 뿌리박힌 자명성의 지배 형식을 읽는 데 실패할 것이 분명하다. 한 사회가 기술과 점점 결합되어 감에도 불구하고 현대인이 '기능'만을 문제 삼고 그 '의미'를 놓친다면 그는 합리적 이성을 잃어 간다는 뜻이기도 하다.

기술은 이렇듯 기술적 특이성(기능)과 사회적 요구(의미)의 결합으로 구성되지만, 실제 현실 속 기술 헤게모니는 기능이 의미를 억압하고 배제하는 식으로 작동하기 마련이다. 베버의 도구적 합리성마냥 현실에서 효율성과 기능성이 강조되면서 그 기술이 구성되고 진화해 온 사회적인 맥락과 이면의 구조적인 측면들(계급, 계층의 요구 및 사회적 제약 등)이 은폐되는 것이다. 핀버그는 미국 증기 기관 엔진 발전의 역사적 사례를 들어 특정 기술이 어떻게 기능성과 효율성의 상호 관계 속에서 진화하는지를 보여 줬다. 20세기 초 자본주의의 성장기에 미 증기 기관선의 경우 물류 운송이나 이동 수단으로 꽤 중요한 역할을 담당했는데, 그만큼 사고도 잦아 많은 사람들이 다치거나 죽었다. 사고 경위를 조사해 봤더니 엔진 문제였다. 비용 문제로 사업자들이 초기에는 이를 계속해 은폐하고 축소했다. 하지만 비슷한 사고가 지속되면서 사회적 책임 요구가 거세졌고 이를 고려하지 않을 수 없었던 사업자들은 돈을 들여 증기 기관 엔진의 디자인 자체를 개량해 나갔다. 이 사례는 기술이 단지 효율성이나 고유의 기능에 의해 유지되지만은 않는다는 점을 보여 준다. 엔진 부실로 인한 사고와 이의 처리에 대한 사회적 책임론 등이 반영되면서 엔진 기술의 디자인 진화가 새롭게 이뤄진 것이다. 이렇게 특정 기술의 기능과 의미가 한데 섞이면서, 경제 논리(비용 효율성과 기능성)만이 아닌 사회적 책임 논리들(증기선 엔진 사고 방지와 안정성에 기반한 디자인 변경 요청)이 그 디자인에 각인되었다. 이 점에서 기술의 "디자인은 단순히 제로섬 경제 게임이 아니다. 즉 필연적으로 효율성을 희생하지 않더라도 다중화된 사회적 가치들과 그룹들에 복무하는 문화 과정"(Feenberg, 2010: 21)이라 볼 수 있다.

마지막으로, 핀버그가 꽤 자주 언급하는 개념이 '문화 지평'cultural horizon이다. 핀버그는 이를 헤게모니의 하위 개념으로 쓰고 있다. 그가 말하는 문화 지평이란 인간 삶의 모든 측면에서 의심할 여지없이 받아들여지는 일반화된 가정에 해당한다. 좀더 기술과의 관계하에서 구체적으로 진술한다면, 기술 대상이 갖고 있는 사회적 가치들의 포괄적 가정을 가리킨다. 우리가 어떤 기술적 인공물에 대해 이러저러하게 일반적으로 보편화된 가정을 한다고 친다면 그것이 바로 문화 지평이다. 이런 문화 지평이 작동한다고 보면, 인류의 기술 발전은 경제학, 이데올로기, 종교 등에서 기원하는 문화 지평에 의해 크게 제약을 받아왔다. 그 중 (베버 식) 합리성 주장은 현대적 의미의 문화 지평이자 강력한 체제 이데올로기라고 할 수 있다. 사실은 오늘날 합리성은 단순한 믿음이나 이데올로기로 존재할 뿐만 아니라 대단히 효과적으로 기계 장치 구조로 들어와 그 이데올로기적 규범과 문화 지평이 기술 장치와 설계 속에 병합되기도 한다. 라투르적인 의미로 보면, 기술과 규범 사이에 '위임'

그림 1 아동노동자(Child Laborer, 사우스 캐롤라이나 뉴베리, 1908년: 루이스 하인 사진, 퍼블릭도메인. https://commons.wikimedia.org/wiki/Lewis_Hine#/media/File:Child_laborer.jpg)

delegation이란 미묘한 화학 과정이 발생한다(Latour, 1992). 잘 알려진 예로, 예전에 사람이 수동으로 행하던 문을 열어 주는 행위를 자동문 설계를 통해 이를 자동화하여 기술에 위임함으로써 기술 '처방'을 행하는 것이 위임의 대표적 사례로 언급된다. 결국 이와 같은 문화 지평과 이의 기술 설계로의 위임을 통한 과정을 통해 기술 권력은 아주 유연하게 통치 헤게모니적 보편성을 획득한다. 핀버그는 이를 '기술 합리성'이라 봤다. 기술 합리성은 시대별, 지역별, 문화별로 상대화되어 구성되며 대단히 복잡한 양상을 띤다고 핀버그는 평가한다. 예를 들어 19세기 영국 산업 혁명 시기에 아동 노동 착취가 공공연히 행해졌고(문화 지평), 이들 아동들의 키높이에 맞춘 공장 기계의 구조가 당연하게 받아들여지던 때(기술 설계로의 위임)가 있었다는 점을 상기하라(〈그림 1〉 참조). 이 점에서 핀버그의 기술 합리성 논의는, 오늘날 한국을 포함해 동아시아 국가들이 '지리적 근친성'geographical proximity에도 불구하고 역사 정치경제적 특성에 따라 왜 서로 다른 방식으로 기술을 토착화시켜 왔는지에 대한 까닭을 설명하는 데 중요한 근거로 언급될 수 있다.

기술의 민주적 합리화와 심층 민주주의

핀버그의 기술철학은 기술과 통치 행위의 결합 양태를 심층 분석하는 것과 함께, 대안적 기술 디자인의 경로에 대한 실천적 모색을 시도한다는 점에서 더 값지다. 핀버그가 중요하게 언급했던 개념 가운데 '성찰적 설계'를 보자. 기술의 성찰적 설계는 바로 이와 같은 기술의 대안적 디자인에 대한 고민과 관계한다. 성찰적 설계란, 사고나 재난이 발생하면서 기능에 가려졌던 사회적 측면이 부각되기 전에 미리 앞서서 기술 디자인 변경을 고려하는 설계 과정이나 접근법을 지칭한다. 앞서 봤던 증기 기관선 사례를 참고해 보면, 엔진 사고로 수많은 인명 피해가 나기 전 미리 엔진의 안전도를 높여 디자인 변경을 하려 하는 체계적 행위가 성찰적 설계인 셈이다. 단순히 기술을 사회적으로 통제하려는 '사회적 책임' 등 소명 의식에만 기댈 것이 아니라, 기술의 설계 과정 내부에 '사회적 의식'을 담아 기술 자체를 성찰적으로 변형할 수 있어야 한다고 그는 주장한다. 핀버그의 논리라면, '4·16 세월호 참사'는 성찰적 설계와는 아주 거리가 먼 후진적 사회 상황에서 발생한 기술 재난이다. 성찰적 설계는 기술에 대한 사후적 해석이나 사고 발생 이후의 대응보다는, 처음부터 기술 디자인에 사회적 의미를 입히는 것이 핵심이다. 성찰적 설계를 따랐더라면, 세월호는 그 상태로 바다에 떠울 수도 없을뿐더러 이미 승객 운송용으로는 연식이 오래돼 안전 진단에서도 폐선이 되었을 운명이어야 했다.

어떤 사회적 의미를 기술 설계 안에 담아낼 것인가는 대단히 중요한 문제이다. 핀버그는 '기술의 민주화' 혹은 '기술 민주주의'를 그 내용으로 채울 것을 주문한다. 그는 기술의 도구적 합리성 논리나 기술 자체가 최적의 효율성을 추구한다는 등 흔하디 흔한 기술 신화와 이데올로기를 깨는 대중의 대항과 저항이 필요하다고 본다. 그는 일상적 삶을 구조화하는 기술의 사례, 절차, 디자인 등을 전복하려는 투쟁의 가능성에 주목한다. 그에게 기술의 민주화 혹은 저항은 기술 합리성의 문화 지평에 도전하는 행위이자 지배적 헤게모니에 반대하는 기술 진보의 가능성인 까닭이다. '민주적 합리화'democratic rationalization는 기술 헤게모니에 대항해 기술 민주주의를 실현하는 방법이다. 이는 기술의 민주적이고 대안적인 프로그램을 기획해 이를 사회 시스템 내부에 구축하려는 행위이다. 핀버그는 민주적 합리화를 행할 수 있는 실천 이론적 자원을 좀 더 세부적으로 논의한다. 예를 들어 비판적 문화연구는 우리에게 시사하는 바, 오늘날 이용자들이 기술을 자기화하여 재전유하는 방식을 주목해야 한다고 말한다. 그는 대항적 헤게모니를 제안하면서 푸코의 논의 또한 끌어들인다. 기술로 매개되는 훈육의 권력에 대항하여 권력관계와 사회질서를 전복하는 탈/재-코드화의 미시 정치를 참조하자고 말한다. 그는 미셸 드 세르토Michel de Certeau의 전략과 전술 논의도 가져온다. 전략이 체제 합리성의 기제라면, 전술을 통해 그것에 반발하는 기술 행동과 실천을 구상하는 것이 필요하다고 말한다. 라투르의 행위자 연결망 이론이나 칼롱Michel Callon의 '안티-프로그램'을 가져오기도 한다. 기술의 도구적 합리성이 적용하는 지배적 프로그램이자 기술 네트워크의 체제적 기술을 벗어나 이를 빗겨 가려는 기획을 도모한다. 기술 헤게모니에 대한 저항의 실질적인 각론을 제시하지는 않지만, 핀버그는 현실 행위 주체들이 어떻게 권력 구조를 탈피할 수 있을 지에 대한 방법을 이렇듯 다양한 실천 이론적 자원들을 통해 재구성하기를 바란다.

핀버그의 최종 구상은 '심층 민주주의'deep democracy 기획이다. 이는 일상에 침투해 있는 기술 레짐과 문화 지평을 넘어서서, 보다 현실적으로 선거 등 기제를 통해 공적인 기술 관련 중앙·지역 정부 기관들 (전력, 의료, 도시계획 등)을 민주화하는 전략을 포함하는 전방위 기술 민주화 운동을 지칭한다. 핀버그의 심층 민주주의는 정치적 민주주의와 함께 가야 할 기술 민주주의의 층위, 일상적 기술 레짐 비판, 그리고 기술 기반형 전문 경영 혹은 관료 구조를 변화시키는 데까지 나아가고자 한다. 문제는 그의 심층 민주주의가 "모든 사람의 직접적 참여보다는 특정 기술에 의해 영향을 받거나 그에 영향을 끼칠 수 있는 사람들을 중심으로 민주적인 참여가 이루어져야 한다는 입장"(손화철, 2003: 274)이라는 데 있다. 시간이 가면 갈수록 과학 기술 영향력의 파장이 어디든 편재하는 양상으로 인해 직·간접적 영향 집단을 구분하기가 어려워지는 상황에서, 그가 영향력 참여 범위를 전문가나 '관련 사회 집단'으로 국한하는 것은 좀 더 면밀히 따져 보아야 할 문제다. 랭던 위너(Winner, 1986)의 민주적/비민주적 기술의 구분법과 비교해서도 핀버그는 어떤 기술이든지 상관없이 사회의 영향력하에서 참여와 민주적 합리성에 의해 기술 민주화가 가능하다는 테제를 주장하고 있다. 위너의 경우에는 기술에 대한 시민의 참여도 중요하지만 실제적으로 참여가 용이한 기술로의 전환이 중요하다고 본다. 예를 들어, 위너의 설명을 따르면 핵발전소는 중앙집중형 권력 구조와 양립이 쉬운 기술이기 때문에 시민 참여가 어렵고, 이는 단순히 참여로 개선될 성질이 아니라 애초부터 비민주적 기술로서 폐기되어야 할 것이라 볼 수 있다.

핀버그에게 아쉬운 점은, 그의 이론적·실천적 급진성에도 불구하고 여전히 구성주의자들과 비슷하게 전통적인 기술적 인공물artifact에 대한 사례 언급에서 크게 벗어나지 못하고 있다는 점이다. 최근 '인터넷 비판이론'을 새로이 구성하면서, 핀버그의 논의가 과거 프랑스 미니텔의 분석 틀을 넘어서고는 있으나 오늘날 빅데이터나 소프트웨어 문화의 정세 속에서 그의 기술비판이론이 후기 자본주의 체제를 분석하는 새로운 논의로 크게 진전되고 있지 못하는 아쉬움이 있다. 젊은 시절에 그가 커뮤니티 프로젝트나 미니텔 프로젝트에 참여하면서 당시 상당히 앞선 기술들에 대한 실천적 진단을 했던 때를 떠올리면, 최근의 지적 행로는 상대적으로 정체된 느낌을 주는 것도 사실이다. 하지만 동시대 사례들이 부족하다 해서 그가 가진 기술비판이론적 의의가 감소되진 않을 것이다. 오히려 오늘날 자본주의 기술이 삶을 압도하는 현실에서 핀버그로부터 얻어야 할 가치는, 기술에 배어 있는 권력의 흔적들을 변별하는 능력과 이를 '해킹'해 대안적 기획을 행하려는 실천의 기술철학에서 발견할 필요가 있다.

참고문헌

1. 핀버그의 주요 저술

[단독 저서]

1991, *Critical Theory of Technology*, New York: Oxford University Press.

1995, *Alternative Modernity*, Berkeley: University of California Press.

1999, *Questioning Technology*, London: Routledge.

2010, *Between Reason and Experience: Essays in Technology and Modernity*, MA: The MIT Press.

2014, *The Philosophy of Praxis: Marx, Lukacs and the Frankfurt School*, Brooklyn: Verso.

[편저서]

1995, "Subversive Rationalization: Technology, Power, and Democracy", Eds. with Alastair Hannay, *The Politics of Knowledge*, Indianapolis: Indiana University Press.

2011, "Introduction: Toward a Critical Theory of the Internet", Eds. with Norm Friesen, *(Re)Inventing the Internet: Critical Case Studies*, Boston: Sense Publishers.

[주요 논문]

1996, "Summary Remarks on My Approach to the Philosophical Study of Technology",

Notes on the basis for a presentation at Xerox PARC in 1996, [Online] available: http://www-rohan.sdsu.edu/faculty/feenberg/Method1.htm.

2000, "Do we need a critical theory of technology?: Reply to Tyler Veak", *Science Technology & Human Values*, Vol.25, No.2. Spring, pp.238~242.

2000, "Looking Backward, Looking Forward: Reflections on the 20th Century", Hitotsubashi University conference on "The 20th Century: Dreams and Realities", December, [Online] available: http://www-rohan.sdsu.edu/faculty/feenberg/hit1ck.htm.

2001, "Democratizing Technology: Interests, codes, rights", *The Journal of Ethics*, No.5, pp.177~195.

2008, "From the Critical Theory of Technology to the Rational Critique of Rationality", *Social Epistemology*, Vol. 22, No. 1, January–March, pp. 5~28

2009, "Critical Theory of Communication Technology: Introduction to Special Secion", *Information Society Journal*, vol. 25, no.2, March-April, pp. 77~83.

2009, "Rationalizing Play: A Critical Theory of Digital Gaming", with Sara M. Grimes(p. a.), *Information Society Journal*, vol. 25, no. 2, March-April, pp. 105~118.

2009, "Marxism and the Critique of Social Rationality: From Surplus Value to the Politics of Technology", *Cambridge Journal of Economics*, vol. 34, no. 1, pp. 37~49.

2010, "Ten Paradoxes of Technology", *Technē*, vol. 14, no. 1.

2014, "Democratic Rationalization: Technology, Power, and Freedom", Eds. Robert C. Scharff and Van Dusek, *Philosophy of Technology: The Technological Condition*(Second Edition), pp. 706~719.

2. 그 밖의 참고문헌

손화철, 2003, 「사회구성주의와 기술의 민주화에 대한 비판적 고찰」, 『철학』 76호, 263~288쪽.
이광석 엮음, 2014, 『불순한 테크놀로지: 오늘날 기술정보 문화연구를 묻다』, 논형.

Borgmann, Albert, 1992, *Crossing the postmodern divide*, Chicago: University of Chicago Press.

Braverman, Harry,1974, *Labor and Monopoly Capital: The Degradation of Work in the Twentieth Century*, New York: Monthly Review Press.

Ellul, Jacques, 1964, *The Technological Society*(*La technique: ou L'enjeu du siecle*), trans. John Wilkinson, New York: Knopf.

Heidegger, Martin, 1977, *The Question Concerning Technology and Other Essays*, trans. William Lovitt, NY: Harper & Row.

Latour, Bruno, 1987, *Science in Action: How to Follow Scientists and Engineers through Society*, Cambridge, MA: Harvard University Press.

_____, 2000, "Where Are the Missing Masses? The Sociology of a Few Mundane Artifacts", Eds. Bijker, W. & Law, J., *Shaping Technology/Building Society: Studies in Sociotechnical Change* (3rd Ed.), Cambridge, MA: MIT Press.

MacKenzie, Donald, 1984, "Marx and Machine", *Technology and Culture*, 25(3), pp. 473~502.

Noble, David F., 1979, "Social Choice in Machine Design: The Case of Automatically Controlled Machine Tools", eds. A. Zimbalisr, *Case Studies on the Labor Process*, London and NY: Monthly Review Press, pp.18~50.

Pinch, Trevor & Bijker, Wiebe, 2001[1987], "The Social Construction of Facts and Artifacts: or How the Sociology of Science and the Sociology of Technology Might Benefit Each Other", *Shaping Technology/Building Society: Studies in Sociotechnical Change*, Cambridge, MA: MIT Press, pp.75~104.

Scranton, Philip, 1994, "Determinism and Indeterminacy in the History of Technology", eds. Merritt Roe Smith & Leo Marx, *Does Technology Drive History? The Dilemma of Technological Determinism*, Cambridge, MA: The MIT Press, pp.143~168.

Winner, Langdon, 1986, *The Whale and the Reactor: A Search for Limits in an Age of High Technology*, Chicago: University of Chicago Press.

지은이 소개

이광석

서울과학기술대학교 IT정책대학원 디지털문화정책 전공 교수로 재직 중이다. 텍사스-오스틴 대학 Radio, Television & Film 학과에서 박사 학위를 받았고, 호주 울런공 대학교에서 학술연구교수를 지낸 바 있다. 현재 학술 저널 *Internet Histories*와 『문화/과학』, 『한국언론정보학보』의 편집위원으로 활동 중이다. 미디어 기술, 사회, 문화 예술이 교차하는 현장의 굴곡들을 채집하고 그 틈을 비집어 벌리고자 하는 연구자이다. 주요 관심 분야는 기술철학과 디지털 이론, 미디어·예술 행동주의, 문화의 정치경제학, 정보공유지 연구, 청년 잉여와 인지자본, 테크놀로지와 노동, 빅데이터 감시 연구 등에 걸쳐 있다. 주요 저서로는 『사이방가르드: 개입의 예술, 저항의 미디어』(2010), *IT Development in Korea: A Broadband Nirvana?*(2012), 『디지털 야만』(2014), 『뉴아트행동주의: 포스트미디어, 횡단하는 문화실천』(2015), 『옥상의 미학 노트: 파국에 맞서는 예술행동 탐사기』(2016) 등이 있고, 엮은 책으로 『불순한 테크놀로지』(2014)가 있다.

김재희

이화여자대학교 이화인문과학원 HK 연구교수로 재직 중이다. 현재 포스트휴머니즘과 기술정치철학 연구를 하고 있다. 저서로 『베르그손의 잠재적 무의식』(2010), 『물질과 기억: 반복과 차이의 운동』(2008)이 있고, 『현대 프랑스 철학사』(2015), 『포스트휴먼의 무대』(2015), 『미술은 철학의 눈이다』(2014) 등을 공저했다. 번역서로는 질베르 시몽동의 『기술적 대상들의 존재양식에 대하여』(2011), 자크 데리다와 베르나르 스티글레르의 『에코그라피: 텔레비전에 관하여』(2002, 2014 개정판), 가라타니 고진의 『은유로서의 건축: 언어, 수, 화폐』(1998), 앙리 베르그손의 『도덕과 종교의 두 원천』(2009, 2013 개정판)이 있다.

심혜련

현재 전북대학교 과학학과 교수로 재직 중이다. 한국에서 철학을 공부했고, 베를린 훔볼트 대학교 문화학부에서 논문 「발터 벤야민의 매체 이론에 대한 고찰: 기술복제 시대에서의 아우라의 몰락과 지각의 변화」로 박사 학위를 취득했다. 주요 연구 분야는 벤야민, 매체철학 그리고 미학이다. 대표 저서로는 『20세기의 매체철학: 아날로그에서 디지털로』(2012)와 『사이버스페이스 시대의 미학』(2006)이 있으며 다수의 연구 논문을 발표했다. 또한 『처음 읽는 독일 현대철학』(2013), 『과학기술과 문화예술』(2010), 『도시 공간의 이미지와 상상력』(2010), 『발터 벤야민: 모더니티와 도시』(2010), 『미학의 문제와 방법』(2007), 『매체철학의 이해』(2005) 등을 공저했다.

김성재

연세대학교 독어독문학과를 졸업하고 독일 뮌스터 대학에서 언론학 박사 학위를 취득했다. 현재 조선대학교 신문방송학과 교수로 재직 중이다. 커뮤니케이션 이론과 매체철학, 매체미학, 소리 커뮤니케이션을 연구하고 있다. 『유행과 반유행: 공론장의 커뮤니케이션 이론에 대한 사회과학적 접근』(1993, 독일어판), 『체계이론과 커뮤니케이션: 루만의 커뮤니케이션 이론』(1998, 2005 개정판), 『매체미학』(1998, 편저), 『상상력의 커뮤니케이션』(2010), 『한국의 소리 커뮤니케이션』(2012), 『플루서, 미디어 현상학』(2013) 등을 포함한 다수의 책과 논문을 발표했고, 빌렘 플루서의 『코무니콜로기』(2001)와 『피상성 예찬』(2004)을 번역했다.

백욱인

현재 서울과학기술대학교 기초교육학부 교수로 재직 중이며 과학기술과 사회, 인터넷과 현대 정보사회 등을 강의하고 있다. 인지자본주의에 관한 정치경제학 비판과 미디어 문화사를 연구하고 있다. 저서로는 『디지털이 세상을 바꾼다』(1998), 『한국사회운동론』(2009), 『정보자본주의』(2013), 『인터넷 빨간책』(2015) 등이 있다.

이재현

현재 서울대학교 언론정보학과 교수로 재직 중이다. 서울대학교 언론정보학과를 졸업하고 동 대학원에서 석사 및 박사 학위를 받았다. KBS와 충남대학교 언론정보학과에 재직했으며, 한국언론학회 이사 및 기획위원장을 역임했다. 저서로 『모바일 문화를 읽는 인문사회과학의 고전적 개념들』(2013), 『디지털 시대의 읽기 쓰기』(2013), 『디지털 문화』(2013), 『멀티미디어와 디지털 세계』(2004), 『모바일 미디어와 모바일 사회』(2004), 『인터넷과 사이버 사회』(2000) 등이 있고, 역서로 제이 데이비드 볼터·리처드 그루신의 『재매개』(2006), 스티븐 존스 외 『뉴미디어 백과사전』(2005), 스티븐 홀츠의 『디지털 모자이크』(2002), 스티븐 존스의 『인터넷 연구 방법』(2000)이 있으며, 편저서로 『트위터란 무엇인가』(2012), 『컨버전스와 다중 미디어 이용』(2011), 『인터넷과 온라인 게임』(2001)이 있다. 기술철학, 디지털 미디어와 문화, 알고리즘 분석, 그리고 미디어 수용자 조사 분석이 주요 연구 분야다.

홍성욱

서울대학교 자연과학대학 생명과학부 교수로 있으며, 동 대학원에 개설된 과학사 및 과학철학 협동 과정에서 강의와 연구를 담당하고 있다. 저서로는 『과학은 얼마나』(2013), 『그림으로 보는 과학의 숨은 역사』(2012), 『인간의 얼굴을 한 과학』(2008), 『생산력과 문화로서의 과학 기술』(1999)이 있고, 최근에는 현대 사회의 과학 기술이 낳는 여러 논쟁과 위험에 대해서 연구하고 있다. 2016년에 『21세기 교양 과학기술과 사회』를 공저했고, 지금은 『패러다임』이라는 책을 편집하면서 『테크노사이언스 네트워크』(가제), 『자동인형』(가제)을 집필하고 있다.

이지언

조선대학교 미술대학 시각문화큐레이터학과 초빙교수이다. 이화여자대학교 인문대학 철학과 석박사 통합 과정으로 철학 박사 학위를 취득하였고, 이화여자대학교에서 미술학 학사 및 석사를 받았다. 해외 저술로 *Art in Action*(2016, 공저)이 있으며, 대표 논문으로 「과학기술에서 젠더와 몸 정치의 문제: 도나 해러웨이의 사이보그 페미니즘을 중심으로」(2012)가 있다. 출간 예정 저술로는 『도나 해러웨이』(2016), 『모더니즘 바깥 읽기』(2016, 공저), 『청소년을 위한 융복합 특강』(2016, 공저)이 있다. 2013년 폴란드 야길로니안 대학교에서 열린 국제 미술자 대회에서 'Young Scholars in Aesthetics Awards'를 수상했고, 국제 학술 발표 및 사회로 "The Imaginary Body and Technogender in the Near Future"(2016, 모나시 대학교, 오스트레일리아 멜버른)가 있다. 기술철학, 미학, 예술철학을 중심 연구 주제로 삼고 있다.

오경미

2013년에 한국예술종합학교 미술이론과 전문사를 졸업했다. 현재 여성문화이론연구소에서 연구와 활동을 하고 있고 서울과학기술대학교 IT정책전문대학원 디지털문화정책과에서 박사 과정을 밟고 있다. 졸업 논문으로 「민중미술의 성별화된 민중 주체성 연구: 1980년대 후반의 걸개 그림을 중심으로」(2013)를 썼으며, 『퍼포먼스, 몸의 정치』(2013)를 공저했다.